普通高等教育“十二五”规划教材

化学反应工程

（第二版）

主　编　靳海波

副主编　罗国华　李金莲　王东光　刘峙嵘

中国石化出版社

内 容 提 要

本书是化学反应工程的基础教材，主要内容包括了均相反应动力学、理想反应器、非理想流动、催化剂与非均相反应动力学、固定床反应器、气液反应过程与反应器以及流态化反应过程与反应器等。为了能够更加接近化工生产实际过程，本书除了从教学需要出发安排若干基础训练的例题外，在部分章节中还有意安排了一些从设计实例中取材的大型例题，以期使学生通过这些例题的讲解，了解工程设计的特点，掌握解决问题所常用的方法，学以致用。

本书可作为高等院校石油化工、化工与制药类专业教材，也可供化工领域中从事科研、设计和生产的科技人员参考。

图书在版编目(CIP)数据

化学反应工程／靳海波主编．—2版．—北京：中国石化出版社，2012.3(2025.8重印)
ISBN 978-7-5114-1422-9

Ⅰ.①化… Ⅱ.①靳… Ⅲ.①化学反应工程-高等学校-教材 Ⅳ.①TQ03

中国版本图书馆CIP数据核字(2012)第030816号

中国石化出版社出版发行

地址：北京市东城区安定门外大街58号
邮编：100011 电话：(010)57512500
发行部电话：(010)57512575
http://www.sinopec-press.com
E-mail:press@sinopec.com
北京艾普海德印刷有限公司印刷
全国各地新华书店经销

*

787×1092毫米 16开本 14.5印张 355千字
2025年8月第2版第5次印刷
定价：36.00元

前　言

化学反应工程是化学工程与技术学科的重要分支学科，也是化工生产中关键的工业反应过程的技术基础。化学反应工程以工业反应过程为主要研究对象，涉及反应过程工程动力学，反应器的设计和操作，新型反应器，以及反应器的优化和控制等一系列重要课题。反应过程的优化和强化对传统的化工生产节能降耗意义重大，多年来受到国内外学术界和工业界的普遍重视。

化学反应工程采用应用理论推演、结合工程实践的研究方法，给出可用于工程设计及放大的宏观规律与数学模型，是研究化学工业及过程工业中普遍存在的物理－化学现象的工程性基础科学。因此，化学反应工程课程一直努力贯彻“理论基础”与“工程实践”两方面并举，两手都硬的教学思路。

本书是1993年佟泽民教授主编《化学反应工程》的修订版，前一版已经被国内许多高校用于本科教学。全书在介绍学科理论基础时重在阐明基本概念，并对数学推导过程删繁就简，对重要的结论则注意突出其物理意义和工程特点。为了能够更为接近工程实际，在部分章节中还安排若干从设计实例中取材的大型例题，通过对这些例题的研究，让学生了解工程设计特点和掌握工程中解决问题所常用的方法。

全书共分八章：第一章绪论，第二章均相反应动力学，第三章理想流动反应器中的均相反应过程，第四章非理想流动，第五章固体催化剂与非均相反应动力学，第六章固定床催化反应器，以及新增加两章内容，即第七章气液反应过程与反应器和第八章流态化反应过程与反应器。在内容上更充实，系统性更强。

本书由靳海波主编，由罗国华（第三章）、李金莲（第二、四章）、王东光（第七、八章）、刘峙嵘和周利民（第五章）、靳海波（第一、六章）等编著。靳海波负责全书的审校、整理工作。佟泽民教授审阅了本书的全文，并提出了宝贵的意见，在此深表谢意。

由于我们水平有限，难免有错误和不足之处，敬请广大读者批评指正。

目　录

第一章 绪 论

化学工业的一个显著特点是在对原料进行大规模加工的过程中，不但使其在物理性质与聚集状态上发生变化，而且化学组成与化学性质也发生变化。可以说，化学反应过程是化学工业区别于其他工业的主要标志之一。

化学反应工程学就是研究与化学反应过程有关的工程问题的一门学科。对化工反应动力学及工业化学反应器设计基本原理的研究是化学工程学独有的内容，也是化学工程教育的重要部分。本章对化学反应工程的发展过程及研究内容、研究方法进行简要介绍，以使读者对本学科的概貌有所了解。

1.1 化学反应工程学的发展过程与研究内容

1.1.1 化学反应工程学的发展

化学工程学在发展初期，主要致力于对动量、热量及质量传递过程中具有共同性的基本操作过程——单元操作的研究。对于生产中所常见的一些化学反应类型，例如氧化、卤化、加氢、酯化等反应，则分别进行独立的研究。20 世纪中期以来，对传递过程的研究有了长足的进展；与此同时，原子能工业与石油化工的发展提出了生产规模大型化的要求，化学反应过程的开发与反应器放大设计成为石油化工发展的关键。正是在工业发展的推动下，化学工程师们开始对工业反应器中反应动力学特性和流体传递特性同时起作用时的反应机制进行深入研究并取得了丰硕的成果，为化学反应工程学的建立奠定了理论基础。1957 年在欧洲召开的第一次反应工程国际会议上正式确定了学科名称，标志着化学反应工程学已形成了较为完整的学科体系。

随着计算机的出现及普遍应用，为在化学工程研究中采用数学模型方法提供了有力的手段。20 纪纪 60 年代以来，对工业反应器中化学反应及传递过程的数学描述方法不断得到改进，一些小试成果已可以直接通过模型化方法成功地进行工业放大。同时，全面、系统地论述反应工程学基本原理及应用的专著和教科书也相继问世，标志着化学反应工程学已逐步趋于成熟。

近年来，随着石油化学工业的迅速发展及各种工业催化反应的成功开发，化工技术界在改进反应技术与反应器设计等诸方面取得了进一步的成功。70 年代以来，化学反应工程的研究领域向纵深发展，出现了聚合反应工程、生物化学反应工程等更加专业化的分支，标志着化学反应工程学科进入了新的发展阶段。

1.1.2 化学反应工程学的研究内容

化学反应工程学是研究如何在工业规模上实现有经济价值的化学反应的一门应用技术科

学，其中心任务是通过对反应过程本身及所用设备的研究开发达到有效地大规模生产化工产品的目的。

工业反应设备中总是同时存在物理与化学两种过程。虽然化学反应的程度与反应结果本质上由反应动力学规律所支配，但是在工业反应器中由于物理传递过程的影响，使化学反应在不同的动力学条件下进行，因而反应过程还受到传递规律的制约。化学动力学是研究物质之间进行化学反应的速率与机理的科学。我们将定量表达化学反应速率与反应物温度、浓度之间关系的数学式称为化学反应动力学方程式或速率方程式。描述化学反应本身规律的动力学方程式称为本征动力学方程，而考虑了物理传递因素影响的动力学方程式则称为宏观动力学方程或总速率方程。不同反应体系的本征动力学关系是不同的。到现在为止，还不能准确预测任意化学反应的本征反应速率。尽管如此，根据对化学动力学的研究所积累的知识，化学工程师已经可以有把握地利用可靠的实验数据结合经验数学关系式，以求得预测特定化学反应速率的本征速率方程式。然而，对于化学工程师来说，更有实际意义的是能用于反应器设计的宏观动力学方程式。由于宏观动力学方程中考虑了传递过程的影响，其研究方法与化学动力学也有所区别，一般称之为化工动力学或工程动力学。

工程动力学与化学动力学在研究方法上的另一个重要区别在于工程动力学首要的考虑是实用性，因而更多地依靠经验关系。对工程动力学的研究是化学反应工程的一项重要内容。

化学反应是在特定的工业反应器中进行的，反应的进行除了受到动力学因素影响外，还与反应器中热量与质量传递有关；传递过程则受到反应器规模、几何形状等因素的影响。研究不同类型反应器中传递过程规律是化学反应工程的另一项重要内容。

化学反应工程学所要解决的实际问题包括反应技术开发、反应器设计与反应过程操作解析。这三方面的工作也是反应工程学的重要研究内容。

图1－1给出了化学反应工程学的研究内容以及与化学反应工程学相关的学科。

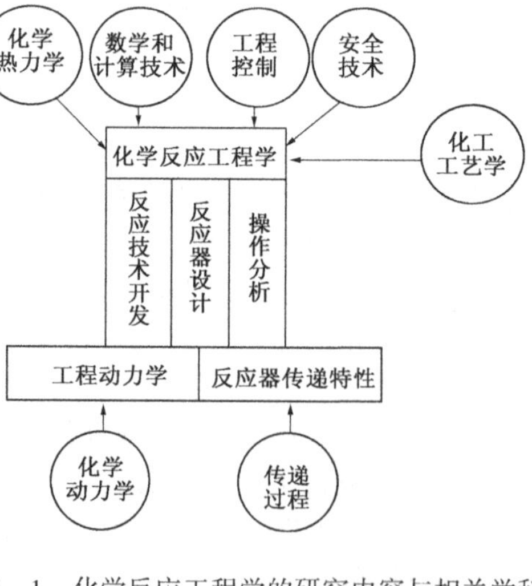

图1－1　化学反应工程学的研究内容与相关学科

1.2 化学反应工程学的体系与研究方法

1.2.1 化学反应工程学的体系

如前所述，工业反应设备中进行的化学反应过程既受动力学规律支配，又受传递规律制约，因此在化学反应工程的学科体系中，要同时考虑二者的作用并合理地处理其相互关系。

动力学规律是对化学反应过程起支配作用的，由于不同相态的反应过程具有不同的动力学规律，在反应工程学中常以相态作为体系的第一级划分，其实质是按相同动力学规律归于一类进行划分的。例如均相反应的共同规律和特征是无相界面，反应速度只与反应物的温度和浓度有关；在进行反应器设计时可以直接使用本征动力学方程。非均相反应的共同规律和特性是反应在处于不同相态的反应物之间进行，反应速度不仅与反应物的温度和浓度有关，而且还与单位反应体系中相界面的大小和相间扩散速度有关。非均相反应中又有气固相反应、气液相反应、气液固三相反应等不同相态间反应的区别。以石油化工中最常见的气固相催化反应为例，不论在何种条件下进行反应都存在着气体反应物向固体催化剂表面上扩散和在固体表面上吸附并进行反应的过程发生，这类反应具有相同的动力学特征，可以归于一类。在设计非均相反应器时必须使用宏观动力学方程。

在工业反应器中由于设备结构的不同以及流体流动与混合状况的不同，物料在各种反应器中的传递特性往往有很大差异，从而影响化学反应过程的进行。即使具有同一动力学规律的化学反应在不同类型的反应器中进行，也会有不同的反应结果，因此在反应工程中，一般以反应器型式作为体系的第二级划分，其实质是按反应器中物料的传递特性进行分类。例如均相反应在管式反应器和釜式反应器中进行，其流动状况与传热特性都不相同，从而引起反应结果的差异。

1.2.2 化学反应工程学的研究方法

化学工程中传统的研究方法是以相似论和因次论为基础的经验归纳法，这种研究问题的方法已经不能满足现代工程研究的需要，因此近年来模型化的研究方法得到广泛应用。

工业化学过程是一个既包括化学反应过程又包括物理传递过程，且二者相互影响的复杂系统。对于这种多变量的复杂系统，只有采用模型化方法才能有效地解决问题。化学反应工程中使用得最多的是物理－数学模型法，即首先根据系统本身特点和变化规律归纳出能反映系统中各物理量之间相互联系的物理模型，对物理模型进行适当简化并进行定量的数学描述，进而利用数学模型预测过程发展趋势的一种模型化方法。

反应过程的主要放大方法如表1－1所示。

表1－1 反应过程的放大方法

放大方法	内　　容	特　　点
经验法	依靠对已有的操作经验而建立起来的以认识为主实行放大的方法	比较原始，不够精确，不够经济，但有一定的价值。尤其对于某些目前难于进行理论解析的问题，如高黏度的聚合体系等，往往更需要依靠经验来解决，因此不能轻易否定

续表

放大方法	内　　容	特　　点
相似模拟法	相似模拟法与倍加法都是相似放大法的一种	相似模拟法被广泛应用于各种物理过程中，但是对于有化学反应的过程，因为要同时保持几何相似、流体力学相似、传热相似和反应相似往往是行不通的。难以解决化学反应的问题，只在某些特殊的情况下才有可能应用
部分解析法	半理论、半经验的方法	对于许多目前还难于全面进行理论解析的过程，通过部分计算、部分经验决定的方法来进行反应技术的开发与放大仍是切合实际的办法
数学模拟放大法	对一切实际对象用数学方程的形式加以描述，再用计算机进行研究、设计和放大	目前比较先进、科学的方法

在建立描述反应过程的物理模型时，对系统进行全面的考察是十分必要的。然而，物理模型并非越复杂越好，如果将影响过程进行的因素不分重点地全部包括进来，其结果不是难于进行数学求解就是限于目前的实验手段难于测定模型参数；而且，这样的模型对于解决实际问题一般也并不必要。相反，在建立模型时选择一个或几个关键的影响因素加以考虑，忽略次要因素的影响，往往可以使问题大大简化，同时又能满意地反映过程变化的规律。因此，对物理模型进行适当简化是模型化方法能否成功的关键。

建立模型的一般程序可以概括如下：

① 确定反应体系。根据所要完成的任务决定使用何种反应设备及其结构、规模；

② 考察反应体系中各影响因素在不同条件下的作用，通过对反应系统的分析选取关键影响因素，建立描述系统中各相关因素间关系的简化物理模型；

③ 用数学关系式定量表达物理模型中各参数之间的关系，确定数学方程式的初始条件与边界条件；

④ 对数学模型进行运算求解，利用计算结果对所研究的系统进行讨论并与实验数据进行比较，以验证模型的适用性及可靠性。

在实际工作中，有时需要反复进行上述四个步骤，对模型多次修改才能得到满意的结果。

除了上述从机理出发的模型以外，也常使用统计模型、等价性模型或经验模型。与机理模型相比，这些模型由于不能反映系统中各参数之间内在的联系，因而只能适用于特定的范围，需要做外推时容易出现显著的误差。

综上所述，目前化学反应工程处理问题的方法是实验研究和理论分析并举。

① 依靠经验进行放大，只能知其然而不知其所以然。

② 相似放大的方法，则只对物理过程有效，对于同时兼有物理作用和化学作用的反应过程来说，既保持物理相似，又保持化学相似一般是做不到的。

③ 半经验、半理论的部分解析法主要是人们的认识还有不足，还不能理想地做出过程的模型，只能搞一些局部的或较粗的模型，并辅之以比较适当的经验成分来解决问题。

④ 数学模拟放大的方法是目前认为比较科学的方法，它把生产技术建立在较高的技术水平之上。

1.2.3 反应技术的开发过程

化学反应工程是人们从形形色色的化学反应工艺过程中抽出其共性问题形成的学科内容，而反应技术是指以反应器为中心的直接有关部分的技术情况，它主要包括：①反应器型式的选择；②反应条件的确定和保证这些条件的技术措施；③反应器工艺尺寸及结构的确定；④反应装置的最优化。

一个新过程能否在工业规模上实现，它的开发期限有多长以及所达到的水平如何，就技术方面来说，起决定作用的因素如下：

① 是否有足够有效的催化剂(化学问题，也是化学工程问题)?

② 放大技术特别是反应过程的放大技术水平如何(主要是化学工程问题)?

③ 有无能够满足特殊性能要求的材料？如耐高温、高压、抗腐蚀等(冶金方面的问题)。

④ 能否设计和制造相应的高精度或大容量的机器和设备(化工机械制造方面的问题)?

⑤ 计量和自动控制的技术水平如何(仪表和自控问题)?

第②项贯穿于从小试直到完成工业生产的整个过程之中，这是一项复杂和细致的任务，尤其是化学反应过程的开发，不得不依靠逐级放大的方法，需耗费相当的人力、物力和时间。

反应技术开发步骤如表 1－2 所示。

表 1－2 反应技术开发步骤

开发步骤	内容
实验室的试验研究	一般在小型装置中进行，故称小试。有时在实验室内用金属装置做规模稍稍放大一点的试验，称模试
预设计及评价	根据实验室试验的结果可以预期今后工业化的前景，较粗地预设计出全过程的流程和设备，粗算出投资、成本和各项技术指标，然后加以评价
中间厂试验	中间工厂阶段是在建成大厂之前耗费最大的一个阶段，也是过渡到工业化的关键阶段
工业装置的设计及评价	根据中试结果进行工业化装置的设计，并再一次对整个装置作一次技术和经济评价
工业化生产与大型化	从工业化装置中可以最确切地确定出整个系统及个别装置的各种技术性能以及原料和公用工程的各项消耗定额，为设计相同的工厂提供更可靠的资料。另外，根据实际运转过程，进一步比较出与其他同类过程的优劣，作为研究和改进的方向

1.2.4 反应过程的放大程度和开发周期

由于建设中间厂消耗人力、物力和时间，因此减少放大层次、增加放大倍数和开发周期是最终目标。是否需要中间厂？规模多大？放大倍数能达到多少？这些问题与经验和理论水平紧密相关，对于通用的流体输送设备，如泵、压缩机等，因是定型产品，不存在这个问题；对于一般的换热设备，只要物性数据明确，可放大 200 ~300 倍而误差不超过 10%；对于蒸馏、吸收等塔设备，如有正确的平衡数据，也可较容易地放大 100 ~ 200 倍。只有化学反应装置，由于进行多种物理与化学过程，而且相互影响、错综复杂，理论解析往往比较困难，甚至实验数据也不易归纳成有规律的形式，于是“放大效应”就特别令人困扰了。随着技术水平的提高，过程开发的周期也相应地缩短了。据国外报道：甲苯歧化为6000倍、丙烯二聚为17000倍、提升管催化裂化为80000倍等。近半个世纪以来，国际上过程开发的周期已从8年以上缩短到3年左右。但这样的例子毕竟是少数，一般来说，中间实验仍是很必要的。

1.3 反应装置与反应方法概述

1.3.1 反应器的分类

一般常见反应器的分类如表1-3所示。工业反应器分类如下。

1. 按操作状况分类

根据反应物料加入反应器的方式，可将反应器分为间歇反应器、半间歇或半连续反应器和连续反应器。

(1) 间歇反应器：反应物料一次加入，在搅拌的存在下，经过一定时间达到反应要求后，反应产物一次卸出，生产为间歇地分批进行。特征是反应过程中反应体系的各种参数(如浓度、温度等)随着反应时间逐步变化，但不随反应器内空间位置而变化。物料经历的反应时间都相同。

(2) 连续反应器：稳定操作时，反应物和反应产物连续稳定地流入和引出反应器，反应器内的物系参数不随时间发生变化，但可随位置而变。反应物料在反应器内停留时间可能不同。

(3) 半连续反应器/半间歇反应器：一种或几种反应物先一次加入反应器，而另外一种反应物或催化剂则连续注入反应器，这是一种介于连续和间歇之间的操作方式，反应器内物料参数随时间发生变化。

2. 按反应器的形状分类

根据几何形状可归纳为管式、釜式和塔式三类反应器。

管式反应器长(高)径比很大，物料混合作用很小，一般用于连续操作过程。

釜式反应器的高径比较小，一般接近于1。通常釜内装搅拌器，器内混合比较均匀。此类反应器既可用于连续操作，也可用于间歇操作。

塔式反应器高径比在以上两者之间(一般地讲，高径比还是较大的)，采用连续操作方式。

3. 按反应混合物的相态分类

可分为均相反应器和非均相反应器。均相反应器又分为气相和液相反应器，非均相反应器分为气-液、气-固、液-液、液-固、气-液-固等反应器。

生产中的反应器有多种特性，通常是将以上的分类加以综合。工业反应器型式各异，进行的反应更是多种多样，本书主要讨论恒温的均相反应器的特点、设计、优化及选型等问题，对工业中常用的非均相反应器——气固相、气液相等反应器的结构、特征及选择进行简要介绍。

表 1－3　常见工业反应器

反应器类型	图示	适用场合	工业举例
间歇操作搅拌釜——带有搅拌器的槽式反应器	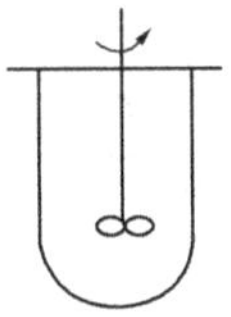	操作弹性大，产品质量均一，用于小批量、多品种的液相反应系统	制药、染料等精细化工生产过程
连续操作搅拌釜—有物料的连续进出	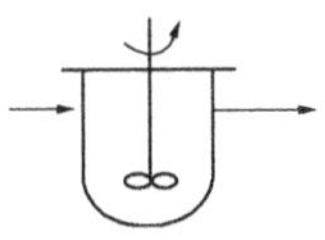	常用于均相、非均相的液相系统	合成橡胶等聚合反应过程
连续操作管式反应器	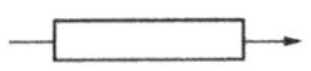	返混小，所需反应器体积小，传热面大，仅适于连续操作大规模的流体参加的反应过程，停留时间受管长限制	石脑油裂解 管式法高压聚乙烯 管式法环氧乙烷水合制乙二醇
固定床反应器—反应器内填放固体催化剂颗粒或固体反应物，在流体通过时静止不动	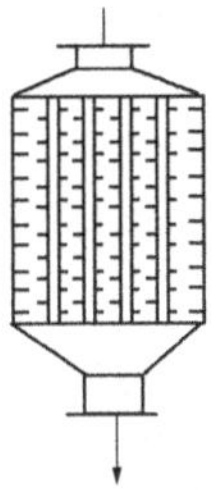	返混小，催化剂不易磨损，传热性能差，催化剂不易再生	合成氨生产 乙苯脱氢制苯乙烯，乙醇氧化制醋酸，石油重整等
流化床反应器——固相介质做成较小的颗粒，当流体通过床层时，固相介质形成悬浮状态，如沸腾的流体	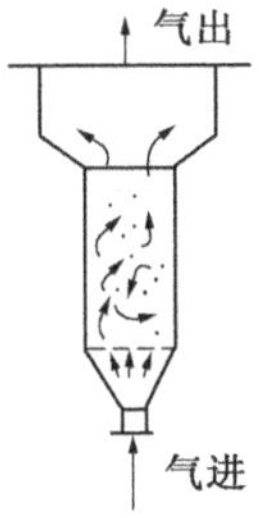	用于要求有较好的传热和传质效率的气固相催化反应 返混大，传质、传热好，催化剂有效系数大，但磨损大	石油的催化裂化、丙烯氨氧化等非催化反应过程
鼓泡床反应器——塔式结构的气－液反应器	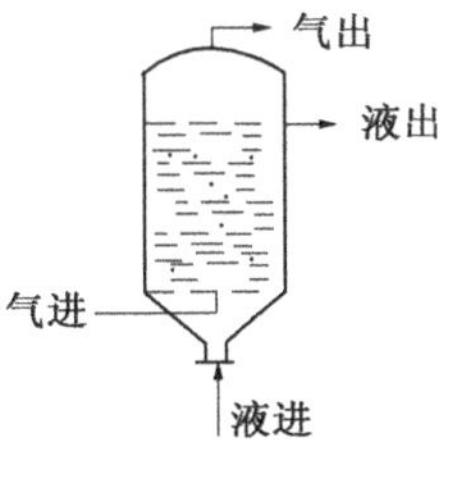	气相返混小，液相返混大，气相压力降大，温度易于调节。流速有限制，在充满液体的床层中，气体鼓泡通过，气液两相进行反应	乙醛氧化制醋酸 苯的烷基化、乙烯基乙炔合成、二甲苯氧化等

化学反应工程是研究工业规模的化学反应的规律，即伴有物理过程的化学反应。为了研究其共性规律，有必要将化学反应过程加以分类。通常可按化学反应的特性、反应物料的相态和反应进行的条件进行分类。化学反应的特性包括反应的机理、反应的可逆性、反应分子数、反应级数和反应热效应等；反应物料的相态包括均相和非均相反应；而反应进行的条件则包括温度、压力、操作方式及换热方式等。

在化学反应工程领域内，一般按反应物料的相态进行分类，但从工程角度出发，往往也非常注重操作方式，因为它与反应器的型式、操作条件以及设计方法的确定都密切相关。表 1－4 列出了化学反应过程的基本分类。

表 1－4　化学反应过程的基本分类

分类特征	反应过程
反应特征	简单反应，复杂反应(平行反应、连串反应等)
热力学分类	可逆反应，不可逆反应
相态	均相反应(气、液)，非均相反应(气－液、气－固、液－液、液－固、气－液－固)
时间特征	定态反应，非定态反应
控制步骤	化学反应控制，外部扩散控制，内部扩散控制，吸附或脱附控制

至于流程问题更是工艺与工程密切结合、综合考虑的结果。

1.3.2　反应器的设计

到目前为止，还不能准确预测任意化学反应的本征反应速率，因而有时更多地利用经验数据进行反应器设计。

1. 反应器设计的内容

反应器设计一般包含三项内容：

① 反应器选型。工业反应器类型很多，在不同类型的反应器中，能量与物质的传递特性有很大差异，因此需要根据给定反应体系的动力学特性，选择具有适宜传递特性的反应设备。

② 反应器结构设计及结构参数的确定。按照生产任务和选定的反应器型式确定反应器的总体布置及单个反应器的内部结构。如确定反应器的个数、组合方式、反应器体积、高径比、搅拌方式及强度、换热方式及换热面积等。

③ 反应器工艺参数的确定。正确选择操作条件，使反应系统处于最佳操作状态并达到最大经济效益。

2. 反应器设计的模型方法

由于工业化学反应器本身的复杂性，使反应器的设计有多种方法。

① 经验法。通过实验逐级放大的经验方法。

② 数学模型法。经验法不但费时费力，而且局限性很大，只能在很窄的工艺条件范围内和相同结构类型的生产装置上进行。随着化学反应工程学的发展以及计算机的普及，数学模型法得到了广泛应用，从而使反应器的设计更加科学化。使用数学模型法进行反应器设计一般有三个步骤：首先简化反应过程，建立反映该过程特性的物理模型；其次对物理模型进行数学描述，并建立数学模型；最后对数学模型求解，分析并选择最佳设计方案。

3. 反应器设计的方程

在反应器设计中，要建立具体模型的相关方程。

① 物料衡算方程(浓度或转化率随时间或位置变化的定量关系)。依据质量守恒定律，列出任意一个组分的物料衡算式。单位时间、单位体积内某组分的物料衡算方程如下：

进入反应器速率－排出反应器速率－反应消耗速率＝反应器内积累速率

② 热量衡算方程(温度随时间或位置变化的定量关系)。依据能量守恒定律，列出任意

一个组分的物料衡算式。

进入反应器热量速率 - 排出反应器热量速率 - 化学反应吸收热量速率 - 向环境散失热量速率 = 反应器内热量积累速率

③ 动力学方程(反应速率与温度、浓度间的定量关系)。定量描述反应速率与影响反应速率之间的关系式称为化学动力学方程。影响反应速率的因素有反应温度、组成、压力、溶剂的性质、催化剂的性质等。

第二章　均相反应动力学

化学反应工程的主要研究对象是工业反应器，即如何使化学反应在工业上有效地付诸实现。这就需要多方面的知识，其中化学动力学是所需要的最基本的知识之一。本章将在物理化学的基础上，从反应工程学科的角度阐明某些常用的反应动力学概念和动力学问题的处理方法，以均相反应动力学内容为主，而多相催化反应动力学将在第五章介绍。

化学反应动力学是研究化学反应本身的速率规律和反应机理的一门科学。通过研究化学反应速率与反应物浓度、温度和催化剂等因素之间的关系而建立的定量描述这一关系的数学方程式称为本征动力学方程。

在均一相中进行的化学反应称为均相反应，其特点是在反应物系中不存在相界面。尽管在反应体系的不同空间位置上物料浓度可能有相当大的差异，但就其中的任意一个微分体积来说，反应物、反应产物、溶剂和催化剂都可以认为是均匀分布的。均相反应体系的动力学规律具有一定的通性，可以作为一类来进行研究。

石油化工中很多化学反应是在均相条件下进行的，例如烃类高温热裂解制取乙烯就是一个重要的气相均相反应，而酸碱中和、酯化、皂化等反应则是典型的液相均相反应。

2.1　化学反应计量学

2.1.1　化学反应计量式

化学反应计量学是研究化学反应系统中反应物和产物组成改变关系的科学。化学反应计量学的基础是化学计量式，化学计量式与化学反应方程式不同。

（1）化学反应式

反应物经化学反应生成产物的过程用定量关系式予以描述时，该定量关系式称为化学反应式：

$$\nu_1 \mathrm{A}_1 + \nu_2 \mathrm{A}_2 + \cdots\cdots \rightarrow \cdots\cdots + \nu_{n-1} \mathrm{A}_{n-1} + \nu_n \mathrm{A}_n \qquad (2-1)$$

式中，A_1、A_2……为反应物；……A_{n-1}、A_n 为生成物；ν_i 为参与反应的各组分的分子式，称计量系数。

反应式左侧为反应物，而右侧为反应产物。尽管貌似方程式，但实际上并非方程式，例如其决不允许按方程式的运算规则将等式一侧转移到等式的另一侧。如果想说明反应在单方向上进行，则使用全箭头，如式(2－2)所示。

$$A \longrightarrow B \qquad (2-2)$$

如果要指明是可逆反应，则使用两个全箭头，如式(2－3)所示。

$$A \rightleftharpoons B \qquad (2-3)$$

(2) 化学反应计量式

表示化学反应过程中反应物与产物之间定量关系的方程式称为化学反应计量式，所以采用等号代替化学反应方程式中表示反应方向的箭头。习惯上规定化学反应计量式等号左边的组分为反应物，等号右边的组分为产物。

在一个反应物系中，存在 n 个反应组分 A_1、A_2、……A_n，它们之间进行着一个化学反应，该反应的化学计量式可以下列通式表示：

$$\nu_1 A_1 + \nu_2 A_2 + \cdots\cdots = \cdots\cdots + \nu_{n-1} A_{n-1} + \nu_n A_n \tag{2-4}$$

该式是一个方程式，因此允许按方程式的运算规则加以运算，例如将等号左侧各项移到等号的右侧：

$$-\nu_1 A_1 - \nu_2 A_2 - \cdots\cdots + \nu_{n-1} A_{n-1} + \nu_n A_n = 0 \tag{2-5}$$

这是化学计量式的普遍的表达形式，该式也被写成：

$$\sum_{i=1}^{n} \nu_i A_i = 0 \qquad i=1,\ 2\cdots\cdots,\ n \tag{2-6}$$

式中，ν_i 为反应组分 A_i 的化学计量系数，当组分 A_i 为反应物时，ν_i 取负值；若为反应产物，ν_i 取正值。

例如，氨合成反应的化学反应式为：

$$N_2 + 3H_2 \rightleftharpoons 2NH_3 \tag{2-7}$$

若令 $N_2 = A_1$，$H_2 = A_2$，$NH_3 = A_3$，则写成通式的形式为：

$$-A_1 - 3A_2 + 2A_3 = 0 \tag{2-8}$$

因为NH_3 为反应产物，所以化学计量系数为正；N_2、H_2 为反应物，则取负值。氨分解反应同样是这三个反应组分，但应写成为：

$$A_1 + 3A_2 - 2A_3 = 0 \tag{2-9}$$

因为反应物和反应产物各易其位了。

由此可见，反应组分是反应物和反应产物的统称，它可以是化合物，也可以是单质。对于离子方程式，反应组分也可以指离子。若已知任一组分的摩尔变化量就可以根据化学计量式确定其他组分的变化量。

反应物系中，反应组分之间只存在一个化学反应，称为单一反应或简单反应。如果反应物系中存在着两个或两个以上的反应，则称为复合反应或多个反应。若反应物系含有 n 个反应组分 A_1、A_2、……A_n，它们之间的化学反应方程式的个数为 m，则复合反应中第 j 个反应的通式可表示为：

$$\nu_{1j} A_1 + \nu_{2j} A_2 + \cdots\cdots = \cdots\cdots + \nu_{(n-1)j} A_{n-1} + \nu_{nj} A_n \tag{2-10}$$

或

$$\sum_{i=1}^{n} \nu_{ij} A_i = 0 \qquad j=1,\ 2\cdots\cdots,\ m \tag{2-11}$$

式中，ν_{ij}为第 j 个反应中组分 A_i 的化学计量系数，ν_{ij}的正负号取法与单一反应相同。此式也相当于

$$\begin{aligned}
&\nu_{11} A_1 + \nu_{21} A_2 + \cdots\cdots + \nu_{(n-1)1} A_{n-1} + \nu_{n1} A_n = 0 \\
&\nu_{12} A_1 + \nu_{22} A_2 + \cdots\cdots + \nu_{(n-1)2} A_{n-1} + \nu_{n2} A_n = 0 \\
&\cdots\cdots \\
&\nu_{1m} A_1 + \nu_{2m} A_2 + \cdots\cdots + \nu_{(n-1)m} A_{n-1} + \nu_{nm} A_n = 0
\end{aligned} \tag{2-12}$$

2.1.2 反应程度

在化学反应进行过程中，反应物的消耗量和反应产物的生成量之间符合化学计量关系。例如，化学反应：

$$\nu_A A + \nu_B B \longrightarrow \nu_R R \tag{2-13}$$

式中，ν_A、ν_B 及 ν_R 分别为反应组分 A、B 和 R 的化学计量系数。如果参与反应的 A 量为 $\nu_A$mol，则相应其反应的 B 量为 $\nu_B$mol，生成产物 R 量必为 $\nu_R$mol，由此可知，反应物的消耗量和反应产物生成量之间的比例，等于各自的化学计量系数之比。设反应开始即反应时间 $t=0$ 时体系中组分 A、B 和 R 的起始摩尔数用 N_{A0}、N_{B0}和 N_{R0}mol 表示，当反应进行到某一时刻 t 时，体系中组分 A、B 和 R 的摩尔数用 N_A、N_B 和 $N_R$mol 表示，因此，以终态减去始态即为反应量，且有：

$$(N_A - N_{A0}):(N_B - N_{B0}):(N_R - N_{R0}) = \nu_A:\nu_B:\nu_R$$

显然$(N_A - N_{A0})<0$，$(N_B - N_{B0})<0$，说明反应过程中反应物的量是减少的，而反应产物的量则是增加的。上式也可写成：

$$\frac{N_A - N_{A0}}{\nu_A} = \frac{N_B - N_{B0}}{\nu_B} = \frac{N_R - N_{R0}}{\nu_R} = \xi \tag{2-14}$$

即任何反应组分的反应量与化学计量系数之比恒为定值，则称参数 ξ 为反应程度。上式可推广到任何反应，表示为：

$$\xi = \frac{N_i - N_{i0}}{\nu_i} = \frac{\Delta N_i}{\nu_i} \tag{2-15}$$

式中，ΔN_i 表示在反应体系中组分 i 的改变量。根据化学反应计量式所表示的参加反应的各物质之间进行化学反应的定量关系可知，无论用哪一个组分的变化量来进行计算，所得反应程度的数值都是相同的，并且总是正数。

反应程度是对一个化学反应而言，如果反应物系中同时进行数个化学反应，各个反应各自有自己的反应程度，设为 ξ_j，则任一反应组分 i 的反应量应等于各个反应所作贡献的代数和，即：

$$\sum_{j=1}^{m} \nu_{ij}\xi_j = N_i - N_{i0} \tag{2-16}$$

式中，ν_{ij}为第 j 个反应中组分 i 的化学计量系数；m 为化学反应数。

2.1.3 化学反应的转化率、收率和选择性

1. 转化率

在化工生产中，常用转化率来表示某一反应物转化的程度。其定义为：

$$x = \frac{\text{某一反应物的转化量}}{\text{该反应物的起始量}} \tag{2-17}$$

若 $N_{i0} - N_i$ 是反应物 i 在化学反应中因转化成产物而消耗的量，而 N_{i0}是反应物 i 的起始量，则：

$$x_i = \frac{N_{i0} - N_i}{N_{i0}} \tag{2-18}$$

转化率是针对反应物而言的，故转化率为某反应物的转化量与起始量之比。但是，当反

应物不只一种时，应该选择哪一种组分来计算呢？由于不同反应物计算所得的转化率可能是不一样的，但它们反映的都是同一客观事实，因此按哪种反应物来计算转化率都是可以的。然而这还存在按哪一种反应物计算更为方便和获得更多有用信息的问题。工业上进行化学反应时，原料中各反应物料之间的量大多不是按化学计量关系匹配的，而是根据原料价格及工艺要求选择某些组分过量。例如对于反应：

$$2SO_2 + O_2 \rightleftharpoons 2SO_3$$

原料气中二氧化硫与氧的摩尔比并不等于2，而总是小于2，即氧过量。又如甲烷水蒸气催化转化反应，水蒸气是过量的；乙烯催化氧化制环氧乙烷，乙烯也是过量的。为使转化率的最大值为100%，通常选取那个不过量的反应物进行转化率的计算，这个反应物称为关键组分或限制组分。若按过量组分计算，其最大值永远小于100%。这里需要指出，如果原料中各反应物间的比例符合化学计量关系，对于同一状态，无论按哪一种反应物来计算转化率，其数值都是相同的。

通常关键组分是反应物中价值最高的组分，其他反应物相对来说比较便宜，同时也是过量的。因此，关键组分转化率的高低直接影响反应过程的经济效果，为反应过程的评价提供更直观的信息。

计算转化率还有一个起始状态的选择问题，即转化率定义式右边的分母起始量的选择。对于连续釜式反应器一般以反应器进口处原料的状态作为起始状态；而间歇反应器则以反应开始时的状态为起始状态。当数个反应器串联使用时，往往以进入第一个反应器的原料组成作为计算基准，而不以各反应器各自的进料组成为基准，这样有利于计算和比较。

一些反应系统由于化学平衡的限制或其他原因，原料通过反应器后的转化率甚低，为了提高原料利用率以降低产品成本，往往将反应器出口物料中的反应产物分离出来，余下的物料再送回反应器入口处，与新鲜原料一起进入反应器再进行反应，然后再分离、再循环等。这样的系统属于有循环物料的反应系统。例如，由氢气和氮气合成氨、由一氧化碳和氢合成甲醇及由乙烯和水蒸气合成乙醇等都属于这样的反应系统。对于这种系统，有两种含义不同的转化率。一种是新鲜原料通过反应器一次所达到的转化率，称为单程转化率。这可以理解为以反应器进口物料为基准的转化率。另一种是新鲜原料从进入反应系统起到离开系统止所达到的转化率，称为全程转化率，或者说是以新鲜原料为基准计算的转化率。显然，全程转化率必定大于单程转化率，因为物料的循环提高了反应物的转化率。

只要知道关键组分的转化率，其他反应组分的反应量便可根据原料组成和化学计量关系一一算出。关键组分常用下标A表示，关键组分转化率与反应程度有如下关系：

$$x_A = -\frac{\nu_A \xi}{N_{A0}} \tag{2-19}$$

对于恒容物系，转化率也可用浓度定义：

$$x_A = \frac{C_{A0} - C_A}{C_{A0}} = 1 - \frac{C_A}{C_{A0}} \tag{2-20}$$

由式(2-18)和式(2-20)可以得到：

$$N_A = N_{A0}(1 - x_A) \tag{2-21}$$

$$C_A = C_{A0}(1 - x_A) \tag{2-22}$$

【例2-1】 进入二氧化硫氧化器的气体组成：二氧化硫为3.07%(摩尔分数，下同)，三氧化硫为4.60%，氧气8.44%及氮气83.89%，离开反应器的气体中二氧化硫的含量为

1.5%，试计算二氧化硫的转化率。

【解】以100mol进口气体为基准，同时设二氧化硫的转化摩尔数为N mol，由于2mol SO_2与1molO_2反应生成2mol SO_3，因此反应前后各个反应组分的量为：

组分	反应器进口	反应器出口
SO_2	3.07	$3.07-N$
SO_3	4.60	$4.60+N$
O_2	8.44	$8.44-N/2$
N_2	83.89	83.89
总计	100.00	$100.00-N/2$

题中反应器出口气体中二氧化硫的摩尔分数为1.5%，故：

$$\frac{3.07-N}{100-N/2}=0.015$$

解之得：$N=1.582\text{mol}$

若以反应器的进口组成作为起始状态，则反应器出口处二氧化硫的转化率为：

$$x=\frac{1.582}{3.07}=0.515 \text{ 或 } 51.5\%$$

此时反应器进口处二氧化硫的转化率为零。

如以不含反应产物为基准，由于1mol三氧化硫相当于1mol二氧化硫，所以，二氧化硫的起始量应为：

$$3.07+4.60=7.67\text{mol}$$

反应器出口处二氧化硫的转化率

$$x=\frac{1.582+4.60}{3.07}=0.806 \text{ 或 } 80.6\%$$

此时，反应器进口处的转化率不等于零，而是：

$$\frac{4.60}{7.67}=0.60 \text{ 或 } 60\%$$

由此可见，两种起始状态计算所得到的结果是不同的，使用时必须注意。通常都以不含反应产物作为起始状态，除非无法进行换算才不同。还需指出，由于二氧化硫氧化反应在反应前后发生总的摩尔数变化，因此，不能由反应前后的二氧化硫百分数相减而得到二氧化硫的转换量。如按这样做，则二氧化硫的转化量等于$3.07-1.5=1.57$mol，与上面的计算值1.528mol极为相近，误差不到1%。这是因为反应气体中惰性气体含量甚大的缘故。

2. 收率和选择性

对于单一反应来说，由于反应产物之间必须满足反应式所确定的计量关系，只要一种产物的量确定，其他产物的量也就确定。因此，利用转化率这样一个参数，就足以确定反应物转化量与产物生成量之间的关系。然而复合反应的情况则不同，反应物与产物之间的定量关系要受到多个反应动力学参数的影响，仅根据转化率已无法确定每种产物的量。例如，在银催化剂上乙烯氧化成环氧乙烷的反应可以写成以下两式来表示：

$$C_2H_4+\frac{1}{2}O_2 \longrightarrow C_2H_4O$$

$$C_2H_4+3O_2 \longrightarrow 2CO_2+2H_2O$$

如果只知道乙烯的转化率，它只说明乙烯转化的完全程度，并没有告诉我们有多少是按第一个反应转化，多少是按第二个反应转化。所以作为目的产物的环氧乙烷，其收率也无从知道。这表明，对于复合反应的评价，除了使用转化率这个概念以说明反应物的转化程度以外，还需要引入一个表达反应物与产物之间定量关系的量。为了使用上的便利，定义了两个不同的参数——收率和选择性。

转化率系针对反应物而言，收率是针对反应产物而言。若以 Y 代表收率，其定义可由下式表示：

$$Y=\frac{\text{因生成目的产物而消耗的关键组分的摩尔数}}{\text{进入反应系统关键组分的摩尔数}}=\left|\frac{\nu_A}{\nu_R}\right|\frac{N_R-N_{R0}}{N_A} \tag{2-23}$$

式中，ν_A 与 ν_R 分别表示反应物中关键组分与目的产物在化学反应计量式中的计量系数。如果有多个目的产物，可分别按式(2－23)计算其各自的收率。引入 $|\nu_A|/\nu_R$，是为了使收率的最大值为 1。

工业生产上有时采用质量收率这个概念，其定义与上式相似，差别是不计入化学计量系数比。此外，不以摩尔数作为计量单位，而是用其他计算单位如克、千克等，因此质量收率的最大值可以超过 1。对于有物料循环的反应系统，与转化率一样，收率也有单程收率和全程收率之分。单程收率指的是原料通过反应器一次时反应产物的收率，全程收率则是多次循环后所达到的收率。

评价复合反应时，除了采用转化率和收率外，还可应用选择性这一概念。若以 ϕ 代表选择性，其定义可由下式表示：

$$\phi=\frac{\text{因生成目的产物而消耗的关键组分的摩尔数}}{\text{反应中消耗的关键组分的摩尔数}}=\frac{|\nu_A|}{\nu_R}\cdot\frac{N_R-N_{R0}}{N_{A0}-N_A} \tag{2-24}$$

显然，对于恒容物系有：

$$Y=\frac{|\nu_A|}{\nu_R}\cdot\frac{C_R-C_{R0}}{C_{A0}} \tag{2-23B}$$

$$\phi=\frac{|\nu_A|}{\nu_R}\cdot\frac{C_R-C_{R0}}{C_{A0}-C_A} \tag{2-24B}$$

在实际的复合反应中，受化学平衡与反应时间的限制，投入的反应物不可能全部转化。即使转化了的反应物因为有多个反应同时存在，也不可能全部变成目的产物，还有一部分要生成副产物。从式(2－24)可知，如果消耗了的反应物全部转化为目的产物，$\phi=1$。ϕ 值越大表示主反应所占的比重越大，副产物生成的量越小。可见选择性是通过比较生成目的产物的关键组分量与关键组分总消耗量来衡量反应有效性的一个参数。从式(2－23)可知，收率 y 是通过比较生成目的产物的关键组分量与关键组分的投入量来衡量反应有效性的参数。

将转化率的定义式(2－18)与式(2－23)和式(2－24)结合，可以得到如下关系：

$$Y=\phi\cdot x \tag{2-25}$$

可见三个参数中已知二个，第三个就可求出。也就是说转化率、收率及选择性三者之间取其二即可评价复合反应进行的优劣。可以这样说，转化率只说明量的方面，收率或选择性则说明质的方面，两者相结合才能保证质量。当然，对于单一反应，只要转化率就足以说明，因此时 $\phi=1$，故 $Y=x$，即转化率也就是收率。

文献报道和工厂中对于不同的反应体系关于收率和选择性常有不同的定义，在应用时应予注意。

【例2-2】 在银催化剂上进行甲醇氧化为甲醛的反应：

$$2CH_3OH + O_2 \longrightarrow 2HCHO + 2H_2O$$

$$2CH_3OH + 3O_2 \longrightarrow 2CO_2 + 4H_2O$$

进入反应器的原料气中，甲醇：空气：水蒸气=2：4：1.3（摩尔比），反应后甲醇的转化率达72%，甲醛的收率为69.2%。试计算：①反应的选择性；②反应器出口气体的组成。

【解】①反应的选择性为：

$$\phi = \frac{y}{x} = \frac{0.629}{0.720} = 0.9611 \text{ 或 } 96.11\%$$

② 进入反应器的原料气中，甲醇：空气：水蒸气=2：4：1.3，设进入反应器的总原料量为100mol，则反应器的进料组成为：

组分	摩尔分率 y_{i0}	摩尔数 N_{i0}/mol
CH_3OH	2/(2+4+1.3)=0.2740	27.40
空气	4/(2+4+1.3)=0.5479	54.79
H_2O	1.3/(2+4+1.3)=0.1781	17.81
总计	1.0	100.00

设甲醇的转化率为 x_A，甲醛的收率为 y_R，反应器出口甲醇、甲醛和二氧化碳的摩尔数 N_A、N_R 和 N_Q 分别为：

$$N_A = N_{A0}(1 - x_A) = 7.672\text{mol}$$

$$N_R = N_{A0}y_R = 18.96\text{mol}$$

$$N_Q = N_{A0}(x_A - y_R) = 0.7672\text{mol}$$

结合上述反应的化学计量式，水（N_W）、氧气（N_O）和氮气（N_N）的摩尔数分别为：

$$N_W = N_{W0} + N_R + 2N_Q = 38.30\text{mol}$$

$$N_O = N_{O0} - \frac{1}{2}N_R - \frac{3}{2}N_Q = 0.8788\text{mol}$$

$$N_N = N_{N0} = 43.28\text{mol}$$

所以，反应器出口气体组成为：

组分	摩尔数 N_{i0}/mol	摩尔分率 y_{i0}/%
CH_3OH	7.672	6.983
HCHO	18.96	17.26
H_2O	38.30	34.87
CO_2	0.7672	0.6983
O_2	0.8788	0.7999
N_2	43.28	39.39

2.2 化学反应速率

2.2.1 反应物系组成的表示方法

在热力学及动力学计算中，常常使用摩尔浓度来表示反应物系的组成。若反应混合物的

体积为 V，其中反应组分 A_i 的含量为 $N_i$mol，则摩尔浓度为：

$$C_i = \frac{N_i}{V} \tag{2-26}$$

设反应物系中共有 n 个组分，反应物系的总摩尔浓度则为：

$$C_t = \sum_{i=1}^{n} C_i \tag{2-27}$$

液相反应物系多采用摩尔浓度来表示其组成。也有用单位体积的质量来表示组成的，即所谓质量浓度。

第二类表示反应物系组成的方法是用各个反应组分组成所占的分率来表示，其中又包括摩尔分率及质量分率。若反应物系的总摩尔数为 N_t，则：

$$N_t = \sum_{i=1}^{n} N_i \tag{2-28}$$

组分 A_i 的摩尔分率：

$$y_i = \frac{N_i}{N_t} \tag{2-29}$$

设反应组分 A_i 的质量为 m_i，反应物系的总质量为 m，则组分 A_i 的质量分率为：

$$w_i = \frac{m_i}{m} \tag{2-30}$$

其中：
$$m = \sum_{i=1}^{n} m_i \tag{2-31}$$

它们之间可以互相换算。例如：

$$w_i = \frac{y_i M_i}{\sum_{i=1}^{n} y_i M_i} \tag{2-32}$$

式中，M_i 为组分 A_i 的相对分子质量。

$$y_i = \frac{C_i}{\sum_{i=1}^{n} C_i}$$

对于气相反应，常使用分压来表示其组成。设总压为 p，则组分 A_i 的分压为：

$$p_i = p y_i \tag{2-33}$$

对于理想气体：

$$p_i V = N_i RT \tag{2-34}$$

两边除以 V，可得分压与摩尔浓度的关系为：

$$p_i = C_i RT \tag{2-35}$$

则摩尔分率与摩尔浓度的关系为：

$$C_i = \frac{P y_i}{RT} \tag{2-36}$$

如果是非理想气体，可引入压缩因子 Z_i 对上式进行修正，即：

$$p_i = Z_i C_i RT \tag{2-37}$$

则：
$$C_i = \frac{p y_i}{Z_i RT} \tag{2-38}$$

2.2.2 化学反应速率的表示方法

1. 反应速率的定义

任何过程都离不开速率，化学过程也不例外。化学动力学研究的核心问题，就是化学反应速率。因此，从化学反应速率的定义入手进行讨论是合宜的。反应速率不外乎是一个化学反应进行快慢的一种数量表示。显然，只用反应物反应量或反应产物的生成量多少来表示是不够的。以单位时间的反应量或产量作为反应速率的定义也不合适，因为单位时间的反应量或产量不但与化学反应进行的快慢有关，而且还与化学反应进行时所用的原料量有关。通常化学反应速率是以某一时刻单位量的反应体系中反应程度随时间的变化率来定义的，用 r 表示：

$$r = \frac{1}{\text{反应体系的量}} \cdot \frac{d\xi}{dt} \tag{2-39}$$

对于均相反应过程，通常是以单位体积的反应体系为基准定义的反应速率，表示为：

$$r = \frac{1}{V}\frac{d\xi}{dt} = \frac{1}{\nu_i V} \cdot \frac{dN_i}{dt} \tag{2-40}$$

式中，V 为反应系统的体积，t 为反应时间。均相反应速率常用的单位为 $mol/(m^3 \cdot s)$。

2. 消耗速率与生成速率

如果用下标 i 来表示某种指定的反应物，在化学反应中其消耗速率用 $(-r_i)$ 来表示，有如下定义：

$$(-r_i) = -\frac{1}{\text{反应体系的量}} \cdot \frac{dN_i}{dt} \tag{2-41}$$

类似于化学反应速率，在均相反应过程中，反应体系的量通常是指体积，则：

$$(-r_i) = -\frac{1}{V} \cdot \frac{dN_i}{dt} \tag{2-42}$$

对于指定的反应产物来说，其生成速率可以表示为：

$$r_j = \frac{1}{\text{反应体系的量}} \cdot \frac{dN_j}{dt} \tag{2-43}$$

同样，在均相反应系统中：

$$r_j = \frac{1}{V} \cdot \frac{dN_j}{dt} \tag{2-44}$$

根据式(2-40)、式(2-42)与式(2-44)可知，对均相反应体系：

$$(-r_i) = -\nu_i r \tag{2-45}$$

$$r_j = \nu_j r \tag{2-46}$$

显然，由式(2-41)～式(2-44)所定义的反应物消耗速率与产物生成速率的数值与所选择的物质有关，而式(2-39)与式(2-40)所定义的化学反应速率与所选择的物质无关。由于在物料衡算中使用反应物消耗速率或产物生成速率更为直观、方便，所以在文献中化学反应速率方程常以这种形式给出，本书也沿用这一习惯用法。此外，尚需指出的是，由于历史的原因，相当多的化学反应工程教材与著作中都将反应物消耗速率与产物生成速率定义为化学反应速率。

反应物消耗速率和产物生成速率也常用该组分浓度在单位时间内的变化来表示。因为浓度定义为式(2-26)，所以在恒容情况下，式(2-42)和式(2-44)可改写为：

$$(-r_i)=-\frac{dC_i}{dt} \tag{2-47}$$

$$r_j=\frac{dC_j}{dt} \tag{2-48}$$

需要强调的一点是，在进行物料衡算时，反应物消耗速率或产物生成速率的表达式与反应器设计计算的需要必须一致。

2.3 反应速率方程

2.3.1 均相单一反应的速率方程

影响化学反应速率的因素很多，主要有反应物系的温度、组成、压力、溶剂特性、催化剂的性质及含量等，其中又以反应物系的组成与温度最具普遍意义。表示反应物消耗速率与反应物组成及温度之间关系的函数式称为化学反应速率方程式或动力学方程式，可用下式表示：

$$(-r_i)=f(T,C)$$

式中，T 为温度，C 为反应物组成。

1. 质量作用定律

(1) 基元反应和非基元反应

反应物分子按化学反应式在碰撞中一步直接转化为生成物分子，则称该反应为基元反应。若反应物分子要经过若干步，即经过几个基元反应才能转化为生成物分子的反应，则称为非基元反应。基元反应为组成一切化学反应的基本单元。例如 H_2和 Br_2间的反应：

$$H_2+Br_2 \longrightarrow 2HBr \tag{1}$$

实验得知，此反应由以下几个基元反应组成：

$$Br_2+M \longrightarrow 2Br^{\cdot}+M' \tag{2}$$

$$Br^{\cdot}+H_2 \longrightarrow HBr+H^{\cdot} \tag{3}$$

$$H^{\cdot}+Br_2 \longrightarrow HBr+Br^{\cdot} \tag{4}$$

$$H^{\cdot}+HBr \longrightarrow H_2+Br^{\cdot} \tag{5}$$

$$2Br^{\cdot}+M' \longrightarrow Br_2+M \tag{6}$$

式中，M 为任何其他分子。可以看出，式(1)所示的反应，实际上是由五个基本步骤组成的；式(2)～式(6)的每式表示一个步骤，也就是一个基元反应。一般来说，化学反应方程除特别注明外，都不代表基元反应，只表示化学反应进行的方向与反应中各组分之间的计量关系。

(2) 反应分子数

基元反应进行时，在微观过程中参与单个化学反应的反应物粒子的数目称为反应分子数。参加基元反应的粒子，例如分子，可以是一个、二个或三个，分别称为单分子反应、双分子反应和三分子反应。四个以上分子同时相互作用发生反应的机会极少，所以还没有发现大于三分子的基元反应。可见反应的分子数是专对基元反应而言的，非基元反应无所谓分子数。

（3）基元反应的速率方程

经过碰撞而活化的单分子分解反应或异构化反应，称为单分子反应，例如：

$$A \longrightarrow R$$

因为是一个个的活化分子独自进行的反应，所以这种分子在单位体积内的数目越多(即浓度越大)，则单位体积内、单位时间起反应的数量就越多，即反应物消耗速率与反应物的浓度成正比：

$$-\frac{dC_A}{dt} = kC_A \tag{2-49}$$

双分子反应可分为异类分子间的反应与同类分子间的反应：

$$A + B \longrightarrow R$$

$$A + A \longrightarrow Q$$

两个分子之间要发生反应，则必须碰撞，彼此远离是不可能反应的，所以反应速率应与单位体积、单位时间的碰撞数成正比。按分子运动论，单位体积、单位时间内的碰撞数与浓度乘积成正比，因此反应物 A 的消耗速率与浓度乘积成正比。对于上两个反应，分别有：

$$-\frac{dC_A}{dt} = kC_A C_B \tag{2-50}$$

$$-\frac{dC_A}{dt} = kC_A^2 \tag{2-51}$$

依此类推，对于基元反应：

$$\nu_A A + \nu_B B + \cdots\cdots \longrightarrow \nu_R R$$

其速率方程应为：

$$-\frac{dC_A}{dt} = kC_A^{\nu_A} C_B^{\nu_B} \cdots\cdots \tag{2-52}$$

基元反应的速率与各反应物浓度的幂乘积成正比，其中各反应物浓度的方次为化学反应式中相应组分的分子个数，这就是质量作用定律。

质量作用定律只适用于基元反应。对于非基元反应，只有分解为若干个基元反应时，才能对每个基元反应逐个运用质量作用定律。

2. 单一反应的速率方程

用一个化学反应方程式和一个动力学方程式就能表示的反应，称为单一反应。单一反应不一定是基元反应，例如反应：

$$H_2 + Br_2 \longrightarrow 2HBr$$

是由 5 个基元反应组成的，但只用一个双曲型速率方程式就可以表示该反应的动力学关系：

$$-\frac{dC_{H_2}}{dt} = \frac{k_1 C_{H_2} C_{Br_2}^{1/2} \cdots\cdots}{k_2 + \dfrac{C_{HBr}}{C_{Br2}}} \tag{2-53}$$

所以这是一个单一反应。

根据本书的定义，将可逆反应列入单一反应，以一级可逆反应为例：

$$A \underset{k_{-1}}{\overset{k_1}{\rightleftharpoons}} R$$

在反应进行中的任一时刻，正方向反应速率 $\vec{r}=k_1C_A$，逆方向反应速率 $\overleftarrow{r}=k_{-1}C_R$，反应物 A 净消耗速率为二者之差：

$$(-r_A)=-\frac{dC_A}{dt}=k_1C_A-k_{-1}C_R \tag{2-54}$$

该反应可用化学反应方程式与一个动力学方程式表示，因此是单一反应。

单一反应可以由几个基元反应组成。每个基元反应有一个速率方程，总反应有一个总的速率方程。每个基元反应的速率方程都可以应用质量作用定律直接写出，总的速率方程可以根据反应机理推断出反应速率方程。在建立反应机理和推导速率方程时常采用下述一些基本假定：

① 假定非基元反应是由一系列反应步骤依次进行，并最后获得产物，而组成反应机理的每一步反应均为基元反应，可以直接用质量作用定律来确定它们的速率。

② 在构成反应机理的诸个基元反应中，如果有一个基元反应的速率较其他基元反应慢得多，则它就成为整个反应的速率控制步骤，它的反应速率即代表整个反应的速率。其他的各基元反应因其速率较快，而视为处于"拟平衡态"。

③ 当构成反应机理的诸个基元反应的速率具有相同的数量级时，即不存在速率控制步骤时，可假定所有各步基元反应都处于"拟定常态"。即假定在构成机理式的诸基元反应中所生成的中间产物的浓度在整个反应过程中维持恒定。

应用上述假定常可容易地导出相应的速率方程。设反应 $A \longrightarrow P+D$ 系由下列反应步骤组成：

$$A \underset{k_{-1}}{\overset{k_1}{\rightleftharpoons}} A^* + P \qquad \text{（快速平衡）}$$

$$A^* \xrightarrow{k_2} D \quad \text{（慢）}$$

因为慢步骤为控制步骤，由质量作用定律知该反应的速率为：

$$(-r_A)=-r_{A^*}=k_2C_{A^*} \tag{2-55}$$

从化学动力学考虑快速平衡时正逆反应速率近似相等：

$$k_1C_A=k_{-1}C_{A^*}C_P$$

即

$$\frac{k_1}{k_{-1}}=\frac{C_{A^*}C_P}{C_A}=K_1$$

K_1 为平衡常数，代入式(2-54)得：

$$-r_{A^*}=k_2K_1\frac{C_A}{C_P} \tag{2-56}$$

令 $k=k_2K_1$，得速率方程：

$$-r_{A^*}=k\frac{C_A}{C_P} \tag{2-57}$$

目前绝大多数化学反应机理还未弄清，更多情况下则是通过实验测定的数据归纳成幂函数型方程。

$$\nu_A A+\nu_B B+\cdots\cdots \longrightarrow \nu_R R$$

动力学方程一般可写成如下幂函数形式：

$$(-r_A)=-\frac{dC_A}{dt}=kC_A^{\alpha}C_B^{\beta}\cdots\cdots \tag{2-58}$$

但需注意，对于非基元反应来说，动力学方程中浓度项的指数 α、β、……，与该组分在反应式中计量系数一般并不相同。式中各浓度项的指数 α、β 等分别称为反应组分 A、B 等的反应级数，各组分反应级数的代数和称为反应的总级数或简称为反应级数，用 n 表示：

$$n=\alpha+\beta+\cdots\cdots \tag{2-59}$$

所以式(2-49)表示的是一个一级反应，式(2-50)表示的是一个二级反应。

根据前述讨论可知，对于基元反应来说，反应级数可以根据化学反应计量式或动力学方程式来确定。对于非基元反应，一般只能根据实验归纳的动力学方程来确定。对于幂函数型速率方程，往往应用将浓度及温度对反应速率的影响分离开来的办法来表示速率方程，即：

$$r=f_1(T)f_2(C) \tag{2-60}$$

对于一定的温度，则温度函数 $f_1(T)$ 为常数，以反应速率常数 k 表示，而浓度函数以各反应组分浓度的指数函数 $f_2(C)=C_A^{\alpha}C_B^{\beta}\cdots\cdots$ 表示。

需要注意的是，即使是不可逆反应，反应产物的浓度仍然可能影响反应速率，因此 $f_2(C)$ 中应包括所有反应组分浓度的影响，无论是反应物还是反应产物都包括在内。其是否有影响或影响大小要由实验来判明。

2.3.2 反应速率常数 k

在幂函数型速率方程中，以温度函数 $f_1(T)$ 来体现温度对反应速率的影响。对于一定的温度 $f_1(T)$ 为定值，以反应速率常数 k 表示。所以，$f_1(T)$ 也就是 k 与温度的关系。

k 值显著地取决于温度的高低。其他因素如催化剂、总压、离子强度、溶剂等都对 k 有影响。在正常情况下，这些因素比起温度对反应速率常数 k 的影响要小得多。因此假设 k 仅是温度的函数，这个假设在大多数实验和工业反应器中是吻合的，在使用上也方便。通常用阿累尼乌斯方程表示反应速率常数与温度的关系，即：

$$k=k_0e^{-E/RT} \tag{2-61}$$

式中，k_0 是常数，称为频率因子，与 k 有相同的单位；E 是活化能，单位 J/mol；R 为通用气体常数，8.314J/(mol·K)；T 为热力学温度，单位 K。k 的因次随反应的级数而定，对于 n 级反应，k 的常用单位可由下式表示：

$$k=\frac{r_i}{C^n}=\frac{\text{mol}/(\text{m}^3\cdot\text{s})}{(\text{mol}/\text{m}^3)^n}=(\text{mol}/\text{m}^3)^{1-n}\cdot\text{s}^{-1} \tag{2-62}$$

阿累尼乌斯方程是描述温度与反应速率系数之间定量关系的数学式。进一步剖析式(2-61)可以看出各个参数对 k 的影响，从而得出一些规律性的结论：

k_0 决定于反应物系的本质。严格地说，k_0 是温度的函数，它与 T^m 成正比，但具体数据表明，温度对 k_0 的影响没有指数项 $e^{-E/RT}$ 那样显著。一般情况下，k_0 可近似看成与温度无关。

众所周知，反应物分子只能通过碰撞才有可能发生反应，但并非所有的碰撞都有效，只有已被"激发"的反应物分子——活化分子——的碰撞才有可能奏效。反应活化能就是反应物分子"激发"为活化分子所需的能量，因此，活化能的大小是表征化学反应进行难易程度的标志。活化能大，反应不易进行；活化能小，反应容易进行。但是活化能 E 不是决定反应难易的唯一因素，它与频率因子 k_0 共同决定反应速率。

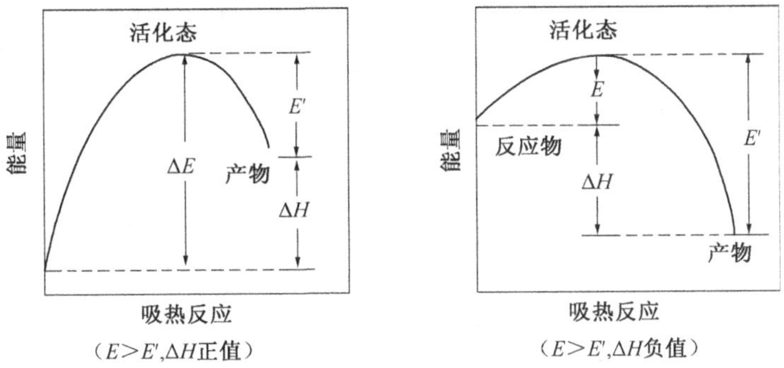

图 2－1　吸热和放热反应能量示意图

图 2－1 为吸热反应和放热反应的能量示意图。“激发”态的活化分子进行反应，转变为产物。若产物分子的能量水平比反应物分子能量水平高，反应为吸热反应；反之，产物分子的能量水平比反应物分子能量的水平低，反应为放热反应。而反应物分子和产物分子的能量水平的差异即为反应的热效应。

当反应一定时，E 也为一定值。一般活化能约为 $4\times10^4\sim4\times10^5$ J/mol，多数在 $6\times10^4\sim2.4\times10^5$ J/mol 之间，活化能小于 4×10^4 J/mol 的反应，其反应速率常数快到不易测定。在温度相同或相近的情况下，活化能 E 大的反应，其速率常数 k 小，这将导致反应速率较小；反之，活化能 E 小的反应，则 k 较大，反应速率较大。如在室温下，E 每增加 4×10^3 J/mol 将使 k 值降低约 80%。

式(2－61)两边取对数可得：

$$\ln k = \ln k_0 - E/RT \qquad (2-63)$$

由此可知，以 $\ln k$ 对 $1/T$ 作图可得一直线(见图 2－2)，由直线的斜率 $-E/R$ 可决定反应的活化能，由截距可求得 k_0。

由图 2－2 或式(2－61)可见，温度对反应速率常数的影响与反应的活化能有关，反应的活化能越高则反应速率常数对温度越敏感。活化能高的反应虽然从热力学上难于进行，但随着温度的升高，反应速率常数提高的较快。若活化能 E 的值大，则斜率大；E 的值小，则斜率亦小。由 $\ln k=\ln k_0-E/RT$ 可知，对同一反应(k_0、E 为定值)，温度升高，反应速率常数 k 增大，一般反应每升高 10℃，k 值将增大 2～10 倍。在工业生产中采用固体催化剂的反应，随着反应时间的进行反应速率降低，通常采用升高温度的方法提高反应速率，从开工到停工升高温度可达 50℃。

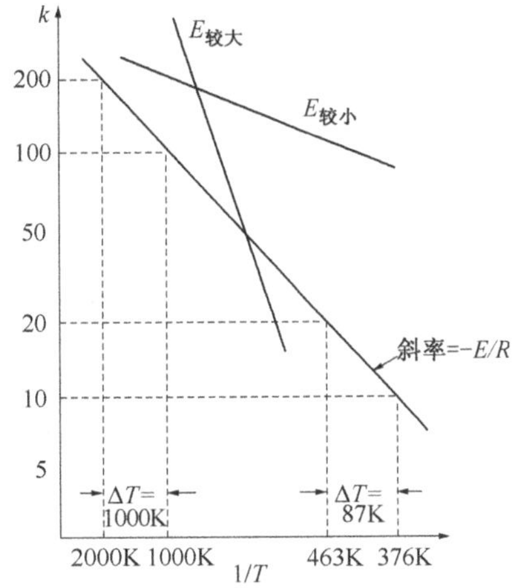

图 2－2　温度对反应速率常数的影响
（ΔT 表示反应速率常数提高一倍所需的温升）

通过图 2－2 可以看出，活化能越大，温度对反应速率的影响愈显著。对不同的反应，升高相同温度时，E 值大的反应，k 值增大的倍数大；E 值小的反应，k 值增大倍数小。加热升高温度对进行慢的反应将起到明显的加速作用。

还应指出，阿累尼乌斯方程式(2－61)只能在一定的温度范围内适用，所以不能任意外推。虽说在大多数情况下，用阿累尼乌斯方程能满意地表示反应速率常数与温度的关系，但在某些情况下 $\ln k$ 与 $1/T$ 并不成线性关系。这主要可能是由于采用的速率方程不合适，或者在所研究的温度范围内反应机理发生了变化。也有可能是频率因子 k_0 与温度有关，$\ln k$ 与 $1/T$ 自然不成线性关系。

式(2－61)也可写成下列形式：

$$\frac{\mathrm{d}\ln k}{\mathrm{d}T}=\frac{E}{RT^2} \tag{2-64}$$

由图2－2或式(2－64)可见，反应速率常数随温度变化的快慢还与所处的温度区间有关。由 $\ln\frac{k_2}{k_1}=\frac{E}{R}\left(\frac{1}{T_1}-\frac{1}{T_2}\right)$ 可知，$\left(\frac{1}{T_1}-\frac{1}{T_2}\right)=\frac{T_2-T_1}{T_1T_2}$，对同一反应，升高一定温度时，即 (T_2-T_1) 一定，在高温区 $(T_1\cdot T_2)$ 较大，k 值增大的倍数小；而在低温区 $(T_1\cdot T_2)$ 较小，升高同样温度时，k 值增大的倍数相对较大。因此，反应速率常数与温度的关系在低温时比高温更敏感。例如，反应活化能为 $42\mathrm{kJ\cdot mol^{-1}}$ 的反应，为使反应速率提高一倍，在0℃时需将反应温度提高11℃；而当反应温度为1000℃时，则约需提高反应温度273℃。

【例2－3】 氯化联氮苯分解为氯苯和 N_2 的反应如下：

$$C_6H_5N_2Cl \longrightarrow C_6H_5Cl+N_2$$

对这个一级反应，测得下列数据，如表2－1所示。

表2－1　k 随 T 的变化关系

T/K	313	319	323	328	333
k/s^{-1}	0.00043	0.00103	0.0180	0.0355	0.0717

求反应的活化能。

【解】将阿累尼乌斯方程两边取对数，即：

$$\ln k=\ln k_0-\frac{E}{R}\cdot\frac{1}{T}$$

$$\frac{E}{R}=a,\ \frac{1}{T}=x,\ \ln k_0=b,\ \ln k=y$$

令：$\eta_i=y_i$(实验值)，$\hat{\eta}_i=b-ax_i$(计算值)

则：$\phi=\sum(\eta_i-\hat{\eta}_i)^2=\sum(ax_i-b+y_i)^2$

$$\frac{\partial\phi}{\partial a}=2\sum[x_i(ax_i-b+y_i)]=0$$

$$a\sum x_i^2-b\sum x_i+\sum(x_iy_i)=0 \tag{1}$$

$$\frac{\partial\phi}{\partial b}=-2\sum(ax_i-b+y_i)=0$$

$$a\sum x_i-nb+\sum y_i=0 \tag{2}$$

联解(1)、(2)，数据列表如下：

表2－2　计算数据

T_i/K	313	319	323	328	333
k_i/s^{-1}	0.00043	0.00103	0.00180	0.00355	0.00717
$x_i=1/T_i$	3.195×10^{-3}	3.135×10^{-3}	3.096×10^{-3}	3.049×10^{-3}	3.003×10^{-3}
$y_i=\ln k_i$	－7.752	－6.878	－6.320	－5.641	－4.938
x_i^2	10.208×10^{-6}	9.828×10^{-6}	9.585×10^{-6}	9.296×10^{-6}	9.018×10^{-6}
x_iy_i	-24.768×10^{-3}	-21.563×10^{-3}	-19.567×10^{-3}	-17.199×10^{-3}	-14.829×10^{-3}

$$\begin{cases}a-322.896b-2042.89=0\\a-323.039b-2037.01=0\end{cases}$$

$a=15270.44$，$b=40.9654$

$E=126958.43\text{J/mol}$

【例 2-4】现有某反应活化能为：100kJ/mol，试估算：(a)温度由 300K 上升 10K；(b)温度由 400K 上升 10K 速率常数 k 各增大几倍。若反应活化能为 150kJ/mol，再比较 300K 和 400K 各增加 10K 时，速率常数 k 增大倍数。

【解】$E_1=100\text{kJ/mol}$

(a) $\dfrac{k_{310}}{k_{300}}=\dfrac{k_0\exp(-E_1/310\text{R})}{k_0\exp(-E_1/300\text{R})}=3.6$

(b) $\dfrac{k_{410}}{k_{400}}=2.1$

$E_2=150\text{kJ/mol}$

(a) $\dfrac{k_{310}}{k_{300}}=7$

(b) $\dfrac{k_{410}}{k_{400}}=3$

2.3.3 温度对不同类型单一反应速率的影响

1. 不可逆反应

绝大多数反应的反应速率常数随温度升高而增大(见图 2-3)，不可逆单一反应由于不存在化学反应平衡的限制，无论是放热反应或吸热反应，无论反应进度如何都应该在尽可能高的温度下进行反应，以尽可能提高反应速率，获得较高的反应速率。但是，反应温度过高，催化剂会丧失活性，高温材料的选用、热能的供应等方面还会存在许多实际困难。因此，不可逆单一反应在考虑这些限制因素的前提下应尽可能选用较高的操作温度。

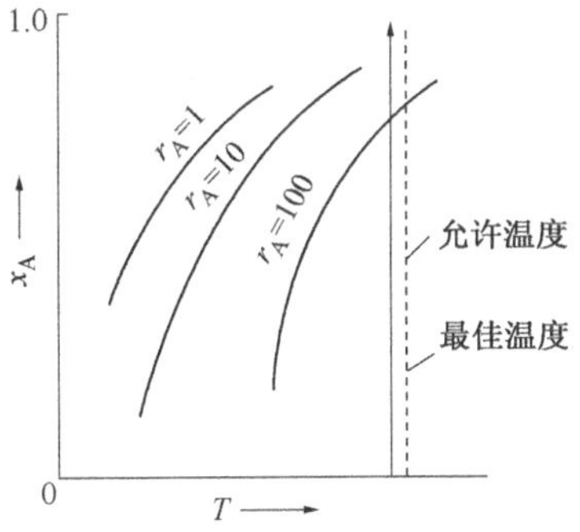

图 2-3 不可逆反应速率与温度及转化率的关系

2. 单一可逆反应

对于可逆反应来说，由于存在正、逆两个方向的反应，温度对正、逆反应的影响程度因各自活化能的差别而表现出较大的差异。因此可逆反应速率随温度变化关系与不可逆反应随温度变化关系呈现出不同的特点。

可逆反应的速率等于正向反应速率与逆向反应速率之差，即：

$$r=\overrightarrow{k}f(x_A)-\overleftarrow{k}g(x_A) \tag{2-65}$$

为研究温度对反应速率的影响，将式(2-65)对温度 T 求导：

$$\left(\frac{\partial r}{\partial T}\right)_{x_A}=\frac{\mathrm{d}\overrightarrow{k}}{\mathrm{d}T}f(x_A)-\frac{\mathrm{d}\overleftarrow{k}}{\mathrm{d}T}g(x_A) \tag{2-66}$$

假定正、逆反应速率常数与温度的关系符合阿累尼乌斯方程，则：

$$\overrightarrow{k}=\overrightarrow{k}_0\mathrm{e}^{-\overrightarrow{E}/RT} \tag{2-67}$$

$$\overleftarrow{k}=\overleftarrow{k}_0\mathrm{e}^{-\overleftarrow{E}/RT} \tag{2-68}$$

将式(2-67)和式(2-68)两边对 T 求导：

$$\frac{d\overrightarrow{k}}{dT}=\overrightarrow{k}_0 e^{-\overrightarrow{E}/RT}\frac{\overrightarrow{E}}{RT^2}=\frac{\overrightarrow{k}\overrightarrow{E}}{RT^2} \tag{2-69}$$

$$\frac{d\overleftarrow{k}}{dT}=\overleftarrow{k}_0 e^{-\overleftarrow{E}/RT}\frac{\overleftarrow{E}}{RT^2}=\frac{\overleftarrow{k}\overleftarrow{E}}{RT^2} \tag{2-70}$$

因为 $r \geqslant 0$，所以 $\overrightarrow{k}f(x_A) \geqslant \overleftarrow{k}g(x_A)$，对于可逆吸热反应 $\overrightarrow{E} > \overleftarrow{E}$，则：

$$\left(\frac{\partial r}{\partial T}\right)_{x_A}=\frac{\overrightarrow{E}}{RT^2}\overrightarrow{k}f(x_A)-\frac{\overleftarrow{E}}{RT^2}\overleftarrow{k}g(x_A)>0 \tag{2-71}$$

即 $$\left(\frac{\partial r}{\partial T}\right)_{x_A}>0 \tag{2-72}$$

由此可知，可逆吸热反应的速率总是随着温度的升高而增加。图2-4为可逆吸热反应的反应速率与温度、转化率的关系图。图中曲线为等速率线，即曲线上所有点的反应速率相等。$r=0$ 的曲线叫做平衡曲线，相应的转化率称为平衡转化率，是反应所能达到的极限。可逆吸热反应的平衡转化率随温度的升高而增加。处于平衡曲线下方的其他曲线为非零的等速率线。由图2-4可知，如果反应温度一定，则反应速率随转化率的增加而下降；若转化率一定，则反应速率随温度升高而增加。

对于可逆放热反应，$\overrightarrow{E} < \overleftarrow{E}$，由于 $\overrightarrow{k}f(x_A) \geqslant \overleftarrow{k}g(x_A)$，故：

$$\left(\frac{\partial r}{\partial T}\right)_{x_A} \begin{matrix} > \\ = \\ < \end{matrix} 0 \tag{2-73}$$

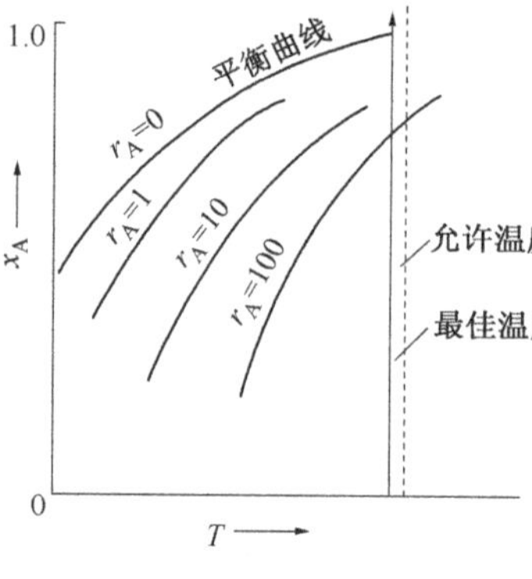

图2-4 可逆吸热反应速率与温度及转化率的关系

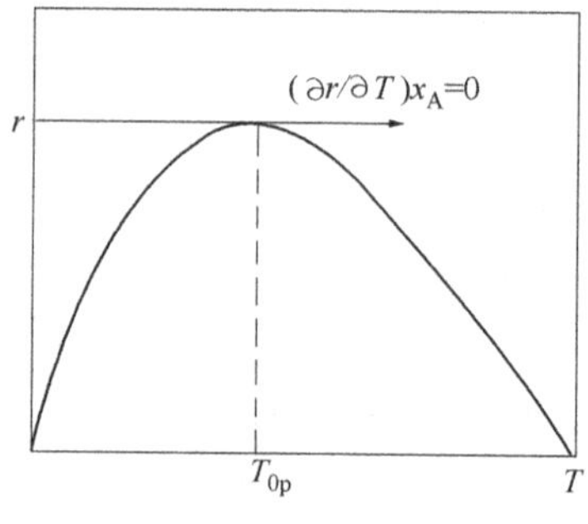

图2-5 可逆放热反应速率与温度的关系

因此，r 随 T 的变化关系必出现一极值，如图2-5所示。图中曲线是在转化率不变的情况下绘制的，称为等转化速率线。对应于 r 的极大值处的温度称为最佳反应温度 T_{opt}，该温度是研究可逆放热反应的一个重要参数。

由图2-5可知，当温度较低时，反应净速率随温度升高而加快，到达某一极大值后，随着温度的继续升高，净反应速率反而下降。这是因为当温度较低时，过程远离平衡，动力学影响是主要矛盾，其斜率表现为 $\left(\frac{\partial r}{\partial T}\right)_{x_A}>0$。但在高温时，平衡常数下降，对反应速率的影响明显起来，温度继续升高，平衡影响成为主要矛盾，其斜率表现为 $\left(\frac{\partial r}{\partial T}\right)_{x_A}<0$。曲线的

极大值，斜率为零，即$\left(\frac{\partial r}{\partial T}\right)_{x_A}=0$。

求取最佳反应温度 T_{opt}，可用求极值的方法，即：

$$\left(\frac{\partial r}{\partial T}\right)_{x_A} = 0 \tag{2-74}$$

即：

$$\frac{\overrightarrow{E}}{RT^2}\overrightarrow{k}f(x_A) - \frac{\overleftarrow{E}}{RT^2}\overleftarrow{k}g(x_A) = 0 \tag{2-75}$$

或：

$$\frac{\overrightarrow{E}\overrightarrow{k}_0 e^{-\overrightarrow{E}/RT_{opt}}}{\overleftarrow{E}\overleftarrow{k}_0 e^{-\overleftarrow{E}/RT_{opt}}} = \frac{g(x_A)}{f(x_A)} \tag{2-76}$$

当反应达到平衡时，$r=0$。

$$\frac{g(x_A)}{f(x_A)} = \frac{\overrightarrow{k}}{\overleftarrow{k}} = \frac{\overrightarrow{k}_0 e^{-\overrightarrow{E}/RT_e}}{\overleftarrow{k}_0 e^{-\overleftarrow{E}/RT_e}} \tag{2-77}$$

式中，T_e 为对应转化率 x_A 时的平衡温度。将式(2-77)代入式(2-76)得：

$$\frac{\overrightarrow{E}\overrightarrow{k}_0 e^{-\overrightarrow{E}/RT_{opt}}}{\overleftarrow{E}\overleftarrow{k}_0 e^{-\overleftarrow{E}/RT_{opt}}} = \frac{\overrightarrow{k}_0 e^{-\overrightarrow{E}/RT_e}}{\overleftarrow{k}_0 e^{-\overleftarrow{E}/RT_e}} \tag{2-78}$$

将式(2-78)两边取对数，整理得：

$$T_{opt} = \frac{T_e}{1 + \frac{RT_e}{\overleftarrow{E} - \overrightarrow{E}}\ln\frac{\overleftarrow{E}}{\overrightarrow{E}}} \tag{2-79}$$

平衡温度是转化率的函数，故最佳反应温度 T_{opt}是转化率隐函数。因此，对应于任一转化率 x_A，必然有其对应的平衡温度 T_e 和最佳反应温度 T_{opt}。

可逆放热反应速率与温度及转化率的关系如图2-6所示，通常叫做 $T-x_A$ 图。图中 $r=0$ 的曲线为平衡曲线，为反应的极限，其他曲线为等反应速率线。

由图2-6可知，对应于每一条等反应速率线都有一个极值点，即转化率最高，其相应的温度即为最佳反应温度。连结所有等速率线上的极值点得到的曲线，称为最佳温度曲线。该曲线也就是式(2-79)的几何图示。对于可逆放热反应，如果过程自始自终按最佳反应温度曲线操作，那么，整个过程将以最高的反应速率进行。但在工业生产中这是很难实现的，而尽可能接近最佳反应温度曲线还是可以做到的。

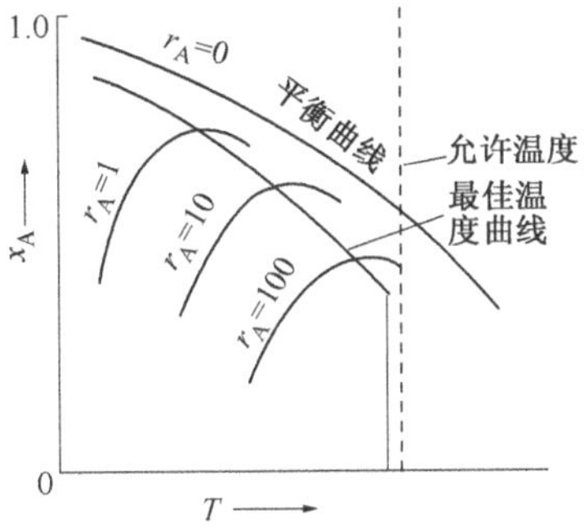

图2-6　可逆放热反应速率与温度及转化率的关系

总之，不论可逆反应还是不可逆反应，反应速率总是随转化率的升高而降低；不可逆反应及可逆吸热反应，反应速率总是随着温度的升高而加快；至于可逆放热反应，反应温度按最佳反应温度操作，反应速率最大。

2.3.4　测定化学反应动力学数据的方法

准确可靠地测定化学反应动力学数据，是建立动力学方程式、研究化学反应过程的机理与进行工业反应器设计的基础。利用实验方法测定不同反应时间物系中反应组分的浓度，即

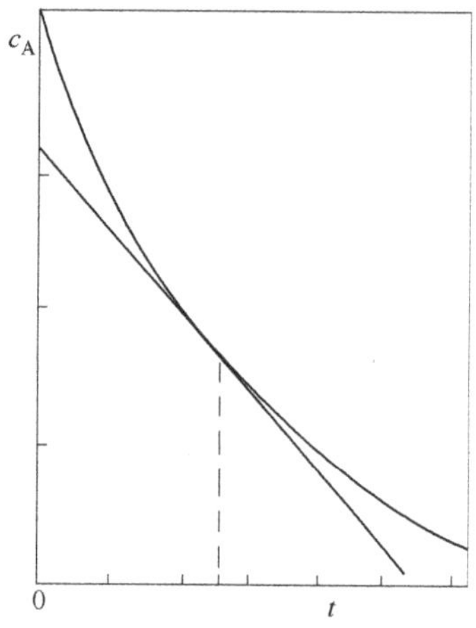

图 2－7　浓度随反应时间改变的曲线

可根据反应速率的定义式计算出反应速率。例如，恒容情况下以一定时间间隔测定反应物浓度的数值，将测定结果对时间标绘，可得到如图 2－7 形状的曲线。恒容情况下反应物 A 的消耗速率已由式(2－47)给出。当反应时间为 t 时，则：

$$(-r_A) = -\frac{dC_A}{dt}$$

对应于横坐标 t 处曲线切线斜率的绝对值即为该时刻的反应物 A 消耗速率。可见，动力学数据的测定主要是反应物组分浓度的测定。

反应体系中各组分浓度的测定可以采用化学分析法或仪器分析法，例如色谱分析法在测定反应物系的组成上已得到广泛应用。另一方面，体系组成改变的同时，某些物理性质也随之改变，例如压力、体积、密度、折光率等。当体系的组成与体系的某一物理性质之间有单值函数关系时，则可以通过测定该物理性质的数值来达到测定物系组成的目的。由于大部分物理性质可以在化学反应进行的同时连续测定而不需终止反应，这种间接测定组成的方法有独特的便利之处。

2.4　复合反应

必须用两个以上化学反应计量式或动力学方程表示的化学反应，称为复合反应。复合反应是由若干个单一反应组合而成的。例如下面的反应体系即是一个复合反应系统。

$$A\begin{cases} +A \longrightarrow P\begin{cases} +A \longrightarrow S \\ +P \longrightarrow M \end{cases} \\ +B \rightleftharpoons R \end{cases}$$

它是由 4 个单一反应构成的：

$$A + A \longrightarrow P$$

$$A + B \rightleftharpoons R$$

$$P + A \longrightarrow S$$

$$P + P \longrightarrow M$$

在建立复合反应动力学方程时，通常有下述两个基本原则。第一，将复合反应分解成若干个单一反应，并按单一反应过程求得各自的动力学方程；第二，当某一组分同时参与多个反应时，该组分的总消耗速率或总生成速率是其在每个单一反应中分速率的代数和。

无论在多么复杂的复合反应系统中，单一反应之间相互组合都只有两种基本结构，即平行反应和连串反应。本节以一级平行反应与一级连串反应为例讨论符合反应动力学方程的建立方法以及利用动力学方程对产物分布进行分析的方法，这些方法在处理任何更为复杂的反应系统时同样适用。

2.4.1　平行反应

反应物能同时分别进行两个或多个独立的反应，这样的反应系统称为平行反应系统，简称平行反应。每个独立反应可以是可逆的，也可以是不可逆的。独立反应中生成主要产物或目的产物的称为主反应，其余的称为副反应。下列各反应都属于平行反应。

丙烷裂解反应：

$$C_3H_8 \longrightarrow C_2H_4 + CH_4$$
$$C_3H_8 \longrightarrow C_3H_6 + H_2$$

乙醇分解反应：

$$C_2H_5OH \longrightarrow C_2H_4 + H_2O$$
$$C_2H_5OH \longrightarrow CH_3CHO + H_2$$

一级不可逆平行反应是最简单也是最基本的平行反应，以此为例对平行反应的动力学规律及处理方法进行讨论。一级不可逆平行反应可以表示为：

$$A \xrightarrow{k_1} P$$
$$A \xrightarrow{k_2} S$$

上式所表示的两个一级反应是相互独立的，因此可分别写出其动力学方程式：

$$r_P = \frac{dC_P}{dt} = k_1 C_A \tag{2-80}$$

$$r_S = \frac{dC_S}{dt} = k_2 C_A \tag{2-81}$$

反应物 A 总消耗速率为：

$$(-r_A) = -\frac{dC_A}{dt} = k_1 C_A + k_2 C_A = (k_1 + k_2) C_A \tag{2-82}$$

对式(2－82)积分可得到：

$$C_A = C_{A0} \exp[-(k_1 + k_2)t] \tag{2-83}$$

将式(2－83)代入式(2－80)与式(2－81)中积分，得到产物 P 与 S 的浓度随反应时间变化的表达式：

$$C_P = \frac{k_1}{k_1 + k_2} C_{A0} \{1 - \exp[-(k_1 + k_2)t]\} \tag{2-84}$$

$$C_S = \frac{k_2}{k_1 + k_2} C_{A0} \{1 - \exp[-(k_1 + k_2)t]\} \tag{2-85}$$

利用此二式将浓度对反应时间作图，可得到如图 2－8 中浓度随时间变化曲线。

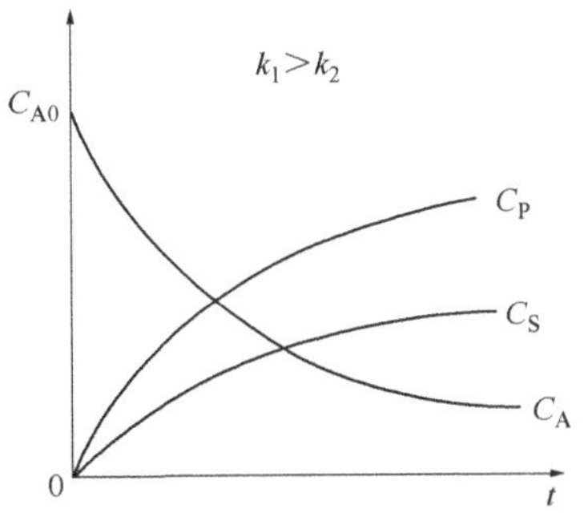

图 2－8　一级平行反应中反应物与产物浓度的变化

【例 2-5】 反应物 A 在液相恒容系统中生成产物 R 和 T。在 25℃，$C_{A0}=0.0238mol/L$ 的条件下进行动力学实验，不同反应时间 t 测得的各组分浓度列在表 2-3 中。试分析所给数据并建立该反应的动力学关系。

表 2-3 反应物和产物浓度数据

时间 t/h	浓度/(mol/L)		
	$C_A\times10^3$	$C_R\times10^3$	$C_T\times10^3$
0	23.80	0	0
0.221	21.647	1.00	1.27
0.350	20.482	1.51	1.90
0.742	17.311	2.83	3.70
1.039	15.240	3.72	4.66
1.431	12.881	4.90	5.20
1.981	10.174	6.11	7.70
2.781	7.218	7.40	9.32

【解】利用表 2-3 计算各组数据的 C_R/C_T 值，结果显示该比值基本恒定在 0.790。据此判断为一级不可逆平行反应。推测计量式为：

$$A \xrightarrow{k_1} R$$

$$A \xrightarrow{k_2} T$$

如果推测正确，根据式(2-83)应有：

$$2.303\lg\left(\frac{C_{A0}}{C_A}\right)=(k_1+k_2)t$$

即以 $\lg(C_{A0}/C_A)$ 对 t 作图应得到一直线，其斜率为 k_1+k_2。

根据式(2-84)与式(2-85)，若以 C_R 与 C_T 分别对 $1-\exp[-(k_1+k_2)t]$ 作图，也应得到一直线，斜率分别为 $C_{A0}k_1/(k_1+k_2)$ 和 $C_{A0}k_2/(k_1+k_2)$。

将作图所需数据计算并列表，如表 2-4 所示。

表 2-4 作图用数据

时间 t/h	浓度/(mol/L)		$\frac{C_R}{C_T}$	$\lg\frac{C_{A0}}{C_A}$	$1-\exp[-0.429t]$
	$C_R\times10^3$	$C_T\times10^3$			
0	0	0	—	0	0
0.221	1.00	1.27	0.787	0.0412	0.0905
0.350	1.51	1.90	0.795	0.0652	0.1394
0.742	2.83	3.70	0.765	0.01383	0.2730
1.039	3.72	4.66	0.798	0.01936	0.3596
1.431	4.90	5.20	0.790	0.2666	0.4587
1.981	6.11	7.70	0.794	0.3691	0.5725
2.781	7.40	9.32	0.794	0.5182	0.6967

利用表 2-4 中数据作图，可知 $k_1+k_2=0.429h^{-1}$，得：

$$C_{A0}k_1/(k_1+k_2)=1.0658\times10^{-2}$$

$$C_{A0}k_2/(k_1+k_2)=1.3439\times10^{-2}$$

从以上结果解出：

$$k_1 = 0.192\text{h}^{-1}$$

$$k_2 = 0.242\text{h}^{-1}$$

从图中可以看出，所有数据均符合线性关系，且 $k_1/k_2 = 0.192/0.242 = 0.793$，与 C_R/C_T 的值十分吻合，证明前述推断是合理的。因此该反应的动力学关系可表示为：

$$-\frac{dC_A}{dt} = 0.429C_A$$

$$\frac{dC_R}{dt} = 0.192C_A$$

$$\frac{dC_T}{dt} = 0.242C_A$$

2.4.2 连串反应

初始反应物所生成的产物能进一步反应生成次级产物时，这样的反应系统称为连串反应系统，简称连串反应。连串反应中每一个步骤可以是可逆的，也可以是不可逆的，生成主要产物的反应步骤称为主反应，其余的称为副反应。

最简单的连串反应是一级不可逆连串反应：

$$A \xrightarrow{k_1} P \xrightarrow{k_2} S$$

其中 P 称为中间产物，S 称为最终产物。以组分 A 的消耗速率为基准的动力学方程为：

$$(-r_A) = -\frac{dC_A}{dt} = k_1 C_A \tag{2-86}$$

以 P 及 S 的生成速率为基准的动力学方程为：

$$r_P = \frac{dC_P}{dt} = k_1 C_A - k_2 C_P \tag{2-87}$$

$$r_S = \frac{dC_S}{dt} = k_2 C_P \tag{2-88}$$

初始条件为 $C_{P0} = C_{S0} = 0$ 的恒容系统中，上述三式的积分式分别为：

$$C_A = C_{A0}\exp(-k_1 t) \tag{2-89}$$

$$C_P = \frac{k_1}{k_1 - k_2}C_{A0}[\exp(-k_2 t) - \exp(-k_1 t)] \quad (k_1 \neq k_2) \tag{2-90A}$$

$$C_P = C_{A0}kt\exp(-kt) \quad (k_1 = k_2) \tag{2-90B}$$

$$C_S = C_{A0}\left\{1 + \frac{1}{k_1 - k_2}[k_2\exp(-k_1 t) - k_1\exp(-k_2 t)]\right\} \quad (k_1 \neq k_2) \tag{2-91A}$$

$$C_P = C_{A0}[1 - (1 + kt)\exp(-kt)] \quad (k_1 = k_2) \tag{2-91B}$$

将式(2-89)~式(2-91)所表示的浓度对时间的关系作图，可得到图 2-9 中的曲线。

从图中可以看出，中间产物 P 的浓度随时间变化曲线上会出现最高点，即随着反应时间的增加，C_P 有极大值。利用求极值的判据：

$$\frac{dC_P}{dt} = 0$$

可以求出极值：

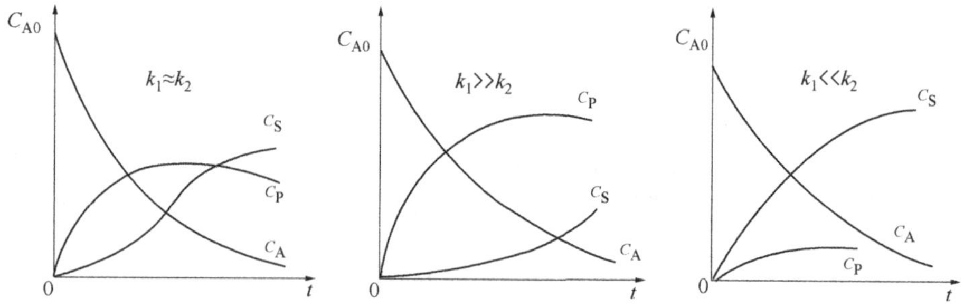

图 2－9　一级不可逆连串反应物与产物浓度变化

$$C_{P\max} = C_{A0}\left(\frac{k_1}{k_2}\right)^{k_2/(k_2-k_1)} \quad (k_1 \neq k_2) \tag{2-92}$$

与之相对应的反应时间 $t_{\max}$ 为：

$$t_{\max} = \frac{\ln\left(\frac{k_2}{k_1}\right)}{k_2 - k_1} \quad (k_1 \neq k_2) \tag{2-93}$$

2.4.3　复合反应的收率与选择性

以一级不可逆平行反应与连串反应为例进行讨论。对于一级不可逆平行反应，用式(2－82)除式(2－80)，得到：

$$-\frac{dC_P}{dC_A} = \frac{k_1}{k_1 + k_2}$$

积分上式：

$$\int_{C_{P0}}^{C_P} dC_P = -\frac{k_1}{k_1 + k_2}\int_{C_{A0}}^{C_A} dC_A$$

得：

$$\frac{C_P - C_{P0}}{C_{A0} - C_A} = \frac{k_1}{k_1 + k_2} = \phi_P \tag{2-94A}$$

可见对于一级不可逆平行反应，产物 P 的选择性是一个只与反应速率常数 k 有关而与反应时间无关的参数。同样处理方法可得：

$$\phi_S = \frac{k_2}{k_1 + k_2} \tag{2-94B}$$

对于一级不可逆连串反应，各组分浓度已由式(2－89)～式(2－91)给出，当 $C_{P0} = C_{S0} = 0$时，根据定义，收率可表示为：

$$Y_P = \frac{C_P}{C_{A0}} = \frac{k_1}{k_1 - k_2}[\exp(-k_2 t) - \exp(-k_1 t)] \tag{2-95A}$$

$$Y_S = \frac{C_S}{C_{A0}} = \left\{1 + \frac{1}{k_1 - k_2}[k_2\exp(-k_1 t) - k_1\exp(-k_2 t)]\right\} \tag{2-95B}$$

显然，Y_P 与 Y_S 不但与反应速率常数有关，而且是反应时间的函数。

选择性可表示为：

$$\phi_P = \frac{C_P}{C_{A0} - C_A} = \frac{k_1}{k_1 - k_2}\frac{\exp(-k_2 t) - \exp(-k_1 t)}{1 - \exp(-k_1 t)} \tag{2-96A}$$

$$\phi_S = \frac{C_S}{C_{A0} - C_A} = \frac{1 + \frac{1}{k_1 - k_2}[k_2\exp(-k_1 t) - k_1\exp(-k_2 t)]}{1 - \exp(-k_1 t)} \tag{2-96B}$$

当 k_1/k_2 取不同值时，产物 P 与 S 的收率如图 2－10 所示。

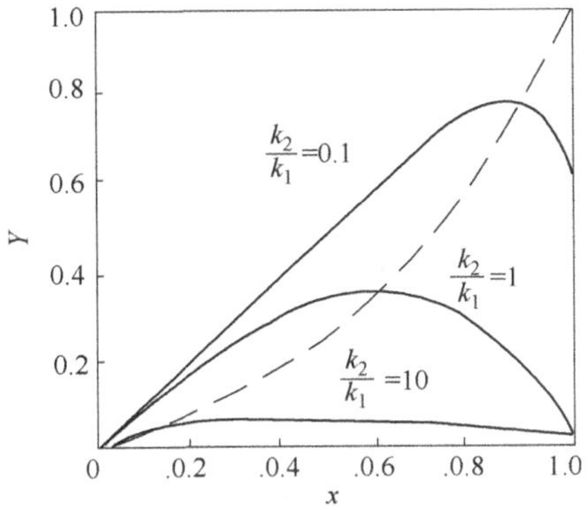

图 2－10　一级不可逆连串反应产物产率

实际的复合反应往往是几个平行与连串反应同时存在，形成复杂的反应网络，但仍可以仿照对一级平行与连串反应进行分析时所用的方法讨论问题，解决产物收率与选择性的有关问题。

2.5　非恒容反应系统

工业化学反应中，液相反应系统一般情况下反应前后体系密度变化较小，而且温度、压力对反应系统的体积影响也不大，因此，大部分液相反应可以视为恒容反应。然而，在气相反应中，不但温度、压力的变化对反应体系的体积有较大影响，反应前后体系总摩尔数的改变也能显著改变反应系统的体积。反应系统体积的改变直接对反应组分的浓度产生影响，从而影响化学反应速率。在连续流动式反应器中，往往是无法维持恒容条件的，为此有必要研究体积变化对反应动力学的影响。

2.5.1　影响反应系统体积的因素

影响反应系统体积的因素有两类，一类是物理条件，即温度、压力的影响；另一类是化学反应中组分摩尔数改变所产生的影响，与反应的转化率紧密相关。

一般情况下，气相反应系统可近似认为符合理想气体定律，即：

$$pV = \left(\sum N_i\right)RT$$

式中，$\sum N_i$ 为反应体系中各组分摩尔数之和。在化学反应的初始状态时，则：

$$p_0V_0 = \left(\sum N_{i0}\right)RT_0$$

两式相除，经整理后得到：

$$V = V_0\frac{\sum N_i}{\sum N_{i0}}\cdot\frac{T}{T_0}\cdot\frac{p_0}{p} \qquad (2-97)$$

利用式(2－15)，对于反应体系中任一组分 i 均有：

$$N_i = N_{i0} + \nu_i\xi \qquad (2-98)$$

则：

$$\sum N_i = \sum N_{i0} + \left(\sum \nu_i\right)\xi$$

或改写成：

$$\frac{\sum N_i}{\sum N_{i0}} = 1 + \frac{\left(\sum \nu_i\right)}{\sum N_{i0}}\xi$$

比较式(2－15)与式(2－21)可知：

$$\xi = -\frac{N_{A0}}{\nu_A}x_A$$

代入前式并整理，得到：

$$\frac{\sum N_i}{\sum N_{i0}} = 1 + \frac{\sum \nu_i}{-\nu_A} \cdot \frac{N_{A0}}{\sum N_{i0}}x_A = 1 + \delta_A y_{A0} x_A \tag{2-99}$$

式中，$y_{A0} = \dfrac{N_{A0}}{\sum N_{i0}}$为初始态时关键组分在系统中的摩尔分率；$\delta_A = \dfrac{\sum \nu_i}{-\nu_A}$为化学膨胀因子。若$\delta_A > 0$，表示反应过程中反应混合物总摩尔数增加；若$\delta_A < 0$，表示反应过程中反应混合物总摩尔数减少；若$\delta_A = 0$，表示反应过程中反应混合物总摩尔数不变。

由此可得到以关键组分转化率和化学膨胀因子为参数描述反应体系体积变化的关系式。

$$V = V_0(1 + \delta_A y_{A0} x_A)\frac{T}{T_0} \cdot \frac{p_0}{p} \tag{2-100A}$$

若令$\varepsilon_A = \delta_A y_{A0}$，则：

$$V = V_0(1 + \varepsilon_A x_A)\frac{T}{T_0} \cdot \frac{p_0}{p} \tag{2-100B}$$

ε_A称为化学膨胀率。

2.5.2 非恒容系统中组分浓度的表示

从转化率的定义可知，对于关键组分有：

$$N_A = N_{A0}(1 - x_A)$$

将此式与式(2－100B)代入浓度定义式，得到：

$$C_A = \frac{N_A}{V} = \frac{N_{A0}(1 - x_A)}{V_0(1 + \varepsilon_A x_A)} \cdot \frac{T}{T_0} \cdot \frac{p_0}{p}$$
$$= \frac{C_{A0}(1 - x_A)}{(1 + \varepsilon_A x_A)} \cdot \frac{T}{T_0} \cdot \frac{p_0}{p} \tag{2-101}$$

式(2－101)即为关键组分A在非恒容反应系统中的浓度表达式。

对于其他的任一组分i，当关键组分A的转化率为x_A时有：

$$N_i = N_{i0} - \frac{\nu_i}{\nu_A}N_{A0}x_A \tag{2-102}$$

仿照式(2－101)可写出组分i的浓度表达式：

$$C_i = \frac{N_i}{V} = \frac{n_{i0} - \dfrac{\nu_i}{\nu_A}n_{A0}x_A}{V_0(1 + \varepsilon_A x_A)} \cdot \frac{T}{T_0} \cdot \frac{p_0}{p} \tag{2-103}$$

此式既可用于反应物中的非关键组分，又可用于产物。

【例 2-6】 乙烯加氢反应计量式为：

$$\begin{matrix} C_2H_2 & + & H_2 & \longrightarrow & C_2H_4 \\ A & & B & & R \end{matrix}$$

反应在恒温恒压下进行，物料初始浓度为 $C_{A0}=1\text{mol/L}$，$C_{B0}=3\text{mol/L}$，$C_{R0}=0$，$C_{S0}=1\text{mol/L}$(S 为甲烷)。试求各组分浓度与转化率之间关系。

【解】恒温恒压下，$T=T_0$，$P=P_0$

$$\delta_A=\frac{\sum \nu_i}{-\nu_A}=\frac{-1-1+1}{-(-1)}=-1$$

$$y_{A0}=\frac{N_{A0}}{\sum N_{i0}}=\frac{1}{1+3+0+1}=0.2$$

$$\varepsilon_A=\delta_A y_{A0}=(-1)\times 0.2=-0.2$$

代入式(2-101)与式(2-103)得到各组分浓度表达式：

$$C_A=\frac{1-x_A}{1-0.2x_A}$$

$$C_B=\frac{3-x_A}{1-0.2x_A}$$

$$C_R=\frac{x_A}{1-0.2x_A}$$

$$C_S=\frac{1}{1-0.2x_A}$$

2.5.3 非恒容系统的动力学表达式

对于非恒容系统，根据均相反应物消耗速率的定义式：

$$(-r_A)=-\frac{1}{V}\frac{dN_A}{dt}$$

将式(2-100B)及 N_A 表达式代入上式，得到：

$$(-r_A)=\frac{(N_{A0}dx_A)\cdot\frac{T_0}{T}\cdot\frac{p}{p_0}}{V_0(1+\varepsilon_A x_A)dt}$$

$$=\frac{C_{A0}\cdot}{(1+\varepsilon_A x_A)}\cdot\frac{T_0}{T}\cdot\frac{p}{p_0}\cdot\frac{dx_A}{dt} \qquad (2-104)$$

再将式(2-101)与式(2-103)所表示的浓度代入动力学方程式中相应的浓度项，即可得到非恒容反应系统的动力学表达式。

【例 2-7】 恒温恒压下进行某二级反应：

$$2A\rightarrow P$$

动力学方程为$(-r_A)=kC_A^2$，写出以转化率为变数的动力学表达式。

【解】将式(2-104)与式(2-101)代入以浓度表示的动力学方程式，并化简为：

$$\frac{C_{A0}}{(1+\varepsilon_A x_A)}\cdot\frac{dx_A}{dt}=kC_{A0}^2\left(\frac{1-x_A}{1+\varepsilon_A x_A}\right)^2$$

$$\frac{dx_A}{dt}=kC_{A0}\frac{(1-x_A)^2}{1+\varepsilon_A x_A}$$

此即二级反应在非恒容情况下转化率为变数时的动力学方程式。其他级数的化学反应均可按相同方法处理。

习　题

1. 合成聚氯乙烯所用的单体氯乙烯，多是由乙炔和氯化氢以氯化汞为催化剂合成得到，反应式如下：

$$C_2H_2 + HCl \longrightarrow CH_2 = CHCl$$

由于乙炔价格高于氯化氢，通常使用的原料混合气中氯化氢是过量的，设其过量10%。若反应器出口气体中氯乙烯摩尔分数为90%，试分别计算乙炔的转化率和氯化氢的转化率。(99.47%，90.43%)

2. 在银催化剂上进行乙烯氧化反应以生产环氧乙烷，进入催化反应器的气体中各组分的摩尔分数分别为 C_2H_4 15%，O_2 7%，CO_2 10%，Ar12%，其余为 N_2。反应器出口气体中含 C_2H_4 和 O_2 的摩尔分数分别为13.1%、4.8%。试计算乙烯的转化率、环氧乙烯收率和反应选择性。(13.33%，10.03%，75.24%)

3. 已知反应 $2NO(g) + Br_2(g) \longrightarrow 2NOBr$ 的反应历程是：

$$NO(g) + Br_2(g) \rightleftharpoons NOBr_2(g)\ (\text{快})$$

$$NOBr_2(g) + NO(g) \longrightarrow 2NOBr(g)\ (\text{慢})$$

求此反应的速率方程？($r = kc_{NO}^2 c_{Br}$)

4. 在反应器中同时进行如下基元反应：

$$2A + B \rightleftharpoons C$$

$$A + C \rightleftharpoons D$$

$$2A + D \rightleftharpoons E$$

试写出组分A、B、C、D、E的生成速率与浓度之间的关系式。

5. 考虑反应 A→3P，其动力学方程式为 $-r_A = -\dfrac{1}{V}\dfrac{dn_A}{dt} = k\dfrac{n_A}{V}$，试推导在恒容条件下以总压 P 表示的动力学方程式。

6. 温度升高，反应速率加快。一般情况下，温度每升高10℃（假设反应温度从20℃升高到30℃），反应速率约增加一倍，如果某反应服从这一规律，试求该反应的活化能？(5.14×10^4 J/mol)

7. 在300K时鲜牛奶大约4h变酸，但在277K的冰中可保持48h，则对于牛奶变酸的反应，其活化能是多少？(7.466×10^4 J/mol)

8. 考虑下述连串反应：$A \xrightarrow{k_1} B \xrightarrow{k_2} C$，已知上述反应中每一步均为一级反应，$k_1 = 0.1\ \text{min}^{-1}$，$k_2 = 0.05\ \text{min}^{-1}$，试求A、B和C的浓度随时间变化的函数式。

9. 二甲醚的气相分解反应：$CH_3OCH_3 \longrightarrow CH_4 + H_2 + CO$，该反应在一个恒温恒容反应器中进行。在504℃获得如下数据，试根据这些数据确定反应的级数和速率常数？（一级，$k = 4.4 \times 10^{-4}\ s^{-1}$）

10. 对于反应 $A \xrightarrow{k_1} R$，$A \xrightarrow{k_2} S$，$r_R = k_1 C_A^2$，其活化能为 E_1；$r_S = k_2 C_A$，其活化能为

E_2，当 $E_1>E_2$ 时如何选择操作温度可以提高产物的收率？

11. 醋酸在高温下可分解为乙烯酮和水，而副反应生成甲烷和二氧化碳：

$$CH_2COOH \xrightarrow{k_1} CH_2=CO+H_2O$$

$$CH_3COOH \xrightarrow{k_2} CH_4+CO_2$$

已知在916℃时 $k_1=4.65s^{-1}$，$k_2=3.74s^{-1}$，试计算：

① 99%的醋酸反应掉的时间；（0.549s）

② 在此反应条件下醋酸转化成乙烯酮的选择性。（55.4%）

12. 在1000K于恒温恒压反应器中进行下述分解反应：

$$RCH_2OH(g) \longrightarrow RCHO(g)+H_2(g)$$

反应速率常数0.082L/mol·min，初始时含纯的 RCH_2OH，其初始压力为 2.026×10^5Pa，求

① 将20%的 RCH_2OH 分解所需时间；（138min）

② RCH_2OH 的浓度降低20%所需的时间。（66.1min）

13. 反应 $A \xrightarrow{k_1} P \xrightarrow{k_2} S$，$(-r_A)=k_1C_A$，$r_S=k_2C_P$，已知 C_{A0}，$C_{P0}=C_{S0}=0$，$k_1/k_2=0.2$，在恒温恒容条件下进行间歇反应，求产物P的瞬时收率与总收率表达式。

第三章　理想流动反应器中的均相反应过程

3.1　概　述

化学反应器是石油化工厂的关键设备，是石油化工生产装置的核心。

第二章讨论了建立均相反应体系化学反应动力学方程式的方法，本章将对典型均相反应器的特性及计算方法进行讨论。所涉及的内容不仅是均相反应过程开发及均相反应器设计计算的理论基础，而且也是处理更为复杂的多相化学反应工程问题的基本方法和理论基础。

3.1.1　反应器设计的任务

反应器设计一般包括三项内容。

（1）反应器选型

工业反应器类型很多，在不同类型的反应器中，能量与物质的传递特性有很大差异。反应器选型的任务就是要根据给定反应体系的动力学特性，如反应过程的浓度效应、温度效应及反应的热效应，结合反应器的流动特征和传递特性，如反应器的返混程度等，选择具有适宜传递特性的反应设备，以满足反应过程的需要，使反应结果最优。

（2）反应器结构设计及结构参数的确定

反应器结构设计的任务是按照规定的生产任务及选定的反应器型式确定反应设备的总体布置及单个反应器的内部结构。例如确定反应器的个数、组合方式、反应器的体积、高径比、搅拌方式及强度、换热方式及传热面积、进出口物料分布及集流构件等。其中核心内容是反应器体积的确定，常根据生产的操作条件，选定适宜的反应器，按规定的生产能力计算所需的反应器有效体积，由此确定反应器的结构和尺寸。

（3）工艺参数的确定

在给定的反应器中进行化学反应时，工艺操作条件的变化直接影响反应的结果。因此，当原料构成、设备结构以及对产品的要求等因素确定后，就要求正确地选择操作条件，使反应系统处于最佳操作状态并达到最大经济效益，这也是反应器设计的任务之一。

对正在运行的装置，因原料组成的改变，工艺参数调整是常有的事。现代化大型化工厂工艺参数的调整，是通过计算机集散控制完成的。计算机收到参数变化的信息，并根据已输入的数学模型和程序，计算出结果，送给相应的执行机构，完成参数的调整。

本章以反应器体积计算和工艺条件计算为重点对反应器设计的方法和步骤进行详细的讨论。

3.1.2 反应器设计的模型化方法

由于工业化学反应过程本身的复杂性，大型反应器的设计过去一直采用通过实验逐级放大的经验方法进行，不但费时费力，而且局限性很大，只能在极窄的工艺条件范围内和相同结构类型的生产装置上进行。近年来，由于化学反应工程学的发展，模型化方法得到了广泛应用，从而使反应器的设计有了更具普遍性的科学基础。使用模型化方法进行反应器设计一般有三个步骤，即首先对反应器中进行的实际过程进行适当简化，建立反映该过程特性的物理模型；然后对物理模型进行数学描述——建立数学模型；最后对数学模型求解，并通过对数学解的分析讨论选择最佳设计方案。

在反应器设计中，所要建立的具体模型包括物料衡算方程、能量衡算方程和反应动力学方程。

(1) 物料衡算方程

利用质量守衡定律可以列出反应系统中任一组分的物料衡算方程。对于组分 A，物料衡算方程的普遍适用式为：

$$\begin{bmatrix}\text{组分 A 进入}\\\text{反应器速率}\end{bmatrix}=\begin{bmatrix}\text{组分 A 排出}\\\text{反应器速率}\end{bmatrix}+\begin{bmatrix}\text{组分 A 在化学}\\\text{反应中消耗速率}\end{bmatrix}+\begin{bmatrix}\text{组分 A 在反应}\\\text{器中积累速率}\end{bmatrix} \quad (3-1)$$

物料衡算方程给出了反应物浓度或转化率随反应时间或反应器位置变化的定量关系。

(2) 热量衡算方程

利用能量守恒定律，可以列出反应系统的热量衡算方程。热量衡算方程的普遍适用式为：

$$\begin{bmatrix}\text{热量进入}\\\text{反应器速率}\end{bmatrix}=\begin{bmatrix}\text{热量排出}\\\text{反应器速率}\end{bmatrix}+\begin{bmatrix}\text{化学反应吸}\\\text{收热量速率}\end{bmatrix}+\begin{bmatrix}\text{热量在反应}\\\text{器中积累速率}\end{bmatrix} \quad (3-2)$$

热量衡算方程给出反应体系温度随反应时间或反应器位置变化的定量关系，以及反应体系与外界进行热交换的速率。

(3) 动力学方程

动力学方程给出化学反应进行的速率与反应体系温度及各组分浓度之间的定量关系。第二章已对均相反应的动力学方程作了详细的叙述。对于非均相过程，还要考虑相间传递问题，这将在第五章中介绍。

此外，当流体阻力较大以致反应体系的压力变化对反应结果有明显的影响时，还要考虑进行压降计算。

3.1.3 工业反应器的放大

作为一种比较理想的反应器放大方法，数学模型法包括以下步骤：

(1) 实验室规模试验；

(2) 小型试验；

(3) 大型试验；

(4) 中间试验；

(5) 计算机试验。

具体模型过程如下：

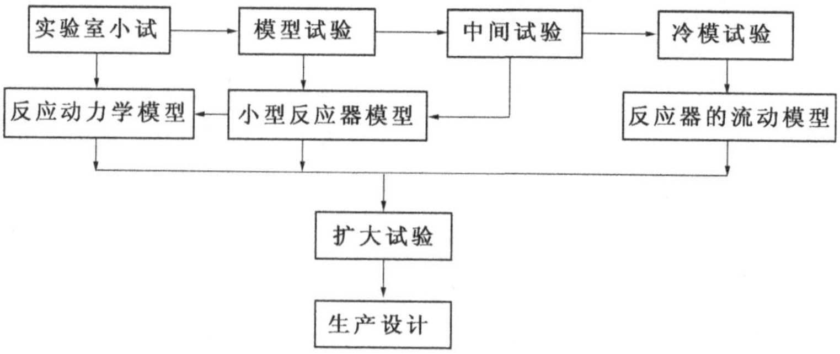

3.2 反应器的分类与流动状态的理想化

3.2.1 反应器的基本类型

石油化工生产中使用的反应器型式很多，习惯上有两种分类方法。

（1）按操作方式分类

按照操作方式，反应器可以分为三种基本类型，即间歇操作反应器、连续操作反应器和半间歇半连续操作反应器。

（2）按结构型式分类

按照结构型式，可以把均相反应器概括为两种基本类型，即釜式反应器和管式反应器。

① 釜式反应器：釜式反应器通常为立式圆筒形设备，由筒体、法兰、端盖等部分组成。反应器内一般均装有搅拌器，或在外部安装循环泵强制物料循环，以达到使物料均匀混合的目的。为了保证反应在一定温度下进行，釜式反应器一般装有外壁夹套或内部蛇管进行加热或冷却。图 3－1 为典型釜式反应器示意图。

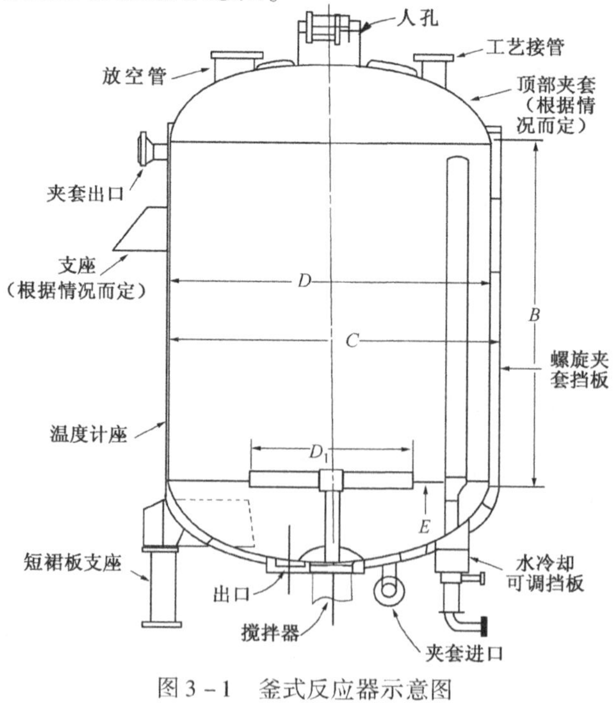

图 3－1　釜式反应器示意图

釜式反应器又称为槽式反应器或反应罐，主要用于液相均相反应，在高分子化工聚合反应过程及精细有机化工生产中广泛使用。此外，也可用于处理含有气泡、固体悬浮颗粒的体系及乳化液等非均相反应体系。一般情况下釜式反应器用于中、低压操作，可以间歇操作，也可以连续操作，具有很大的灵活性。

② 管式反应器：管式反应器是一种长径比很大的反应器，反应物从一端连续稳定地加入，产物从另一端流出。反应器中温度、压力和物料组成均不随时间改变，属于稳定流动反应过程。管式反应器有利于连续操作，产品质量稳定，易于自动控制，没有辅助操作时间，生产能力大，因此广泛用于石油化工生产过程中。图 3-2 为管式裂解炉的示意图。

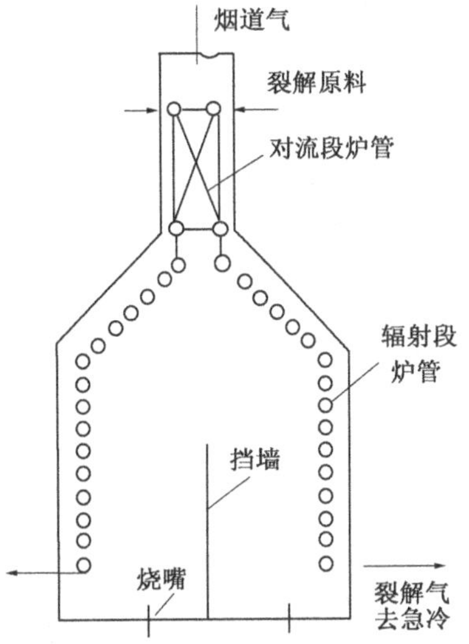

图 3-2　用于轻油裂解的管式裂解炉示意图

(3) 其他分类方法

除以上两种外，还有其他对反应器分类的方法。

反应器可按反应体系的相态分类，例如可分为均相反应器、气固相反应器、气液固三相反应器等。

反应器可按传热情况分类，例如等温反应器、绝热反应器、非等温非绝热反应器等。

从反应工程的角度来看，更能揭示反应器本质特征的分类方法是按反应器内物料的流动状况和混合程度进行分类。例如可将反应器分为平推流反应器、全混流反应器、非理想流动反应器等。这几种反应器的行为将在本章及第四章作进一步的讨论。

3.2.2　理想流动反应器

物料在反应器中的流动与混合是比较复杂的，有很多因素影响流体流动状况及混合程度。例如，搅拌可以使物料高速运动并达到良好混合；摩擦引起流体在管路横截面上流速分布不均匀；物料的聚集状态、溶解性及其他物理特性都能影响流体的混合；设备的结构型式与内部构件对流体的流动状况有重要影响等。受流体流动状况的影响，物料微元在反应器内往往有不同的停留时间，从而形成各微元在反应程度上的差异，这就增加了建立数学模型的困难。为了简化问题，根据对工业中最常用的釜式与管式两种反应器中流体流动状况所做的研究，提出了两种极端化的流动模型，即全混流与平推流。

(1) 平推流模型

平推流又称活塞流、理想置换或理想排挤，是反应器中流体流动状况的一种极端化的模型。平推流的特点是反应物料沿运动方向平行地向前移动，没有轴向扩散与混合；沿半径方向，即在垂直于流体运动方向的截面上流速是均匀分布的。所有物料粒子在反应器中的停留时间完全相同。

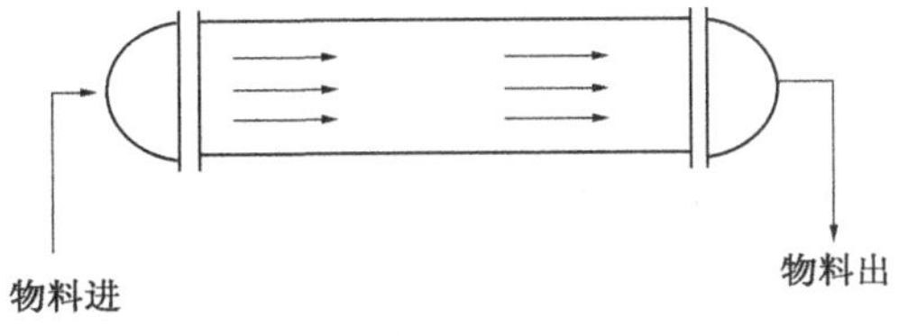

图 3-3　平推流反应器流体流动示意图

平推流属于理想流动模型的一种，符合平推流特点的反应器称为平推流反应器。长度与直径比较大的管式反应器，管内流体处于湍流流动时，可近似视为平推流。

（2）全混流模型

全混流又称理想混合、完全混合，是流体在反应器内流动的另一种极端情况。全混流的特点是物料在反应器内能达到完全混合，进入反应器的物料可在瞬间和反应器内原有物料均匀混合；物料在反应器内任何位置的浓度、温度都相同，而且等于出口物料的温度和浓度。全混流体系中物料微元停留时间差别极大，出口物料中有停留时间很短的流体微元，也有停留时间很长的流体微元。反应器内物料质点返混程度为无穷大。

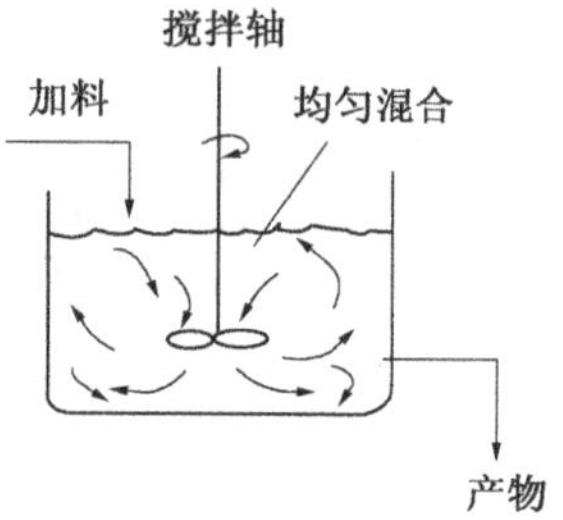

图 3－4　全混流反应器流体流动示意图

全混流也是一种理想流动模型，符合全混流特点的反应器称为全混釜或理想混合反应器。具有良好搅拌的连续操作釜式反应器接近于全混流反应器。

理想流动是对流体实际流动状况的理想化，是一种简化问题的方法。流体在反应器中的实际流动状况是介于平推流和全混流之间的非理想流动。但是，由于在工业生产中许多实际装置近似于上述两种理想流动情况，因此在工程计算中可以作为理想状况处理。理想流动反应器的计算方法比较简单，是非理想流动反应器设计的基础。本章将首先讨论理想反应器的设计，而将非理想反应器的问题放在第四章学习。

3.2.3　流动反应器的空时、空速

在对连续流动反应器进行讨论时，常常用到空时和空速这两个概念，以下分述之。

（1）空时

空时是空间时间的简称，它的定义是：在规定条件下，反应器有效容积和进料体积流量的比值。空时用符号 τ 表示，具有时间的因次。

$$\tau = \frac{\text{反应器有效容积}}{\text{进料体积流量}} = \frac{V}{v_0} \qquad (3-3)$$

进料体积流量也常简记作 v，除特别指明外，一般表示在反应器入口温度、压力下的值，对于气体则按标准状况计算。

需要指出，空时和物料在反应器中的平均停留时间是两个不同的概念。对于恒容过程，物料在反应中没有体积变化，平均停留时间和空时在数值上相等，非恒容过程则不等。

（2）空速

空速是空间速度的简称，它是空时的倒数，表示单位反应器体积、单位时间反应物料的体积进料量。空速用符号 SV 表示，可以写成

$$SV = \frac{1}{\tau} = \frac{v_0}{V} \qquad (3-4)$$

空速表明反应器的生产能力，一般说来，空速越大，反应器的生产能力越大。例如，某气相反应空速为 $5000h^{-1}$，即表示每小时进入的气体体积是反应器有效容积的5000倍。

空时和空速这两个指标多用于气体，也可用于液体。为便于比较，习惯上常把进料气体的体积流量 v_0 折合成标准状态下，即 0℃、1.013×10^5 Pa 的体积流量。对于液体则折合成15℃时的体积流量。如果以 τ' 和 SV' 表示实际进口条件下的空时与空速，以 τ 和 SV 表示标

准状态下的空时与空速，则二者可用下式换算：

$$\tau' = \frac{1}{SV'} = \frac{C_{A0}V}{F_{A0}} = \tau \frac{C'_{A0}}{C_{A0}} = \frac{1}{SV}\frac{C'_{A0}}{C_{A0}} \tag{3-5}$$

式中，C_{A0}及C'_{A0}分别为标准状态和实际条件下组分 A 的进口浓度，F_{A0}为组分 A 的进口摩尔流量。

应当指出，空时和空速并不是十分严格的指标。例如，同样的空时、空速，反应器的直径不同，流体的线速度是不同的，而流体的线速度又直接影响传热，进而影响化学反应。但是作为描述反应器生产能力的参数，在反应器的设计与放大中，空时与空速是有实用意义的。

3.3 简单反应器

3.3.1 间歇反应器

(1) 间歇反应器的特点

间歇反应器一般是带有良好搅拌装置的釜式反应器，所有反应物均在操作前一次加入，随着反应的进行，釜内温度、浓度和反应速度都随时间变化，一直进行至达到预定的转化率出料为止。物料在均匀混合的状态下以间歇操作的方式进行化学反应。其操作时间由反应时间和辅助时间组成。反应器的结构简单、操作方便、灵活性大、应用广泛，但是设备生产效率低、不易保持每批质量稳定、高转化率下体积较大。一般用于液－液相、气－液相等系统，如染料、医药、农药等小批量、多品种的行业。

间歇反应器的特点是：

① 在化学反应进行过程中反应器无进、出物料；

② 物料在反应器中达到充分混合，即在反应进行的任一时间物料在反应器中各空间位置上温度、组成等参数相同；

③ 反应器属非定常态操作，反应过程中物料的温度、浓度等参数随时间改变；

④ 反应器操作时间包括反应时间和辅助时间，即加料、升温或冷却、卸料、清洗等步骤所需时间。

(2) 间歇反应器的基础设计式

根据间歇反应器的特点，选整个反应器为衡算系统，利用式(3－1)对反应物组分 A 进行物料衡算。对于间歇反应器这样的封闭系统，进出物料均为零，物料衡算式只有两项。

$$\begin{bmatrix}\text{组分 A 进入}\\ \text{反应器速率}\end{bmatrix} = \begin{bmatrix}\text{组分 A 排出}\\ \text{反应器速率}\end{bmatrix} + \begin{bmatrix}\text{组分 A 在化学}\\ \text{反应中消耗速率}\end{bmatrix} + \begin{bmatrix}\text{组分 A 在反应}\\ \text{器中积累速率}\end{bmatrix}$$

$$0 \qquad\qquad 0 \qquad\qquad (-r_A V) \qquad\qquad \frac{dN_A}{dt}$$

其中组分 A 在反应器中的累积量为：

$$\frac{dN_A}{dt} = \frac{d[N_{A0}(1-x_A)]}{dt} = -N_{A0}\frac{dx_A}{dt} \tag{3-6}$$

因此物料衡算式为：

$$(-r_A)V = N_{A0}\frac{dx_A}{dt} \tag{3-7}$$

分离积分变量并积分得：

$$t = N_{A0}\int_0^{x_A}\frac{dx_A}{(-r_A)V} \tag{3-8}$$

这就是使反应物 A 达到一定转化率 x_A 所必须的反应时间 t 的计算公式，它是间歇反应器的计算通式，也称为基础设计式。

间歇反应器通常用于液相反应，而液相反应一般体积变化不大，常可视为恒容过程，式(3-8)可改写成：

$$t = C_{A0}\int_0^{x_A}\frac{dx_A}{(-r_A)} = \int_{C_A}^{C_{A0}}\frac{dC_A}{(-r_A)} \tag{3-9}$$

其中 $C_{A0} = N_{A0}/V$。

根据 $(-r_A)$ 的形式，可采用解析法或数值积分法对式(3-9)进行积分。

间歇反应器中不同动力学方程的基础设计式见表 3-1。

表 3-1　间歇反应器中不同动力学方程的基础设计式

反应级数	反应方程式	动力学方程	基础设计式
一级不可逆反应	$A \longrightarrow B$	$(-r_A) = kC_A$	$-kt = \ln\frac{C_A}{C_{A0}}$ 或 $C_A = C_{A0}e^{-kt}$
二级不可逆反应	$A \longrightarrow P$	$(-r_A) = kC_A^2$	$-kt = \left(\frac{1}{C_{A0}} - \frac{1}{C_A}\right)$ 或 $C_A = \frac{C_{A0}}{1 + C_{A0}kt}$
n 级不可逆反应	$A \longrightarrow P$	$(-r_A) = kC_A^n$	$-kt = \frac{1}{1-n}(C_A^{1-n} - C_{A0}^{1-n})$ 或 $C_A = C_{A0}[1 + (n-1)kC_{A0}^{n-1}t]^{\frac{1}{1-n}}$
可逆反应	$A \underset{k_b}{\overset{k_f}{\rightleftharpoons}} B$	$(-r_A) = k_fC_A - k_bC_B$	$-t = \frac{1}{k_f + k_b}$ $\{\ln[k_fC_A - k_b(C_{A0} - C_A)]$ $-\ln[k_fC_{A0}]$

(3) 间歇反应器体积的计算

间歇反应器的工艺设计可以是根据给定的生产任务计算反应器的体积，也可以是给定反应器计算满足一定要求情况下的生产能力。现以前一种情况为例进行讨论。

生产任务给定后，平均每小时需要处理的物料量 v_0 即可确定。根据每批操作所需要的时间可以计算出反应器有效体积。

$$V = v_0(t + t') \tag{3-10}$$

式中，每批操作时间包括反应时间 t 和加料、卸料及清洗等非生产时间 t'。非生产时间根据生产经验确定，反应时间则利用式(3-8)或式(3-9)积分求得。反应器的实际体积由下式确定：

$$V_R = V/\varphi \tag{3-11}$$

式中，φ 为装料系数，是一个根据经验确定的参数，一般取值在 0.5～0.85 之间。对于不易起泡沫的液体，φ 可选0.7～0.85，对沸腾或易起泡沫的液体，φ 可选择在0.5左右。

实际生产中除某些有特殊要求的场合外，一般使用的反应器高度与直径之比在1左右。此外还应注意，在设计反应器时要尽可能选择标准设备。

【例3－1】 某厂采用间歇搅拌釜反应器生产醇酸树脂，反应物己二酸与己二醇投料比为等摩尔比，用 H_2SO_4 作催化剂，在70℃时进行缩聚反应。实验测得动力学方程式为 $-r_A = kC_A^2$，式中，$k = 3.283 \times 10^{-5} m^3/kmol \cdot s$，己二酸的初始浓度 $C_{A0} = 4kmol/m^3$。

求己二酸的转化率分别为0.5、0.6、0.8、0.9时所需要的反应时间。若每天处理2400kg己二酸，转化率为0.8，每批操作的辅助时间为1h，反应器体积为多少？装料系数取0.75。

【解】(1) 计算每批物料达到要求的转化率所需的反应时间。该反应为等温恒容二级反应，由式(3－9)得到：

$$t = C_{A0}\int_0^{x_A}\frac{dx_A}{(-r_A)} = \frac{1}{C_{A0}}\int_0^{x_A}\frac{dx_A}{k(1-x_A)^2}$$

代入数据并积分得：

$$t = 7.61 \times 10^3 \frac{x_A}{1-x_A}$$

$x_A = 0.5$ $t = 7.61 \times 10^3 (s) = 2.11 (h)$

$x_A = 0.6$ $t = 1.14 \times 10^4 (s) = 3.17 (h)$

$x_A = 0.8$ $t = 3.04 \times 10^4 (s) = 8.46 (h)$

$x_A = 0.9$ $t = 6.85 \times 10^4 (s) = 19.02 (h)$

由以上计算可以看出，随着转化率的增加所需要的反应时间急剧增大。因此，在确定最终转化率时要全面考虑，不要单纯追求高转化率。

(2) 计算反应器体积。每天处理2400kg己二酸，平均每小时为100kg，己二酸相对分子质量 $M = 146$，每小时己二酸摩尔处理量为：

$$F_{A0} = 100/146 = 0.685 (kmol/h)$$

$$v_0 = F_{A0}/C_{A0} = 0.685/4 = 0.171 (m^3/h)$$

每批物料操作时间：$t + t' = 8.46 + 1 = 9.46 (h)$

反应器有效体积：$V = v_0(t + t') = 0.171 \times 9.46 = 1.62 (m^3)$

反应器实际体积 $V_R = V/\varphi = 1.62/0.75 = 2.16 (m^3)$

圆整至 $2.5m^3$，有 $2.5m^3$ 标准反应釜可供选用。

3.3.2 平推流反应器

(1) 平推流反应器的特点

平推流反应器一般是管式连续流动反应器，物料在反应器中流动时符合平推流条件。其特点是：

① 反应器属定常态操作，即反应器中任何位置上的物料各项物性参数不随时间改变，但随管长改变；

② 反应过程中物料保持连续稳定流动；

③ 物料在反应器中沿运动方向平行地向前移动，沿半径方向流速处处相等；

④ 所有物料在反应器中停留时间相同。

（2）平推流反应器的物料衡算式

根据平推流反应器的特点，物料组成、温度等参数沿管长改变，因此需在反应器内截取长度为 dl、体积为 dV 的微元管段作为衡算系统。对于反应物 A，物料衡算可按图 3－5 表示的情况进行。

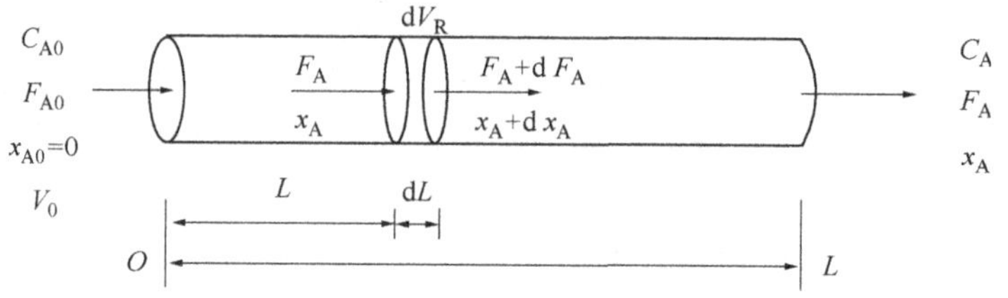

图 3－5　平推流反应器物料衡算

因为反应器处于稳定流动状态，物料累积量为零，物料衡算式只有三项，即：

$$\begin{bmatrix}\text{组分 A 进入}\\ \text{反应器速率}\end{bmatrix}=\begin{bmatrix}\text{组分 A 排出}\\ \text{反应器速率}\end{bmatrix}+\begin{bmatrix}\text{组分 A 在化学}\\ \text{反应中消耗速率}\end{bmatrix}+\begin{bmatrix}\text{组分 A 在反应}\\ \text{器中积累速率}\end{bmatrix}$$

$$F_A \qquad F_A+dF \qquad (-r_A)dV \qquad 0$$

$$F_A = F_A + dF_A + (-r_A)dV$$

将 $dF_A = d[F_{A0}(1-x_A)] = -F_{A0}dx_A$ 代入上式并整理，得到平推流反应器基础设计式：

$$F_{A0}dx_A = (-r_A)dV \tag{3-12}$$

式(3－12)可分离变量进行积分。在反应器进口处 $V=0$，$x_A=0$，有：

$$\frac{V}{F_{A0}} = \int_0^{x_A}\frac{dx_A}{(-r_A)} \tag{3-13}$$

而 $V/F_{A0}=V/v_0C_{A0}=\tau/C_{A0}$，所以式(3－13)也可以用空时 τ 表示：

$$\tau = \frac{V}{v_0} = C_{A0}\int_0^{x_A}\frac{dx_A}{(-r_A)} \tag{3-13a}$$

以上推导中，下标“零”表示反应物 A 的转化率 $x_A=0$ 所对应的状况。对于不同形式的 $(-r_A)$，恒温恒容下，平推流反应器的基础设计方程与间歇反应器相同（可参考表 3－1），只需将反应时间 t 替换成空时 τ。

如果不是从 $x_A=0$ 开始反应，则应改变积分上下限，分别以 x_{A1} 与 x_{A2} 代表进入与离开反应器时物料 A 的转化率，可以得到更具一般性的关系式：

$$\tau = C_{A0}\int_{x_{A1}}^{x_{A2}}\frac{dx_A}{(-r_A)} \tag{3-13b}$$

式(3－13)为平推流反应器基础设计式的积分式。基础设计方程关联了进料量、反应速度、转化率和反应器体积四个量，已知其中三个量可求出另一个未知量。

（3）平推流反应器体积的计算

仍以反应器体积的计算为例讨论设计的基本方法。等温、恒容反应系统，基础设计式可写成：

$$\tau = C_{A0}\int_{x_{A1}}^{x_{A2}}\frac{dx_A}{(-r_A)} = -\int_{C_{A1}}^{C_{A2}}\frac{dC_A}{(-r_A)} \tag{3-14}$$

用式(3－14)计算出空时 τ，即可求出反应器有效体积 V。

【例 3-2】 在平推流反应器中，用己二酸与己二醇生产醇酸树脂，操作条件与产量和例【3-1】相同，计算转化率为 0.8 及 0.9 时平推流反应器的体积。

【解】将数据代入式(3-13a)得：

$$\tau = \frac{V}{\upsilon_0} = C_{A0}\int_0^{x_A}\frac{dx_A}{(-r_A)} = \frac{1}{kC_{A0}}\frac{x_A}{1-x_A} = 7.61\times10^3\frac{x_A}{1-x_A}$$

当 $x_A=0.8$ 时，$\tau=3.04\times10^4(s)=8.46(h)$

$V=\upsilon_0\tau=1.45(m^3)$

当 $x_A=0.9$ 时，$\tau=6.85\times10^4(s)=19.02(h)$

$V=3.25(m^3)$

由基础设计式及计算结果可以看出，平推流反应器与间歇釜式反应器有某些相似之处。空时 τ 与间歇釜中的反应时间 t 在反应条件相同时数值相同，这是由于在反应过程中两种反应器内物料浓度的变化具有相似的规律。平推流反应器因为没有辅助时间，处理量增大，更适于大规模生产。

【例 3-3】 丙烷热裂解制取乙烯的反应方程式可表示为：

$$C_3H_8 \rightarrow C_2H_4 + CH_4 \tag{3-15}$$

忽略其他副反应，实验测定在 772℃进行等温反应时动力学方程式可表示为：

$$(-r_A) = kC_A \tag{3-16}$$

式中，$k=0.4h^{-1}$，C_A 为丙烷浓度。若系统保持恒压操作，$P_A=1.013\times10^5Pa$，$\upsilon_0=800l/h$(772℃，1.013×10^5Pa)，当丙烷转化率为 0.5 时，求所需管式反应器体积。

【解】此反应为非恒容反应，$\varepsilon_A=1$

$$C_A = C_{A0}\frac{1-x_A}{1+x_A}$$

$$\tau = C_{A0}\int_0^{x_A}\frac{dx_A}{-r_A} = \frac{1}{k}\int_0^{x_A}\frac{1+x_A}{1-x_A}dx_A$$

将数据代入，积分得到：

$$\tau=2.216(h)$$

$$V=\upsilon_0\tau=2.216\times800=1770(L)=1.77(m^3)$$

即反应器体积为 $1.77m^3$。

3.3.3 全混流反应器

(1) 全混流反应器的特点

全混流反应器一般是釜式连续流动反应器，物料在反应器中流动时符合全混流条件，其特点是：

① 反应器属定常态操作，即反应器中任何位置上物料的物性参数均不随时间改变；

② 反应器中的物料保持连续稳定流动；

③ 反应器一般装有良好的搅拌装置，物料达到充分混合。在反应进行的任一时间，物料在反应器中各空间位置上温度、组成等参数都相同，而且和反应出口处相同；

④ 物料在反应器中停留时间差别极大。

(2) 物料衡算式

根据全混釜的特点，在进行物料衡算时可以选择整个反应器作为基准，对组分 A 进行衡算。全混釜物料情况在图 3-6 中给出。

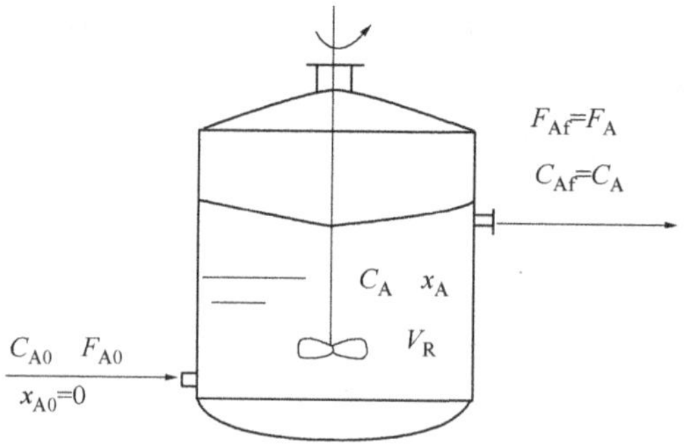

图 3-6 全混釜物料衡算示意图

处于稳定流动状态时，物料在反应器中积累量为零，物料衡算式只有三项。

$$\begin{bmatrix}\text{组分 A 进入}\\\text{反应器速率}\end{bmatrix}=\begin{bmatrix}\text{组分 A 排出}\\\text{反应器速率}\end{bmatrix}+\begin{bmatrix}\text{组分 A 在化学}\\\text{反应中消耗速率}\end{bmatrix}+\begin{bmatrix}\text{组分 A 在反应}\\\text{器中积累速率}\end{bmatrix}$$

$$F_{A0} \qquad F_A \qquad (-r_A)\mathrm{d}V \qquad 0$$

$$F_{A0}=F_A+(-r_A)V$$

将 $F_A=F_{A0}(1-x_A)$ 代入上式并整理，得到：

$$\frac{V}{F_{A0}}=\frac{\tau}{C_{A0}}=\frac{x_A}{(-r_A)} \tag{3-17a}$$

或

$$\tau=\frac{V}{v_0}=\frac{C_{A0}x_A}{(-r_A)} \tag{3-17b}$$

如果进入反应器的物料 A 转化率不为零，式(3-17)应改写为：

$$\frac{V}{F_{A0}}=\frac{x_{A2}-x_{A1}}{(-r_A)}=\frac{\Delta x_A}{(-r_A)} \tag{3-18}$$

或

$$\tau=\frac{V}{v_0}=\frac{C_{A0}\Delta x_A}{(-r_A)} \tag{3-19}$$

在全混釜中，反应速度是一个常数，基础设计式是代数方程，不必积分求解。上述各式中下标为“零”的参数均表示与物料 A 转化率为“零”相对应时的值，Δx_A 指反应器出口物料 A 的转化率 x_{A2} 与进口转化率 x_{A1} 之差。x_A 和 x_{A2} 表示反应器出口转化率。

和平推流反应器的基础设计式相同，全混釜的基础设计式也关联了转化率、反应速率、反应器体积和进料量四个参数，已知三个参数则可求出第四个参数。值得注意的是，全混釜的基础设计式比平推流反应器要简单得多，容易进行计算，因此在动力学研究中全混釜得到广泛应用。

(3) 全混流反应器体积的计算

可以用全混釜反应器的基础设计式计算有效反应体积。式(3-18)是一个普遍适用式，不管反应过程中物料的体积有无变化、加料温度与反应温度是否相同，只要搅拌充分，物料的流动满足全混流条件即可使用。

全混釜常用于液相恒容反应系统，此种情况下全混釜的基础设计式可化为：

$$\frac{V}{F_{A0}}=\frac{C_{A0}-C_A}{C_{A0}(-r_A)} \tag{3-19a}$$

或：

$$\tau=\frac{C_{A0}-C_A}{(-r_A)} \tag{3-19b}$$

表 3-2 全混釜反应器中不同动力学方程的基础设计式

反应级数	反应方程式	动力学方程	基础设计式
一级不可逆反应	$A \longrightarrow B$	$(-r_A)=kC_A$	$\tau=\dfrac{C_{A0}-C_A}{kC_A}$ 或 $C_A=\dfrac{C_{A0}}{1+k\tau}$
二级不可逆反应	$A \longrightarrow P$	$(-r_A)=kC_A^2$	$\tau=\dfrac{C_{A0}x_A}{kC_{A0}^2(1-x_A)^2}=\dfrac{x_A}{kC_{A0}(1-x_A)^2}$ 或 $C_A=\dfrac{1}{2k\tau}[(1+4k\tau C_{A0})^{1/2}-1]$
二级不可逆反应	$A+B \longrightarrow P$	$(-r_A)=kC_AC_B$	$C_{A0}k\tau=\dfrac{x_A}{(1-x_A)(C_{B0}/C_{A0}-x_A)}$
n 级不可逆反应	$A \longrightarrow P$	$(-r_A)=kC_A^n$	$\tau=(C_{A0}-C_A)/kC_A^n$

【例 3-4】 在全混釜中进行例【3-1】中的反应，计算转化率为 0.8 及 0.9 时所需全混釜的有效体积。

【解】

$$\tau=\frac{C_{A0}x_A}{(-r_A)}=\frac{x_A}{kC_{A0}(1-x_A)^2}$$

将有关数据代入上式，得

$$\tau=2.115\times\frac{x_A}{(1-x_A)^2}$$

当 $x_A=0.8$ 时，$\tau=42.3(\mathrm{h})$

$$V=v_0\tau=0.171\times42.3=7.23(\mathrm{m}^3)$$

当 $x_A=0.9$ 时，$\tau=190(\mathrm{h})$

$$V=32.5(\mathrm{m}^3)$$

从以上结果看出，转化率从 0.8 到 0.9，仅提高 10%，反应器体积却是原来的 4.5 倍。与平推流反应器比较，进行同样的反应过程，全混釜所需要的有效反应体积要大得多，且转化率越高二者的差距越大。这是因为在平推流反应器中反应速度较大，而在全混釜中进行同一个反应，由于反应物浓度是与出口浓度相同的较低浓度，所以反应速度也小。图 3-7 对平推流与全混流两种反应器进行了比较。根据式(3-13)，若反应物 A 转化率在反应器进口为零，出口为 x_A，平推流反应器的 V/F_{A0} 值对应于图中曲线下方阴影部分的面积。而全混流反应器由于是在与 x_A 相对应的低浓度下操作，反应速度较小，其 V/F_{A0} 值与图中矩形面积相对应。

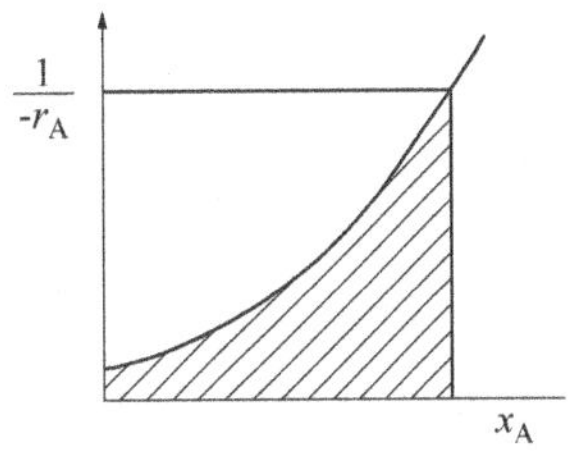

图 3-7 平推流反应器与全混流反应器反应速度比较

【例 3-5】 丁二烯与丙烯酸甲酯在苯溶液中进行缩合反应，用无水 $AlCl_3$ 作催化剂，反应方程式如下：

$$\underset{B}{C_4H_6}+\underset{M}{C_2H_3COOH_3}\xrightarrow[C]{AlCl_3}\underset{P}{C_6H_9COOCH_3}$$

反应动力学方程式可表示为：$(-r_B)=kC_BC_C$

反应在 20℃进行，$k = 1.15 \times 10^{-6} m^3/mol \cdot s$，进料组成为丁二烯 96.5mol/m³，丙烯酸甲酯 184mol/m³，$AlCl_3$ 6.63mol/m³，采用有效容积 1m³ 的全混釜进行反应，当丁二烯转化率控制在 0.4 时，试计算物料处理量。如果处理量增大到原来的 40 倍，转化率不变，计算所需全混釜和平推流反应器的有效容积。

【解】液相反应视为恒容系统。催化剂浓度 C_C 维持不变，则，

$$(-r_B) = kC_BC_C = 1.15 \times 10^{-6} \times 6.63 \times C_B = 7.62 \times 10^{-6} C_{B0}(1 - x_B)$$

$$\tau = \frac{C_{B0}x_B}{(-r_B)} = \frac{C_{B0}Cx_B}{7.62 \times 10^{-6} C_{B0}(1 - x_B)} = 8.74 \times 10^4 (s)$$

$$v_0 = V/\tau = 1.14 \times 10^{-5} (m^3/s) = 0.0412 (m^3/h)$$

如果进料量增加为原来的 40 倍，即 $v'_0 = 40v_0$，对于全混釜，转化率不变，τ 也不变，则有：

$$V' = v'_0\tau = 40v_0\tau = 40 (m^3)$$

对于平推流反应器，根据式(3－13a)：

$$\tau = C_{A0}\int_0^{x_B} \frac{dx_B}{(-r_B)} = \frac{1}{7.62 \times 10^{-6}}\int_0^{0.4} \frac{dx_B}{1 - x_B}$$

积分并代入转化率数据，得到：

$$\tau = 6.70 \times 10^4 (s)$$

$$V = v'_0\tau = 30.6 (m^3)$$

3.4 反应器的组合操作

为了节约能源，提高经济效益，现代石油化工生产装置往往需要有较大的规模和对产品进行深加工的能力，单台反应器很难满足要求。因此，工业上常将相同或不同型式和大小的单个反应器组合起来使用。例如，一个年产 30 万吨乙烯的生产装置可以由 10 台管式裂解炉并联操作；釜式高压法生产低密度聚乙烯由单釜改为双釜串联操作，可以将转化率从 18% 提高到 24%。一般来说，单个反应器并联操作可以增大处理能力，串联操作可以提高反应深度。对国内大型石油化工企业进行的调查表明，并联操作的反应器常常采用相同的操作条件和相同的结构尺寸；串联操作的反应器则不但大小和类型各不相同，实际运行的工艺状况(例如反应温度、搅拌速度等)也绝大部分各不相同。因此，串联操作的反应器一般采取逐个计算的方法进行设计。

3.4.1 平推流反应器的串、并联

(1) N 个平推流反应器的串联

对于 N 个平推流反应器的串联操作，设 $x_{A,1}$，$x_{A,2}$，…，$x_{A,N}$ 为关键组分 A 离开反应器 1，2，…N 时的转化率。

对关键组分 A 作第一个反应器的物料衡算，根据式(3－13)，有：

$$V_1 = F_{A0}\int_0^{x_{A,1}} \frac{dx_A}{(-r_A)_1}$$

对第 i 反应器有：

$$V_i = F_{A0}\int_{x_{A,i-1}}^{x_{A,i}} \frac{dx_A}{(-r_A)_i} \tag{3-20}$$

在恒温条件下，每个反应器内温度相同，则每个反应器内的反应速率相等，有：

$$(-r_A)_1 = (-r_A)_2 = \cdots(-r_A)_i = (-r_A)$$

总体积，$V = \sum_{i=1}^{N} V_i = F_{A0}\left[\int_0^{x_{A,1}} \frac{dx_A}{(-r_A)_1} + \int_{x_{A,1}}^{x_{A,2}} \frac{dx_A}{(-r_A)_2} + \cdots \int_{x_{A,N-1}}^{x_{A,N}} \frac{dx_A}{(-r_A)_N}\right]$

或：$V = F_{A0}\int_0^{x_{A,N}} \frac{dx_A}{(-r_A)}$ (3-21)

不难证明，在恒温条件下总体积为 V 的 N 个平推流反应器串联操作，与一个体积为 V 的单个平推流反应器获得的转化率相同。

(2) 平推流反应器的并联

相同类型的反应器并联操作，当各反应器出口的物料组成相同时，反应体积能够得到最有效的利用。为了满足上述条件，要求每个反应器的进料速度与反应体积比相同，即各反应器的 V_i/F_i 或空时 τ_i 要相同。

满足以上条件，根据式(3-13)，对第 i 反应器有：

$$V_i = (F_{A0})_i\int_0^{x_A} \frac{dx_A}{(-r_A)} \tag{3-22}$$

总体积，$V = \sum_{i=1}^{N} V_i = \left[(F_{A0})_1 + (F_{A0})_2 + \cdots (F_{A0})_N\right] \times \int_0^{x_A} \frac{dx_A}{(-r_A)}$

或：$V = F_{A0}\int_0^{x_A} \frac{dx_A}{(-r_A)}$

式中，$F_{A0} = \sum (F_{A0})_i$。

即满足上述条件的 N 个平推流反应器并联操作，与一个和其总体积相同的单个平推流反应器的作用相同。

【例 3-6】 如图 3-8 所示的平推流反应器组，如果总进料流量 $v_0 = 1.2\text{m}^3/\text{h}$，求支线 A 的进料量。

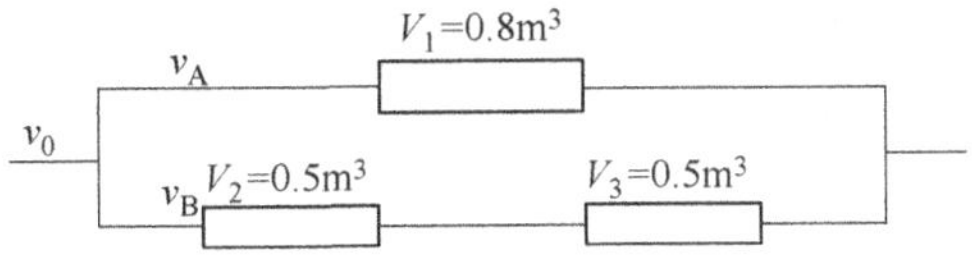

图 3-8 平推流反应器组合例题

【解】支线 A 的反应体积 $V_A = V_1 = 0.8(\text{m}^3)$

支线 B 的反应体积 $V_B = V_2 + V_3 = 1.0(\text{m}^3)$

要求满足 $\tau_A = \tau_B$ 即 $V_A/v_A = V_B/v_B$

从已知进料流量得到 $v_B = 1.2 - v_A$，解出：

$$0.8(1.2 - v_A) = v_A$$

$$v_A = 0.533(\text{m}^3/\text{h})$$

3.4.2 全混釜的串、并联

(1) 全混釜的串联

在全混釜中，化学反应是在较低的反应物浓度下进行的，反应速度低。为了提高反应物浓度，工业上常把若干个全混釜串联起来使用，使反应物浓度逐渐降低，从而提高反应速度。

串联的全混釜如图3－9所示，其中每个釜都满足全混流的假设，各釜之间没有物料的混合。

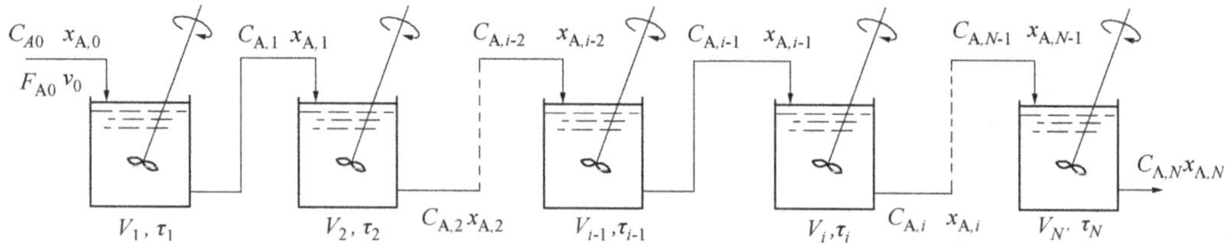

图3－9　N个全混釜的串联

对第i个釜的反应组分A进行物料衡算：

$$F_{A,i-1} = F_{A,i} + (-r_A)_i V_i$$

$$F_{A,i-1} = F_{A0}(1 - x_{A,i-1})$$

$$F_{A,i} = F_{A0}(1 - x_{A,i})$$

代入物料衡算式，得到：

$$\frac{V_i}{F_{A0}} = \frac{x_{A,i} - x_{A,i-1}}{(-r_A)_i} \tag{3-22a}$$

或：$\tau = \frac{V_i}{v_0} = \frac{C_{A0}(x_{A,i} - x_{A,i-1})}{(-r_A)_i}$　(3－22b)

在全混釜中进行的反应大多数为恒容反应，对恒容反应有：

$$\tau_i = \frac{V_i}{v_0} = \frac{C_{A,i-1} - C_{A,i}}{(-r_A)_i} \tag{3-23}$$

式(3－22a)与式(3－23)既适用于各釜操作温度相同的情况，也适用于各釜温度不同的场合。在多釜串联反应器的计算中，一般已知反应的动力学规律，所需求解的问题是每级反应器的有效容积V_i、串联反应器的级数N、最终转化率$x_{A,N}$、反应物最终浓度$C_{A,N}$等四个参数，一般可用代数法和图解法。下面介绍代数法求解。

对一级反应A→R，$(-r_A)_i = k_i C_{A,i}$

由式(3－23)：$\tau_i = \frac{C_{A,i-1} - C_{A,i}}{k_i C_{A,i}}$

或：

$$1 + k_i\tau_i = \frac{C_{A,i-1}}{C_{A,i}}$$

即有：

$$\frac{C_{A,0}}{C_{A,1}} = 1 + k_1\tau_1$$

$$\frac{C_{A,1}}{C_{A,2}} = 1 + k_2\tau_2$$

$$\frac{C_{A,2}}{C_{A,3}} = 1 + k_3\tau_3$$

……

$$\frac{C_{A,N-1}}{C_{A,N}} = 1 + k_N\tau_N$$

所有上式连乘，有：$\frac{C_{A,0}}{C_{A,N}} = \prod_{i=1}^{N}(1 + k_i\tau_i)$

或：

$$C_{A,N} = C_{A,0}\prod_{i=1}^{N}\left(\frac{1}{1 + k_i\tau_i}\right) \tag{3-24}$$

$$x_{A,N} = 1 - \prod_{i=1}^{N}\left(\frac{1}{1 + k_i\tau_i}\right) \tag{3-25}$$

生产中，全混釜串联操作的一种特殊情况是各釜体积与反应温度都相同。虽然在工业使用上不多见，但对理论分析十分方便。对于一级与二级反应，满足以上条件时可求得最终转化率与τ_{total}之间关系的代数表达式。

当各级反应器的体积相等且反应温度等条件也相同时，有：

$$\tau_1 = \tau_2 = \cdots = \tau_i = \tau$$

$$k_1 = k_2 = \cdots = k_i = k$$

式(3－24)、式(3－25)可简化为：

$$C_{A,N} = C_{A,0}\left(\frac{1}{1 + k\tau}\right)^N \tag{3-26}$$

或：

$$x_{A,N} = 1 - \left(\frac{1}{1 + k\tau}\right)^N \tag{3-27}$$

由此整理可得：

$$\tau = \frac{1}{k}\left[\left(\frac{1}{1 - x_{A,N}}\right)^{1/N} - 1\right] \tag{3-28}$$

$$N = \frac{\ln(1 - x_{A,N})}{\ln(1 + k\tau)} \tag{3-29}$$

N釜串联操作总的停留时间τ_{total}：

$$\tau_{total} = \sum \tau_i = N\tau \tag{3-30}$$

对于非一级反应，如果釜数不多，也可采用代数法；当釜数多时，用解析法时需要迭代或试差，这时往往需采用图解法(略)。

【例3－7】 在N个等体积的多釜串联全混流反应器中进行如下反应，A→B，$(-r_A) = kC_A$，每个釜的停留时间τ，总转化率为90%。如果$k = 0.5\ \text{min}^{-1}$，$C_{A0} = 2\text{mol/l}$，$v_0 = 4\text{L/min}$，当级数为$N = 1$、2、3和4时，反应器的停留时间和反应器体积各是多少？

【解】对于N个等体积全混釜串联操作，由式(3－28)、式(3－30)：

$$\tau = \frac{1}{k}\left[\left(\frac{1}{1 - x_{A,N}}\right)^{1/N} - 1\right]$$

或
$$\tau_{total} = \frac{N}{k}\left[\left(\frac{1}{1 - x_{A,N}}\right)^{1/N} - 1\right]$$

因此，有：

① 当串联级数为 1 时：

$$\tau_1 = \tau = \frac{1}{k}\left[\left(\frac{1}{1 - x_{A,N}}\right) - 1\right] = \frac{1}{0.5}(10 - 1) = 18(\text{min})$$

② 当串联级数为 2 时：

$$\tau_2 = 2\tau = \frac{2}{k}\left[\left(\frac{1}{1 - x_{A,N}}\right)^{1/2} - 1\right] = \frac{1}{0.5}(10^{1/2} - 1) = 8.65(\text{min})$$

③ 当串联级数为 3 时：

$$\tau_3 = 3\tau = \frac{3}{k}\left[\left(\frac{1}{1 - x_{A,N}}\right)^{1/3} - 1\right] = \frac{1}{0.5}(10^{1/3} - 1) = 6.92(\text{min})$$

④ 当串联级数为 4 时：

$$\tau_4 = 4\tau = \frac{4}{k}\left[\left(\frac{1}{1 - x_{A,N}}\right)^{1/4} - 1\right] = \frac{1}{0.5}(10^{1/4} - 1) = 6.22(\text{min})$$

由题可知当 $N = 1$ 时，结果相当于单级全混流反应器，随着级数的增加 τ_{total} 逐渐降低；当 N 趋于无穷大时，总的停留时间越来越趋近于平推流反应器的 $\tau = 4.61\text{min}$。

反应釜的总体积是 $V = v_0\tau_{total}$，分别为 72L、34.6L、27.7L、和 24.9L。在总转化率为 90% 的条件下，当多釜串联全混流反应器的级数趋于无穷大时的总体积与平推流反应器的体积 $4 \times 4.61 = 18.4\text{L}$ 一致。

【例 3－8】 某液相反应 $A + B \longrightarrow R + S$，其反应动力学表达式为 $(-r_A) = kC_AC_B$，$T = 373\text{K}$ 时，$k = 0.24\text{m}^3 \cdot \text{kmol/min}$。现 A 的处理量为 80kmol/h，入口物料的浓度为 $C_{A,0} = 2.5\text{kmol/m}^3$，$C_{B,0} = 2.5\text{kmol/m}^3$，要求 A 的最终转化率达到 80%，则采用全混流反应器时体积为多少？如果采用体积相同的三个全混流反应器串联，则所需反应器的容积又为多少？

【解】因为 $(-r_A)_i = kC_{A,i}C_{B,i} = kC_{A,i}^2 = kC_{A,0}^2(1 - x_{A,i})^2$，根据多釜串联反应器基本公式(3－23)，有：

$$\tau = \tau_i = \frac{C_{A,0}(x_{A,i} - x_{A,i-1})}{kC_{A0}^2(1 - x_{A,i})^2}$$

当 3 个反应釜串联时：

第三个反应釜有：

$$\tau = \frac{(0.8 - x_{A,2})}{kC_{A,0}(1 - 0.8)^2} = \frac{0.8 - x_{A,2}}{0.024}$$

整理，得：

$$0.024\tau = 0.8 - x_{A,2}$$
$$x_{A,2} = 0.8 - 0.024\tau$$

第二个反应器有：

$$\tau = \frac{(x_{A,2} - x_{A,1})}{kC_{A0}(1 - x_{A,2})^2} = \frac{0.8 - 0.024\tau - x_{A,1}}{0.6(1 - 0.8 + 0.024\tau)^2}$$

第一个反应器有：

$$\tau = \frac{x_{A,1}}{0.6(1 - x_{A,1})^2}$$

利用试差法解联立方程组，得：

$$x_{A,1}=0.520 \qquad \tau=3.76\text{min}$$

每个反应釜的体积为：$V_1=V_2=V_3=\upsilon_0\tau=\dfrac{80}{2.5}\times 3.76/60=2.0(\text{m}^3)$

3 釜串联反应器的总体积为：$V=6.0\text{m}^3$

采用单个全混流反应器，根据式(3－19b)：

$$\tau=\frac{C_{A,0}-C_A}{(-r_A)}$$

又因：$(-r_A)=kC_AC_B=kC_A^2=kC_{A,0}^2(1-x_A)^2$

所以：$\tau=\dfrac{C_{A,0}x_A}{kC_{A,0}^2(1-x_A)^2}=\dfrac{0.8}{0.24\times 2.5(1-0.8)^2}=33.3(\text{min})$

故：$V=\upsilon_0\tau=\dfrac{80}{2.5}\times 33.3/60=17.8(\text{m}^3)$

可以看出，相同的生产条件和生产任务，采用多釜串联操作时，反应器的总体积比采用单个反应器的体积明显减少。

当需要处理的物料量与达到的转化率相同时，串联反应器组所需的总反应体积与在相同操作温度下工作的单个平推流反应器所需反应器体积的比较如图 3－10 与图 3－11 所示。

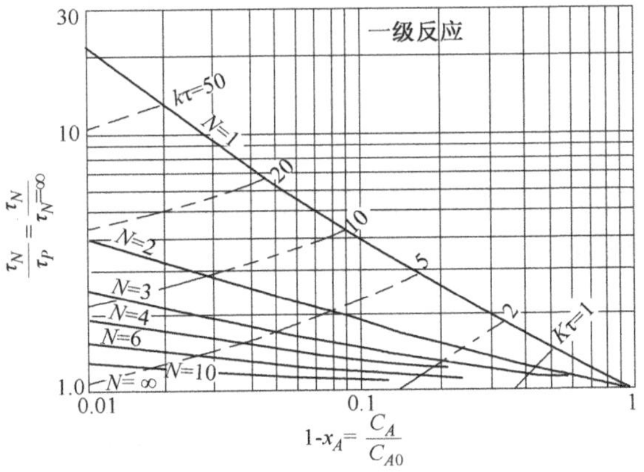

图 3－10 N 个全混釜串联与平推流反应器的比较(一级反应)

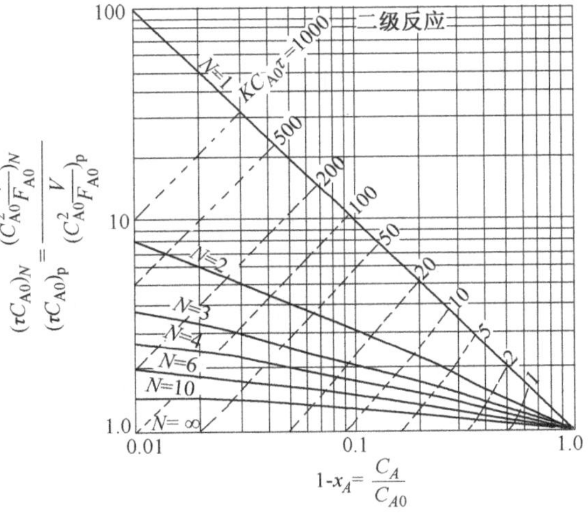

图 3－11 N 个全混釜串联与平推流反应器的比较(二级反应)

图 3－10 表示一级反应的情况，τ_P 为平推流反应器的空时，τ_N 表示 N 个串联釜的总空时。图 3－11 表示二级反应的情况。从图中可以看出，当釜的个数增加时，为达到一定转化率所需串联反应器组总体积减小；当 N 趋于无穷时，总体积与平推流反应器相同。

【例 3－9】 某液相二级反应在单个全混釜中进行，动力学方程式为$(-r_A)=kC_A^2$。反应器出口转化率 $x_A=0.5$。若使用一个体积为原反应器 6 倍的全混釜，出口转化率应为何值？若使用与原反应器体积相同的平推流反应器，出口转化率可达到多少？

【解】利用图 3－11 求解，根据已知条件 $x_A=0.5$，则 $1-x_A=0.5$。

在横坐标上找到 $1-x_A=0.5$ 的点，从该点作垂线与 $N=1$ 的曲线交于一点。过交点的无因次反应速度虚线为 $k\tau C_{A0}=2$。

若使用一个6倍体积的全混釜，由于进料量不变，从式 $V_2=6V_1$ 可知 $\tau_2=6\tau_1$，则：

$$k\tau C_{A0}=12$$

在图中找出 $k\tau C_{A0}=12$ 的虚线，此线与 $N=1$ 线的交点即表示新换釜的操作点。从交点作垂线，其横坐标为 $1-x_A=0.25$，即：

$$x_A=0.75$$

所以，采用6倍体积的反应器转化率可提高到0.75。

使用同体积平推流反应器，$\tau_P=\tau_C$，对二种反应器均有：

$$k\tau C_{A0}=2$$

找到标示 $k\tau C_{A0}=2$ 的虚线，该线与横轴交点坐标为

$1-x_A=0.33$，即：

$$x_A=0.67$$

所以，使用同体积平推流反应器可以将转化率提高到0.67。

【例3-10】 上例的化学反应，若新增一个体积相同的全混釜反应器与原釜串联操作，转化率可提高到何值?

【解】新增一个全混釜，与原釜体积相同，即：

$$V_{N-2}=2V_1$$

k、C_{A0}均不变时，有：

$$k\tau C_{A0}=4$$

在图3-11中找出 $k\tau C_{A0}=4$ 的线与 $N=2$ 曲线的交点坐标为 $1-x_A=0.29$，则：

$$x_A=0.71$$

可见，利用两釜串联操作，反应体积增大1倍即可大幅度提高转化率。

（2）全混釜的并联

不难证明，当进出口物料组成相同且操作温度相同时，总体积为 V 的 N 个全混釜并联操作与一个体积为 V 的单个全混釜处理物料量相同。

3.4.3 不同型式反应器的组合

对于全混流反应器和平推流反应器的组合，图3-12所示。若平推流反应器后面接一个全混流反应器，通过物料衡算对每个反应器进行依次求解，得到 C_{A2}。

由表3-2中全混釜一级不可逆反应基础设计式：

$$C_A=\frac{C_{A0}}{1+k\tau}$$

及表3-1中平推流反应器一级不可逆基础设计式：

$$C_A=C_{A0}e^{-kt}$$

对于平推流串联全混釜的一级不可逆反应有：

$$C_{A2}=C_{A1}/(1+k\tau_2)=\frac{C_{A0}}{1+k\tau_2}e^{-k\tau_1} \tag{3-31}$$

如果全混釜后面接一个平推流反应器，则有：

$$C_{A2}=C_{A1}e^{-k\tau_2}=\frac{C_{A0}}{1+k\tau_1}e^{-k\tau_2} \tag{3-32}$$

因此，对于两个等体积反应器（$\tau_1=\tau_2$）而言的一级反应，其表达式是相同的。

两个具有相同体积的反应釜，总转化率与哪个釜在前无关，但通常是首先使用转化率低的全混流反应器，然后再接转化率高的平推流反应器，这样可使反应器的总体积最小。对全混流反应器 + 平推流反应器，总的停留时间如图 3－13 中 $1/(-r_A)$ 所示。

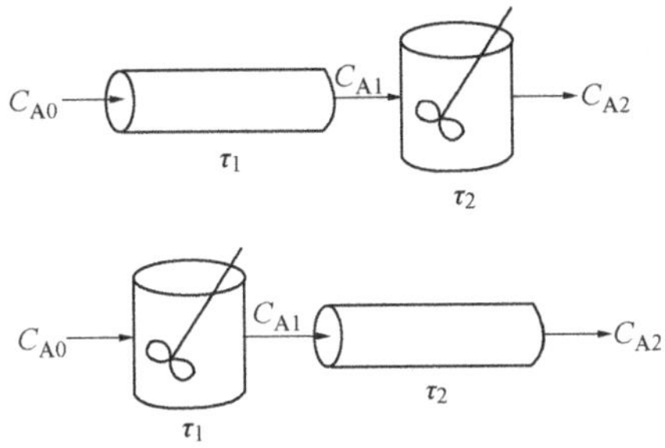

图 3－12　全混流反应器和平推流反应器的组合

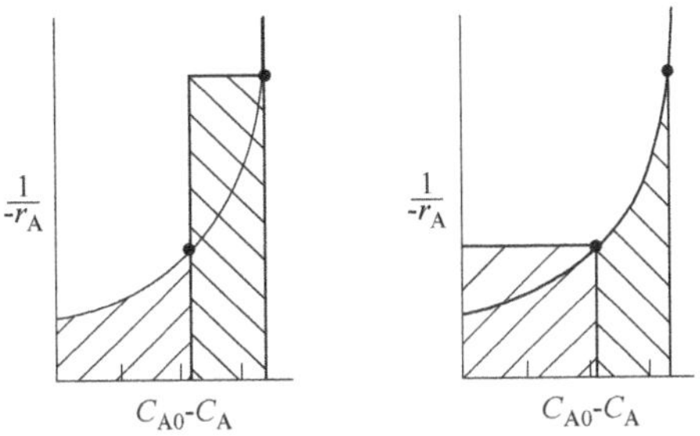

图 3－13　阴影部分表示平推流反应器和全混流反应器组合的停留时间

3.4.4　循环反应器

对于多级串联的全混釜，当串联级数无限多时，整个多釜串联反应器接近平推流反应器。与此相反，如果将平推流反应器出口的反应产物部分地返回到入口处与进料混合，则这样的平推流反应器称为循环操作的平推流反应器(图 3－14)，其性能接近搅拌釜的特性。随着循环比(循环流量与出口流量之比)的增加，平推流反应器内的轴向浓度梯度降低，这种循环操作的平推流反应器则相当于全混流反应器。这类反应器广泛地应用于自催化反应、生化反应和某些自热反应。

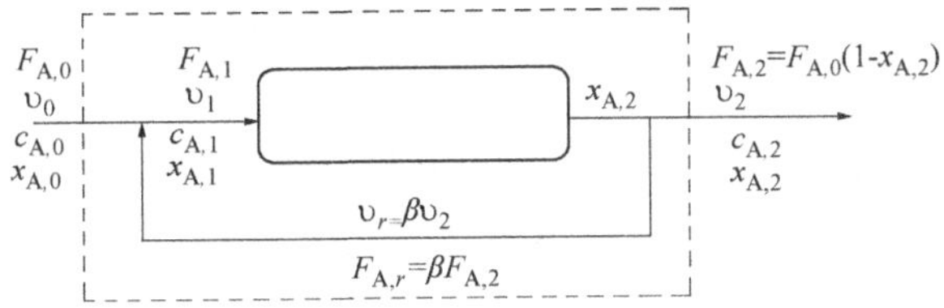

图 3－14　具有循环操作的平推流反应器

（1）设计方程

定义循环比 β：

$$\beta = \frac{\text{循环物料的体积流量}}{\text{离开反应器物料的体积流量}} = \frac{\upsilon_r}{\upsilon_2} = \frac{F_{A,r}}{F_{A,2}} \tag{3-33}$$

$\beta=0$ 时，为单纯的无循环流的 PFR 反应器；$\beta=\infty$ 时，相当于 CSTR 反应器特性；

对反应器作物料衡算：

$$F_{A,1} = F_{A,0} + F_{A,r} = F_{A,0} + \beta F_{A,2} = F_{A,0} + \beta F_{A,0}(1 - x_{A,2})$$

$$F_{A,1} = F_{A,0}[1 + \beta(1 - x_{A,2})] \tag{3-34}$$

又因为：　$F_{A,1} = F_{A,0} + F_{A,r}$

所以：　$C_{A,1}\upsilon_1 = C_{A,0}\upsilon_0 + C_{A,2}\upsilon_r$

$$C_{A,1} = \frac{C_{A,0}\upsilon_0 + C_{A,2}\upsilon_r}{\upsilon_1} = \frac{C_{A,0}\upsilon_0 + \beta C_{A,2}\upsilon_2}{\upsilon_0 + \beta\upsilon_2}$$

对于定常态下的恒容过程，$\upsilon_0 = \upsilon_2$

$$C_{A,1} = \frac{C_{A,0} + \beta C_{A,2}}{1 + \beta}$$

$$C_{A,0}(1 - x_{A,1}) = \frac{C_{A,0} + \beta C_{A,0}(1 - x_{A,2})}{1 + \beta} \tag{3-35}$$

整理可得：

$$x_{A,1} = \frac{\beta}{1 + \beta} \cdot x_{A,2} \tag{3-36}$$

根据平推流反应器的设计方程，可写出循环操作方式的设计方程：

$$\frac{V}{F_{A1}} = \frac{V}{v_1 C_{A1}} = \int_{x_{A1}}^{x_{A2}} \frac{dx_A}{(-r_A)} \tag{3-37}$$

由于 $v_1 = v_0 + v_r = (1 + \beta) v_0$，且反应刚开始时，$C_{A,1} \approx C_{A,0}$，所以有：

$$\frac{V}{(1 + \beta) v_0 C_{A,0}} = \int_{\frac{\beta}{1+\beta} x_{A,2}}^{x_{A,2}} \frac{dx_A}{(-r_A)}$$

$$\tau = \frac{V}{v_0} = (1 + \beta) C_{A,0} \int_{\frac{\beta}{1+\beta} x_{A,2}}^{x_{A,2}} \frac{dx_A}{(-r_A)} \tag{3-38}$$

上式的图解示意图见图 3－15，如果深灰部分的面积为“1”，寻找一个高度使如图的 $S_1 = S_2$，则“β”部分的面积为浅灰区域减去 S_1。

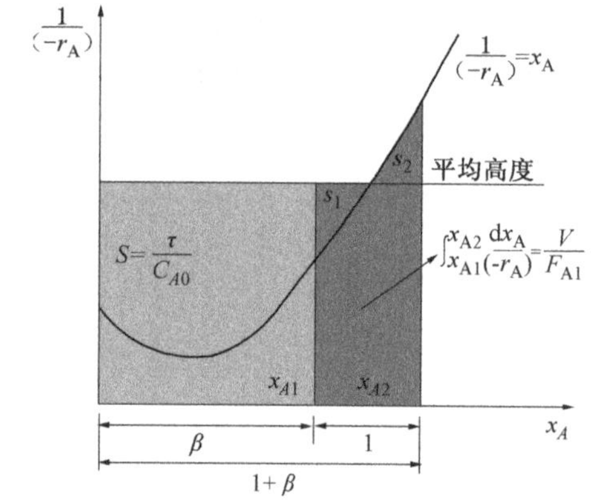

图 3－15　循环反应器图解示意

【例 3－11】有如下自催化反应，A + P→P + P，已知：$c_{A0} = 1\text{mol/L}$，$c_{P0} = 0$，$k = 1\text{L/mol} \cdot \text{s}$，$F_{A0} = 1\text{mol/s}$，今欲在一循环反应器中进行此反应，要求达到的转化率为 98%。

求：当循环比分别为 $\beta = 0$、3 时，所需反应器的体积为多少？

【解】对于自催化反应，其反应动力学方程可表示为：

$$-r_A = kC_A(C_{A0} - C_A) = kC_{A0}^2 x_A(1 - x_A)$$

对于任意循环比 β，其反应器设计方程式为：

$$\frac{V}{F_{A0}} = (1 + \beta) \int_{\frac{\beta x_{A2}}{1+\beta}}^{x_{A2}} \frac{dx_A}{(-r_A)}$$

将动力学方程代入设计计算式并积分得：

$$\frac{V}{F_{A0}} = (1 + \beta) \int_{\frac{\beta x_{A2}}{1+\beta}}^{x_{A2}} \frac{dx_A}{kC_{A0}^2 x_A(1 - x_A)} = \frac{1 + \beta}{kC_{A0}^2} \ln \frac{1 + \beta(1 - x_{A2})}{\beta(1 - x_{A2})}$$

当 $\beta = 3$ 时，

$$V = 4\ln\frac{1.06}{0.06} = 11.4(\text{L})$$

当 $\beta = 0$ 时，即为平推流的情况：

$$V = F_{A0} \int_{\frac{\beta x_{A2}}{1+\beta}}^{x_{A2}} \frac{dx_A}{kC_{A0}^2 x_A(1 - x_A)} = \frac{F_{A0}}{kC_{A0}^2} \int_0^{0.98} \frac{dx_A}{x_A(1 - x_A)}$$

图解(如图 3－16)之可得：$V \to$ 无解

即纯粹的平推流不可能完成该反应任务。

(2) 循环反应器的最佳循环比

从设计方程式(3－38)可以看出，对于给定的 $C_{A,0}$、v_0 和 $x_{A,2}$，所需反应器的容积 V 将取决于操作的循环比 β。这里存在着使得 V 最小的最优循环比 β_{opt} 的优化问题。为得到最优循环比可将设计方程式(3－38)对 β 求偏导并令其等于零，则可求出最优循环比的条件为：

$$\frac{V}{v_0 C_{A0}} = \int_{\frac{\beta x_{A2}}{1+\beta}}^{x_{A2}} \frac{(1+\beta)\mathrm{d}x_A}{(-r_A)}$$

$$\frac{\partial \int_{\frac{\beta x_{A2}}{1+\beta}}^{x_{A2}} \frac{(1+\beta)\mathrm{d}x_A}{(-r_A)}}{\partial \beta} = 0$$

经数学推导可得：

$$\frac{1}{(-r_{A1})} = \frac{\int_{x_{A1}}^{x_{A2}} \frac{\mathrm{d}x_A}{(-r_A)}}{x_{A2} - x_{A1}} \tag{3－39}$$

$$(x_{A2} - x_{A1}) \frac{1}{(-r_{A1})} = \int_{x_{A1}}^{x_{A2}} \frac{\mathrm{d}x_A}{(-r_A)} \tag{3－40}$$

式(3－39)和式(3－40)即为达到最优循环比所必须满足的条件。

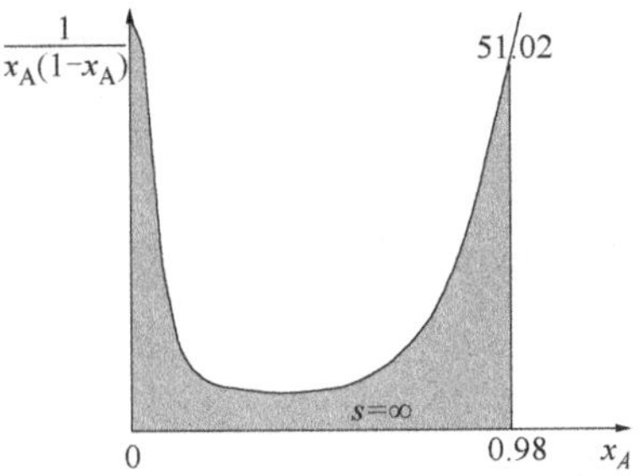

图 3－16　平推流的图解积分(面积∞)

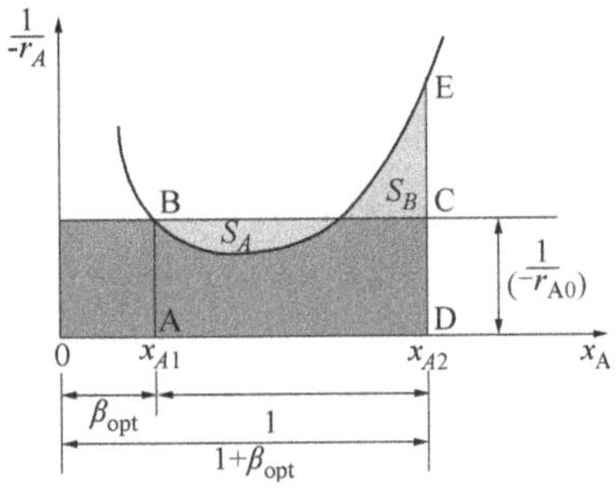

图 3－17　循环反应器最优循环比的图解示意图

从图 3－17 中可以看出当调节 β(实际上是调节反应器进口转化率 $x_{A,1}$)，式(3－40)所表达的意义如图 3－17 所示，式左边$(x_{A2} - x_{A1})\frac{1}{(-r_A)}$为 ABCD 所围的矩形面积，而式右边的积分项为 ABED 曲线下的面积，当两个面积相等时，有 $S_A = S_B$，此时循环比为最优。图 3－17中的 S_A 和 S_B 的面积相等时，循环反应器的体积是最小的，此时的循环比为最优的。

3.5　选择反应器型式与操作方法的一般规则

在石油化工生产中，对一定的生产任务，选择什么型式的反应器以及采取何种操作方法比较适宜，需要结合化学反应系统的动力学特性与反应器的操作特性进行综合比较加以确定。有许多因素需要考虑，如操作的安全、稳定和灵活性、设备费用和操作费用等。但是整个过程的经济效益是我们要考虑的最根本问题。依据过程经济性的原则选择反应器的型式及操作方法主要应从两个方面去考虑：第一是设备的生产能力大小，对于给定的生产任务，反应器的体积要小；第二是产品的分布，包括目的产物的收率和选择性等。对简单反应来说，产物是确定的，没有产品分布的问题，因此选择反应器时主要考虑反应器的生产能力，即反应器的大小。对于复合反应，以上两点往往互相矛盾。由于副产物的多少往往对原料的消耗、能量的利用以及分离过程的难易具有重大影响，因此在转化率相同时，反应的选择性是复合反应在进行反应器选型时所要考虑的中心问题。

3.5.1 生产能力的比较

前面介绍了三种简单反应器，即间歇反应器、平推流反应器和全混流反应器。根据三种反应器的特点及基础设计式，可以在不同动力学关系时对它们的生产能力进行比较。

（1）间歇反应器和平推流反应器比较

对比间歇反应器和平推流反应器的基础设计式，会发现这两种反应器中所进行的反应过程具有完全相同的特征。只不过间歇反应器基础设计式中采用的是反应时间 t 为参数，而平推流反应器中使用的是空时 τ，它与反应器的长度有对应关系。因此二者的积分结果一样，即具有相同的函数形式。

虽然平推流反应器与间歇反应器有上述共同的特点，但是二者在操作状态上却有很大差别。平推流反应器在操作时处于稳定流动状态；间歇反应器在操作中与外界没有物料交换。对间歇反应器来说，除了要考虑反应所需时间外，还要考虑装料、卸料、清洗反应器等所用的辅助操作时间。因此完成相同的生产任务，采用间歇反应器体积要比平推流反应器大。另外，间歇反应器分批操作、产品质量不易稳定，而且间歇生产劳动强度大，这些都是设计者应该考虑的。但是间歇操作的灵活性比较大，容易更换产品，可用同一个设备生产多种产品，适用于生产规模较小而品种牌号较多的场合。平推流反应器则因连续操作，产品质量稳定，适于大规模生产。

（2）平推流反应器和全混釜比较

两种不同型式的反应器，哪一种生产能力大，主要取决于反应器内反应速度的大小。相同的生产任务，反应速度大者，需要的反应器体积小。反应速度是反应温度和反应物浓度的函数。在操作温度相同时，我们只考虑反应物浓度的影响。

对 n 级反应，动力学方程式为：

$$(-r_A) = -\frac{1}{V}\frac{dN_A}{dt} = kC_A^n = k\left[\frac{C_{A0}(1-x_A)}{1+\varepsilon_A x_A}\right]^n$$

以下标 p 代表平推流，m 代表全混流，将动力学方程式代入两种反应器的基础设计式。

平推流：

$$\tau_p = \frac{V_p}{v_0} = \frac{1}{kC_{A0}^{n-1}}\int_0^{x_A}\frac{(1+\varepsilon_A x_A)^n}{(1-x_A)^n}dx_A \tag{3-41}$$

全混流：

$$\tau_m = \frac{V_m}{v_0} = \frac{1}{kC_{A0}^{n-1}}\frac{(1+\varepsilon_A x_A)^n x_A}{(1-x_A)^n} \tag{3-42}$$

为便于比较将二式相除，得：

$$\frac{(\tau C_{A0}^{n-1})_m}{(\tau C_{A0}^{n-1})_p} = \frac{\left[\left(\frac{1+\varepsilon_A x_A}{1-x_A}\right)^n x_A\right]_m}{\left[\int_0^{x_A}\frac{(1+\varepsilon_A x_A)^n}{(1-x_A)^n}dx_A\right]_p} \tag{3-43}$$

恒容系统中，$\varepsilon_A=0$，式(3-43)可进一步简化。对一级反应，$n=1$：

$$\frac{(\tau C_{A0}^{n-1})_m}{(\tau C_{A0}^{n-1})_p}=\frac{\left(\frac{x_A}{1-x_A}\right)_m}{[-\ln(1-x_A)]_p} \tag{3-44}$$

对非一级反应，即 $n\neq1$ 时：

$$\frac{(\tau C_{A0}^{n-1})_m}{(\tau C_{A0}^{n-1})_p}=\frac{\left[\frac{x_A}{(1-x_A)^n}\right]_m}{\left[\frac{(1-x_A)^{1-n}-1}{n-1}\right]_p} \tag{3-45}$$

计算式(3-43)，将不同反应级数及不同 ε_A 的计算结果进行标绘，如图 3-18 所示。在相同的进料流率 F_{A0} 及浓度 C_{A0} 的条件下，曲线上某个点其纵坐标表示达到对应转化率时所用的全混釜与平推流反应器的体积之比值。从图中可以看出，对于反应级数大于零的反应，两种反应器的体积比大于 1。

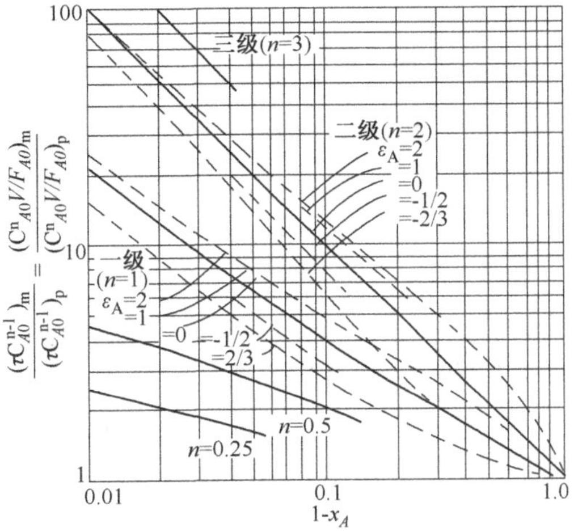

图 3-18　简单反应器性能的比较

当反应级数较大时，反应物浓度对反应速度的影响变大，因而两种反应器的体积比也更大。也就是说达到相同的转化率，随着反应级数的增加，与平推流反应器相比，全混釜所需要的反应体积也增加。对于零级反应，浓度对反应速度没有影响，对两种反应器体积也没有影响。反应级数小于零的反应与上面所述规律相反，完成同样的生产任务所需的反应器体积，平推流反应器反而比全混釜要大。

图 3-18 中还给出了不同转化率时平推流与全混流两种反应器的体积比。可以看出，当转化率较小的时候，反应器内物料流动对反应器性能的影响较小；当转化率接近于零时，两种反应器的体积比接近于 1。随着转化率的增加，流动状态对反应器生产能力的影响显著增加；达到同样的转化率，两种反应器的体积比变大。

反应过程中物料体积的变化对反应器的生产能力也有影响。对于膨胀率 ε_A 大于零的情况，即反应过程中反应系统体积变大的反应，两种反应器的体积比与恒容情况相比要变大。反之，ε_A 小于零则体积比变小。但与反应级数和转化率相比物料体积变化对反应器生产能力的影响居第二位，其影响程度要小得多。

由此可以得出结论，在选择反应器型式的时候，要考虑反应的级数和要求达到的转化率程度。从生产能力的角度出发考虑一个简单反应，如果反应级数高，要求的转化率也高，这时应优先选择平推流反应器。如果一个反应允许的操作温度范围较窄，而反应的热效应较大，只能使用全混釜反应器时，可以采用多釜串联操作，使反应器性能较为接近于平推流反应器。

3.5.2 反应选择性的比较

第二章对选择性进行了定义并以平行反应与连串反应为例讨论了动力学因素对选择性的影响。在平推流反应器中，反应物浓度沿流动方向的变化与反应过程浓度的自然变化相一致，因此第二章中对选择性所作讨论完全适用于平推流反应器。对于全混流反应器情况则有所不同，由于反应物与产物的均匀混合，化学反应始终在低浓度下进行，选择性除受到动力学因素影响外，还与反应器中流体的流动状况有关，需一并考虑。本节仍以平行反应与连串反应为例研究全混釜中产物的选择性并对同一化学反应在不同反应器中进行时产物的选择性进行比较，从而对选择反应器型式与操作方法的一般原则作出定性的说明。

(1) 平行反应

对如下平行反应：

$$\nu_{A1}A + \nu_{B1}B \longrightarrow \nu_p P$$

$$\nu_{A2}A + \nu_{B2}B \longrightarrow \nu_s S \tag{3-46}$$

反应物的消耗速率为：

$$(-r_A) = (-r_A)_1 + (-r_A)_2$$

式中，$(-r_A)_1 = k_1 C_A^{\alpha_1} C_B^{\beta_1}$ (3-47)

$$(-r_A)_2 = k_2 C_A^{\alpha_2} C_B^{\beta_2} \tag{3-48}$$

根据式(2-24)目的产物P的总选择性定义为：

$$\phi_p = \frac{\text{生成目的产物 P 的物质的量(mol)}}{\text{反应中消耗的关键组分 A 的物质的量(mol)}} = \frac{C_p}{C_{A0} - C_A}$$

目的产物P的瞬时选择性为：

$$S_P = \frac{\text{单位时间内生成目的产物 P 的物质的量(mol)}}{\text{单位时间消耗的关键组分 A 的物质的量(mol)}}$$

$$= \frac{(-r_A)_1}{(-r_A)_1 + (-r_A)_2} = \frac{1}{1 + \dfrac{k_2}{k_1} C_A^{\alpha_2-\alpha_1} \cdot C_B^{\beta_2-\beta_1}} \tag{3-49}$$

全混釜反应器中反应温度与反应物浓度均不随时间与空间位置改变，总选择性与瞬时选择性相同，即：

$$\phi_P = S_P \tag{3-50}$$

(为了和第二章的选择性保持一致，这里 $\bar{S}_p$ 改为 ϕ_P)

可利用式(3-49)讨论温度与操作方式对选择性的影响。先考虑温度的影响，浓度不变时：

$$S_P = \frac{1}{1 + K \cdot \dfrac{k_{20}}{k_{10}} e^{-(E_2-E_1)/RT}} \tag{3-51}$$

式中 $K = C_A^{\alpha_2-\alpha_1} \cdot C_B^{\beta_2-\beta_1}$，为常数。

当 $E_1 > E_2$，即主反应活化能大于副反应活化能时，提高反应温度有利于提高选择性。

当 $E_2 > E_1$ 时，降低反应温度有利于提高选择性；但降低温度会使反应速度变小，影响生产能力。因此，应对生产能力与选择性进行综合评价，确定最佳方案。

其次考虑浓度对选择性的影响。温度不变时 k_2/k_1 为常数，当 $C_A^{\alpha_2-\alpha_1} \cdot C_B^{\beta_2-\beta_1}$ 较小时，S_P 较大。对 α_1 与 α_2 和 β_1 与 β_2 相对大小可能出现的三种不同情况，表 3－3 与表 3－4 列出了取得较高选择性的接触模式。

表 3－3　平行反应在间歇反应器中取得较高选择性的接触模式

动力学特点	$\alpha_1 > \alpha_2 \quad \beta_1 > \beta_2$	$\alpha_1 < \alpha_2 \quad \beta_1 < \beta_2$	$\alpha_1 > \alpha_2 \quad \beta_1 < \beta_2$
控制浓度要求	使 C_A、C_B 均高	使 C_A、C_B 都低	使 C_A 高、C_B 低
操作示意图	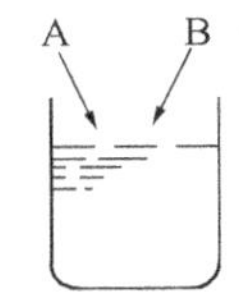	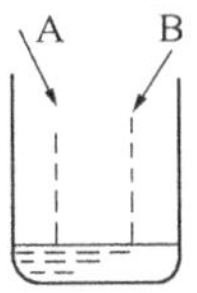	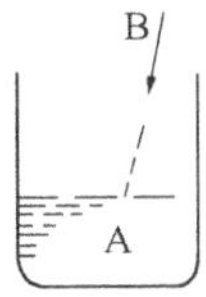
加料方法	瞬时加入全部 A、B	缓慢加入 A 和 B	A 先加入再缓慢加 B

表 3－4　平行反应在连续流动反应器中取得较高选择性的接触模式

动力学特点	$\alpha_1 > \alpha_2 \quad \beta_1 > \beta_2$	$\alpha_1 < \alpha_2 \quad \beta_1 < \beta_2$	$\alpha_1 > \alpha_2 \quad \beta_1 < \beta_2$
控制浓度要求	使 C_A、C_B 均高	使 C_A、C_B 都低	使 C_A 高、C_B 低
操作示意图	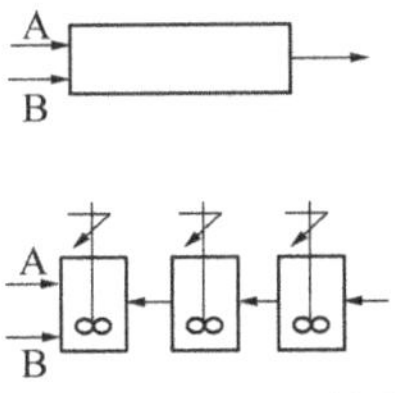	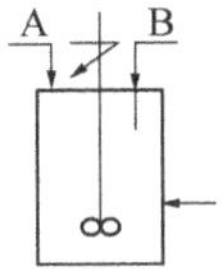	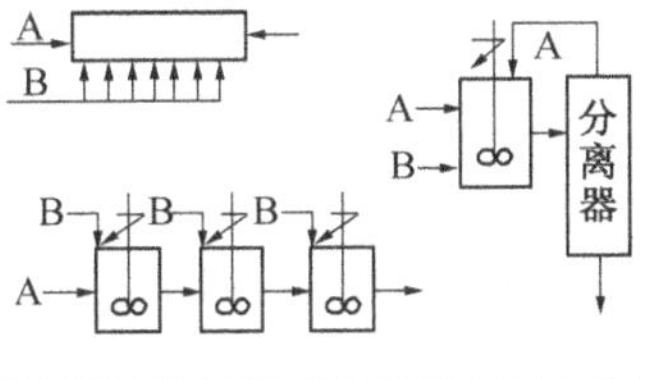
浓度分布图	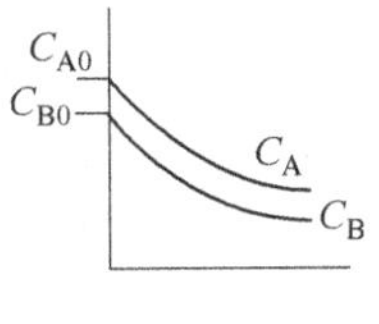	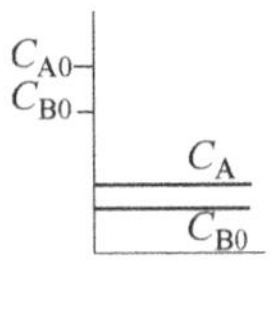	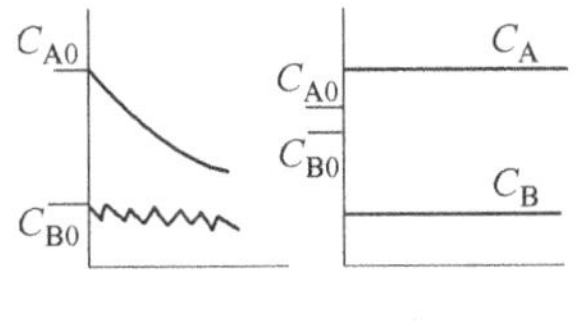

【例 3－12】　对平行反应：

$$A \longrightarrow B,\ (-r_A)_1 = k_1 = 2$$

$$A \longrightarrow C,\ (-r_A)_2 = k_2 C_A = C_A$$

$C_{A0} = 4\text{mol/L}$，速率常数 $k_2 = 1\text{mol/L} \cdot \text{min}$，B 为目标产物，C 为副产物。当 A 的转化率为 90% 时，计算 PFTR 和 CSTR 中生成物 B 的选择性。

【解】反应物 A 的消耗速率为：

$$(-r_A) = (-r_A)_1 + (-r_A)_2 = k_1 + k_2 C_A = 2 + C_A$$

对于 PFTR，由基础设计式积分得：

$$\tau = -\int_{C_{A0}}^{C_A} \frac{dC_A}{-r_A} = -\int_{C_{A0}}^{C_A} \frac{dC_A}{2 + C_A} = \ln \frac{2 + C_{A0}}{2 + C_A} = \ln \frac{2 + 4}{2 + 0.4} = 0.92(\text{min})$$

B 的生成速率为：

$$\frac{dC_B}{d\tau} = 2$$

$$C_B = 2\tau = 1.83(mol/L)$$

B 的选择性为：

$$\phi_B = \frac{C_B}{C_{A0} - C_A} = \frac{1.83}{4 - 0.4} = 0.51$$

对于 CSTR，根据基础设计式(3－19b)：

$$\tau = \frac{C_{A0} - C_A}{-r_A} = \frac{C_{A0} - C_A}{2 + C_A}$$

$$C_{A0} - C_A = \tau(2 + C_A)$$

$$C_A = \frac{C_{A0} - 2\tau}{1 + \tau}$$

$$C_B = 2\tau$$

$$\frac{dC_C}{d\tau} = C_A$$

$$C_C = \tau C_A$$

$$C_C = \frac{C_{A0}\tau - 2\tau^2}{1 + \tau}$$

当 A 的转化率为 90% 时，停留时间为：

$$\tau = \frac{C_{A0} - C_A}{2 + C_A} = \frac{4 - 0.4}{2 + 0.4} = 1.5(min)$$

$$C_B = 2\tau = 3(mol/L)$$

在 CSTR 中 B 的总选择性为：

$$\phi_B = \frac{C_B}{C_{A0} - C_A} = \frac{3.0}{4 - 0.4} = 0.83$$

从上例中可见，对于要求转化率为 90% 的反应，CSTR 需要的停留时间更长(动力学方程必须为正级数)，但 CSTR 中 B 的选择性更高，因此为了获得较高的 B 的选择性，应选择全混流反应器，反应器的体积也相应要大些。此种情况与表 3－4 中第二列相似。

【例 3－13】 对如下液相反应：

$$A + B \xrightarrow{k_1} R \qquad (R 为目标产物)$$

$$A + B \xrightarrow{k_1} S$$

动力学方程为：

$$dC_R/dt = k_1 C_A C_B^{0.3} \qquad mol/L \cdot min$$

$$dC_S/dt = k_1 C_A^{0.5} C_B^{1.8} \qquad mol/L \cdot min$$

反应物 A 和 B 的进料浓度 $C_{A0} = C_{B0} = 20mol/L$，$k_1 \approx k_2$，求下列情况下纯 A 和纯 B 转化率为 90% 时，目的产物的瞬时选择性，要求出口浓度 $C_A = 1mol/L$。

(a)平推流反应器；(b)全混流反应器；(c)平推流反应器，A 从反应器进口加入，B 沿流动方向逐渐加入，使 B 在反应器中任何位置 $C_B = 1mol/L$。

【解】根据式(3－49)：

$$S_R = \frac{dC_R}{dC_R + dC_S} = \frac{1}{1 + \frac{k_2}{k_1} C_A^{0.5-1} C_B^{1.8-0.3}}$$

已知 $k_1 \approx k_2$，且 $-dC_A = dC_R + dC_S$，所以：

$$\frac{dC_R}{-dC_A} = \frac{1}{1 + C_A^{-0.5} \cdot C_B^{1.5}} \quad (A)$$

（a）平推流反应器，且 $C_{A0} = C_{B0}$，则有 $C_A = C_B$。

对 A 式积分：

$$C_R - C_{R0} = \int_{C_A}^{C_{A0}} \frac{dC_A}{1 + C_A} = \ln\left[\frac{1 + C_{A0}}{1 + C_A}\right]$$

A 和 B 混合后进料浓度稀释一倍，则混合后进料浓度变为：

$C_{A0} = C_{B0} = 20/2 = 10\text{mol/L}$；$C_{R0} = 0$，

代入选择性定义式：

$$\phi_R = \frac{C_R}{C_{A0} - C_A} = \frac{\ln[(1 + C_{A0})/(1 + C_A)]}{C_{A0} - C_A} = \frac{\ln\left(\frac{1 + 10}{1 + 1}\right)}{10 - 1} = 0.19$$

（b）全混流反应器，$\phi_R = S_R$

$$\phi_R = S_R = \frac{1}{1 + C_A} = 0.5$$

（c）平推流反应器如图 3－19 所示，维持 B 浓度较低。

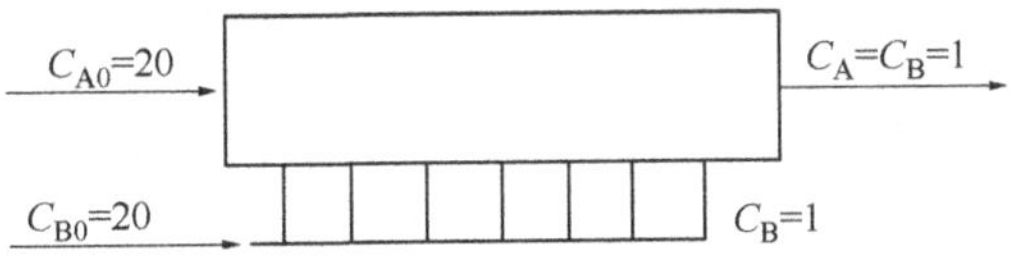

图 3－19　例 3－12 反应物进料模式

$$C_R - C_{R0} = \int_{C_A}^{C_{A0}} \frac{dC_A}{1 + C_A^{-0.5}} = \left[(C_A^{0.5} - 1)^2 + 2\ln\left(\frac{1 + C_A^{0.5}}{2}\right)\right]_1^{19}$$

$$\phi_R = \frac{C_R}{C_{A0} - C_A} = 0.736$$

本例中对反应物 A，主反应级数大于副反应级数；对反应物 B，主反应级数小于副反应级数。此种情况与表 3－4 中第三列相同，因此选择表中所推荐接触模式可以得到最高的选择性。

（2）连串反应

对连串反应 $A \xrightarrow{k_1} R \xrightarrow{k_2} S$，速率方程可表示为：

$$(-r_A) = -\frac{dC_A}{dt} = k_1 C_A \quad (3-52)$$

$$r_R = \frac{dC_R}{dt} = k_1 C_A - k_2 C_R \quad (3-53)$$

$$r_S = \frac{dC_S}{dt} = k_2 C_R \quad (3-54)$$

在全混流反应器中操作，对各组分分别进行物料衡算。

对反应物 A，

$$C_{A0}v_0 = C_A v_0 + k_1 C_A V$$

$$\frac{C_A}{C_{A0}} = \frac{1}{1 + k_1\tau} \tag{3-55}$$

对 R：

$$0 = C_R v_0 + (k_2 C_R - k_1 C_A)V \tag{3-56}$$

对 S：

$$0 = C_S v_0 - k_2 C_R V \tag{3-57}$$

将以上三式结合可推出：

$$\frac{C_R}{C_{A0}} = \frac{k_1\tau}{(1 + k_1\tau)(1 + k_2\tau)} \tag{3-58}$$

$$\frac{C_S}{C_{A0}} = \frac{k_1 k_2 \tau^2}{(1 + k_1\tau)(1 + k_2\tau)} \tag{3-59}$$

以上推导中为简化问题，假定 $C_{R0}=0$。利用式(3-55)与式(3-58)，可得到产物 R 的选择性关系式。

$$C_{A0} - C_A = C_{A0}\left(\frac{k_1\tau}{1 + k_1\tau}\right)$$

$$C_R - C_{R0} = \frac{C_{A0}k_1\tau}{(1 + k_1\tau)(1 + k_2\tau)}$$

$$\phi_R = \frac{C_R - C_{R0}}{C_{A0} - C_A} = \frac{1}{1 + k_2\tau} \tag{3-60}$$

利用式(3-55)与式(3-59)，可得到产物 S 的选择性关系式。

$$\phi_S = \frac{C_S - C_{S0}}{C_{A0} - C_A} = \frac{k_2\tau}{1 + k_2\tau} \tag{3-61}$$

可以看出，一级不可逆连串反应产物选择性是 k_2 与 τ 的函数。以 k_2/k_1 为参数，可将浓度对空时 τ 或转化率 x_A 作图。比较图 3-20 与平推流反应器中一级连串反应各组分浓度随转化率改变的情况(图 2-9)，可得到以下几点结论。

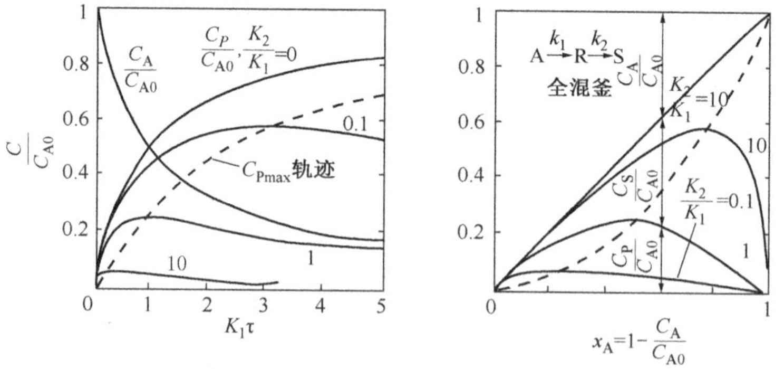

(a) 浓度-时间关系　　(b) 反应组分浓度关系

图 3-20　全混釜中一级不可逆连串反应物料浓度随 x_A 的改变

① 与平推流反应器相同，产物 R 的浓度在 $C-\tau$ 图中也出现极大值点。微分式(3-58)并令：

$$dC_R/d\tau = 0$$

可得到 C_R 极大值的表达式以及相对应的 τ 值：

$$\left(\frac{C_R}{C_{A0}}\right)_{max} = \frac{1}{\left(\frac{k_2}{k_1}\right)^{1/2}+1} \tag{3-62}$$

$$\tau_{m,opt} = \frac{1}{(k_1k_2)^{1/2}} \tag{3-63}$$

只有当 $k_1=k_2$ 时，平推流反应器的 $\tau_{P,opt}$ 与全混流反应器的 $\tau_{m,opt}$ 相等，其余情况下均有：

$$\tau_{m,opt} > \tau_{P,opt}$$

② 以 k_2/k_1 为参数，将产物 R 的选择性对转化率 x_A 作图，可得到图 3－21。可以看出，转化率相同时，平推流反应器产物 R 的选择性总是比全混流反应器高。

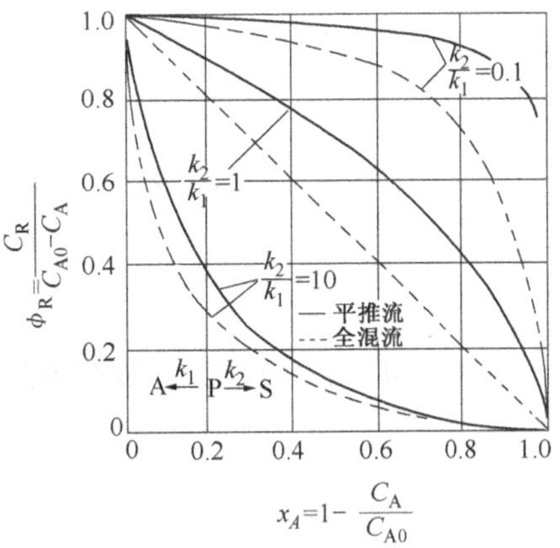

图 3－21 两种反应器中选择性比较

③ 设计反应器时，k_2/k_1 值的大小对选择转化率 x_A 十分重要。如果 $k_2/k_1>1$，则 ϕ_R 随 x_A 增大而迅速下降。为避免生成过多的副产物，应选择在较低转化率下操作，将出口物料中的反应物 A 分离后再返回反应器中。如果 $k_2/k_1<1$，则可以在较高转化率下操作而不致产生大量副产物。

【例 3－14】 连串反应：

$$A \xrightarrow{k_1} R \xrightarrow{k_2} S$$

$$k_1 = 3.6\times10^{-4}s^{-1} \quad k_2/k_1 = 4.7$$

试求出：(a) 平推流反应器当 $x_A=0.5$ 时产物 R 的选择性 $(\phi_R)_p$；(b) 全混流反应器的选择性 $(\phi_R)_m$；(c) 若需将全混流反应器的选择性提高到 0.6，应选择转化率为多少？R 产量不变反应器尺寸如何？

【解】(a) 平推流反应器 $(\phi_R)_P$：

$$(\phi_R)_P = \frac{k_1}{k_1-k_2}\left(\frac{e^{-k_2\tau}-e^{-k_1\tau}}{1-e^{-k_1\tau}}\right)$$

当 $x_A=0.5$ 时：

$$k_1\tau = -\ln(1-x_A) = 0.693$$

$$k_2\tau = 4.7k_1\tau = 3.257$$

$$(\phi_R)_P = \frac{1}{1-4.7}\left(\frac{0.0385-0.5001}{1-0.5001}\right) = 0.250$$

(b) 全混流反应器 $(\phi_R)_m$ 由式(3－60)给出：

$$(\phi_R)_m = \frac{1}{1+k_2\tau} = 0.235$$

(c) 选择性为 0.6 时：

$$k_2\tau' = \frac{1}{(\phi_R)'_m} - 1 = 0.67$$

$$x'_A = \frac{k_1\tau'}{1+k_1\tau'} = \frac{0.67/4.7}{1+0.67/4.7} = 0.124$$

此种情况下，产物 R 浓度较低，根据式(3－58)有：

$$\frac{C'_{R}}{C_{R}}=\frac{k_1\tau'}{(1+k_1\tau')(1+k_2\tau')}\cdot\frac{(1+k_1\tau)(1+k_2\tau)}{k_1\tau}$$
$$=\frac{0.67/4.7}{(1+0.67/4.7)(1+0.67)}\cdot\frac{(1+1)(1+3.257)}{1}$$
$$=0.636$$

维持 R 产量不变，应有：

$$v_0C_R=v'_0C'_R$$

$$v'_0=v_0\cdot\frac{C_R}{C'_R}=\frac{v_0}{0.636}$$

$$\frac{V'}{V}=\frac{k_2\tau'}{k_2\tau}\cdot\frac{v'_0}{v_0}=\frac{0.67}{3.257}\cdot\frac{1}{0.636}=0.324$$

计算结果显示，使用原反应器三分之一大的全混釜即可满足生产要求，且能减少副产物的量。可见选择适当的转化率对产物控制具有重要意义。

3.6 非等温过程反应器的计算

温度对化学反应有重要影响。前面几节主要讨论等温反应过程。然而在石油化工实际生产中，等温反应条件并非总能达到，而且对有些反应，为了获得最优的产品分布和合适的反应速度，常常安排在非等温条件下操作。因此对非等温反应过程的研究是必要的。

3.6.1 间歇反应器

对整个反应器进行热量衡算，因无物料的进出及由此引起的热量改变，衡算式只有三项：

$$V(-r_A)(-\Delta H_R)\mathrm{d}t+UA(T_m-T)\mathrm{d}t=W_t\overline{C'_p}\mathrm{d}T \tag{3-64}$$

式中，左侧第一项表示因化学反应而放出的热量，第二项表示向环境传递的热量。右侧项表示由于热量积累而引起体系温度的升高。$-(\Delta H_R)$为反应的热效应，U 为传热系数，A 为传热面积，T_m 与 T 分别为换热介质与反应体系的温度。$\overline{C'}_p$ 为单位重量物料的平均比热容。

如果是绝热操作，式中第二项为零，计算尚可进一步简化。

进行反应器设计计算时，一般需将物料衡算式与热量衡算式联立求解。

【例 3－15】 某液相反应 A→R 为 1.5 级反应，速率方程式可表示为；

$$(-r_A)=k_0\exp(-E/RT)C_A^{1.5} \tag{3-65}$$

式中，$(-r_A)$为反应物 A 消耗速率，mol/L·h；k_0 为 1.5×10^{11}；$E=64015$J/mol。如果反应在绝热条件下进行，要求达到 $x_A=0.8$ 的转化率，求反应时间。其他已知条件为：$-(\Delta H_R)=146440$J/mol，$C_{A0}=0.2$mol/L，$C_p=3.975$J/g·K，反应物密度 $\rho=1.1$g/cm³，初始温度 20℃。

【解】间歇反应器基础设计式为：

$$t=C_{A0}\int_0^{x_A}\frac{\mathrm{d}x_A}{(-r_A)}$$

将式(3－65)代入基础设计式：

$$t=C_{A0}\int_0^{x_A}\frac{\mathrm{d}x_A}{k_0\exp(-E/RT)C_{A0}^{1.5}(1-x_A)^{1.5}} \tag{3-66}$$

可见反应时间与反应温度及转化率有关。由于是绝热操作，热量衡算式为：

$$V(-r_A)(-\Delta H_R)\mathrm{d}t = W_t \bar{C}'_p dT \quad (3-67)$$

物料衡算式为：

$$V(-r_A)\mathrm{d}t = N_{A0}\mathrm{d}x_A$$

或 $(-r_A)dt = C_{A0}dx_A$ (3-68)

将式(3-68)代入式(3-67)可得到：

$$(-\Delta H_R)C_{A0}\mathrm{d}x_A = \rho\bar{C}'_p\mathrm{d}T$$

对上式积分，由于反应热及热容均为常数，可以得到：

$$T = T_0 + \frac{(-\Delta H_R)C_{A0}}{\rho\bar{C}'_p}x_A \quad (3-69)$$

将式(3-69)所表示的关系代入式(3-66)并进行数值积分，求出反应时间 $t = 6.936\mathrm{h}$。

3.6.2 平推流反应器

(1) 热量衡算式的建立

取微元管段 dl 进行热量衡算，由于物料在反应器中处于稳定流动状态，所以没有热量积累。物料进入微元管段所带入的热量为：

$$\sum F_i C_{pi} T = F_t C_{pt} T$$

物料离开微元管段带出的热量为：

$$\sum F_i C_{pi}(T + \mathrm{d}T) = F_t C_{pt}(T + \mathrm{d}T)$$

事实上，$F_i C_{pi}$ 的值在微元管段的进出口由于组成不同而有所差别。若近似地视为相等，可使衡算式简化。

物料由于反应而吸收的热量为：

$$(-r_A)(\Delta H_R)S\mathrm{d}l = F_{A0}\mathrm{d}x_A \cdot (\Delta H_R)$$

体系通过管壁向环境散热为：

$$UA(T - T_m)$$

上述各项代入热量衡算式，整理后可得：

$$F_i C_{pi}\mathrm{d}T = F_{A0}\mathrm{d}x_A(-\Delta H_R) - UA(T - T_m) \quad (3-70)$$

式中，下标 i 表示组分、下标 t 表示总物料；A 表示微元管段的表面积 $A = \pi D\mathrm{d}l$；S 为微元管段截面积 $S = \pi D^2/4$。T_m 为换热介质温度。式(3-70)可改写成：

$$\frac{\mathrm{d}T}{\mathrm{d}x_A} = F_{A0}\left[(-\Delta H_R) - \frac{UA(T - T_m)}{F_{A0}\mathrm{d}x_A}\right]/F_t C_{pt} \quad (3-71)$$

微元管段中的物料衡算得到：

$$F_{A0}\mathrm{d}x_A = (-r_A)S\mathrm{d}l$$

代入式(3-71)得到：

$$\frac{\mathrm{d}T}{\mathrm{d}x_A} = F_{A0}\left[(-\Delta H_R) - \frac{UA(T - T_m)\pi D}{S(-r_A)}\right]/F_t C_{pt} \quad (3-72)$$

或
$$\frac{\mathrm{d}T}{\mathrm{d}l} = \frac{S(-r_A)(-\Delta H_R) - \pi DU(T - T_m)}{F_t C_{pt}} \quad (3-73)$$

式(3-72)与式(3-73)就是平推流反应器温度随转化率或管长变化的关系式。式中，反应热$(-\Delta H_R)$是物料温度的函数，定压热容也是物料温度和组成的函数。而物料的温度及组成在非等温过程中都与转化率 x_A 有关。在非恒容系统中，总摩尔流量也是转化率的函数。因此在应用以上二式进行计算时，应考虑到$(-\Delta H_R)$、C_p、F_i 随转化率或管长的变化。

根据反应器的实际操作情况，式(3－72)与式(3－73)有时尚可进一步简化。

① 绝热过程

$$\mathrm{d}T = \frac{F_{A0}(-\Delta H_R)\mathrm{d}x_A}{F_t C_{pt}} \tag{3-74}$$

如果物料的定压比热随温度的变化接近于线性关系，常可用进出口温度下比热的算术平均值作为平均比热进行积分。将$(-\Delta H_R)$视为常数。

$$T - T_0 = \frac{F_{A0}(-\Delta H_R)}{F_t C_{pt}}(x_{A2} - x_{A1}) \tag{3-75}$$

可利用式(3－75)估算绝热反应器出口温度。如果反应器进口反应物 A 的转化率 $x_A=0$，当 A 全部转化即 $x_{A2}=1$ 时，上式成为：

$$\lambda = T - T_0 = \frac{F_{A0}(-\Delta H_R)}{F_{t0}\bar{C}_{pt}} = \frac{y_{A0}(-\Delta H_R)}{\bar{C}_{pt}} \tag{3-76}$$

式中，y_{A0}为气体混合物中组分 A 的初始摩尔分率。λ 称为绝热温升，它是指在绝热条件下反应物 A 全部转化后物料温度可达到的数值。λ 给出了绝热反应器中化学反应所能引起物料温度变化的极限值，在对反应器进行初步设计时是一个重要的参考数据。

② 恒温操作

恒温操作在计算反应器体积时不需使用热量衡算式，但在进行传热计算时则必须考虑进行热量衡算。恒温操作时进出反应器物料温度相等，$\mathrm{d}T=0$，能量衡算式变为：

$$F_{A0}\mathrm{d}x_A(-\Delta H_R) = U\pi D(T - T_m)\mathrm{d}l \tag{3-77}$$

或

$$(-r_A)(-\Delta H_R) = \frac{4}{D}U(T - T_m) \tag{3-78}$$

即反应过程的热效应完全通过反应器壁的传热来平衡。

③ 非绝热、非等温操作

此种情况下需使用式(3－72)或式(3－73)进行热量衡算。

对于传热速率恒定的过程，例如管式裂解炉，传热速率或热强度可近似地视为常数，不随反应管长度而改变。式(3－70)可改写为：

$$\int_{T_0}^{T} F_t C_{pt}\mathrm{d}T = \int_0^L \frac{\pi D^2}{4}(-r_A)(-\Delta H_R)\mathrm{d}l - q\pi DL \tag{3-79}$$

有时传热温差变化很大，而传热系数 U 可近似视为常数，式(3－73)可改写成：

$$\int_{T_0}^{T} F_t C_{pt}\mathrm{d}T = F_{A0}\int_0^{x_A}(-\Delta H_R)\mathrm{d}x_A - \pi DU\int_0^L (T - T_m)\mathrm{d}l \tag{3-80}$$

如果用平均热容求解上述计算式，大多需采用试差法，即首先假定一个出口温度计算平均热容，利用公式算出出口温度并与假设温度比较。如果两温度在允许误差范围内，则计算完毕，否则需重设出口温度，再次计算直至满足要求为止。

(2) 数值解法与解题实例

进行非等温操作平推流反应器的设计计算需要将反应的动力学方程式、物料衡算式与热量衡算式联立求解。此外，如果反应物流体的压力降较大从而对化学反应速度有显著影响时，还需要进行压降计算。由于要对多个微分方程联立求解，一般要在计算机上使用数值解法进行计算。

物料衡算由式(3－12)给出，对于圆管有：

$$F_{A0}dx_A = \frac{\pi D^2}{4}(-r_A)dl$$

热量衡算式由式(3－73)给出：

$$\sum (F_iC_{pi})dT = S(-r_A)(-\Delta H_R)dl - U\pi D(T - T_m)dl$$

流体流动的压强损失由下式计算：

$$-\frac{\Delta p}{L} = \frac{2fu^2\gamma}{Dg} = \frac{2fG^2}{Dg\gamma} \qquad (3-81A)$$

其微分形式为：

$$\frac{dp}{dl} = -\frac{2fG^2}{Dg\gamma} \qquad (3-81B)$$

式(3－81)单位通常为 $kg/m^2 \cdot m$，其中摩擦系数 f 取决于流体流动状态和管内表面粗糙度。

当 $Re \leqslant 2100$ 时：$f = 16/Re$ (3－82)

当 $2100 < Re < 4000$ 时：$\frac{1}{\sqrt{f}} = -4.0\lg\left(\frac{\varepsilon/D}{3.7} + \frac{1.255}{Re\sqrt{f}}\right)$ (3－83)

式中，ε/D 为管内表面的相对粗糙度。

当 $4000 \leqslant Re \leqslant 10^8$ 时：$\frac{1}{\sqrt{f}} = 3.6\lg\left[\frac{Re}{0.135(Re\varepsilon/D + 6.5)}\right]$ (3－84)

对于光滑管：

$$f = 0.046/Re^{0.2} \qquad (3-85)$$

以上各式中 Re 定义为：

$$Re = \frac{Du\gamma}{\mu g} \qquad (3-86)$$

管子的粗糙度见表3－5。当反应管有拐弯部件时必须计入局部损失，可查阅一般化学工程教材或设计手册中流体输送部分。

表3－5　常用管材粗糙度数据

管材	冷拔管	涂沥青铸铁管	铸铁管	钢管	镀锌管
粗糙度 ε/mm	0.00152	0.122	0.259	0.0457	0.152

有了以上关系式，就可以计算反应器出口的温度、压力、转化率及反应器的体积。因为反应器内温度、压力与物料体积一般随管长而改变，物料衡算式与热量衡算式不能直接积分，只能采用数值解法。随着电子计算应用的普及，数值计算已得到广泛应用，本节将对数值解法进一步说明。

将反应器沿管长方向分成若干小区段 Δl，将物料衡算及热量衡算式改写成差分式，从反应器入口开始进行逐段计算。具体步骤如下：

① 确定步长 Δl；

② 确定反应器进口温度、压力、物料组成等计算初值；

③ 用龙格-库塔法联解物料衡算式(3-12)、热量衡算式(3-73)以及压降计算式(3-81B)，求出第一段出口处的温度、压力、物料组成；

④ 以上一段出口作为下一段进口，按第三步方法进行计算，如此进行直到出口转化率满足要求为止；

⑤ 以表或图的形式输出转化率、反应温度及压降随管长的变化关系。

【例3-16】 乙烷裂解在一管式裂解炉中进行，炉内反应管长80m，内径0.108m，管壁厚9.5mm，热强度$q=188280\text{kJ/m}^2\cdot\text{h}$，乙烷的进料量为0.63kg/s，进料中水蒸气与乙烷的稀释比为0.4kgH_2O/kgC_2，反应管入口压力为3.04×10^5Pa，温度953K，进料组成中各组分摩尔分率为乙烷0.982、乙烯0.01、丙烷0.008。试计算温度、压力、乙烷转化率沿管长的分布以及出口产品分布。

【解】采用Sundaram和Fromet的动力学模型，如表3-6所示。

各组分的定压热容参数列于表3-7中，定压热容用下式计算：

$$C_p=(a+bT+cT^2)\times4.184\text{kJ/kmol}$$

将组分1~8在7个反应中的计量系数列入矩阵A_{ij}，$A_{ij}=(a_{ij})_{8\times7}$。

(a) 物料衡算：以F_i表示i组分流率kmol/h，则参加反应的8个组分的物料衡算式为：

$$\frac{dF_i}{dl}=-S\sum_{j=1}^{7}(a_{ij})R_j\times3600 \qquad (3-87)\sim(3-94)$$

表3-6 乙烷裂解的动力学模型

反应式	级数	反应速度	μ_o/l/s 或 m^3/kmol·s	E/(kcal/kmol)	标准反应热/(kacl/kmol)
1. $C_2H_6\longrightarrow C_2H_4+H_2$	1	$R_1=k_1y_5p/RT$	4.65×10^{13}	65210	34520
2. $C_2H_4+H_2\longrightarrow C_2H_6$	1	$R_2=k_2y_4y_1(p/RT)^2$	8.76×10^8	32690	-34520
3. $C_2H_6\longrightarrow\frac{1}{2}C_3H_8+CH_4$	1	$R_3=k_3y_5p/RT$	3.85×10^{11}	65250	-1740
4. $C_3H_6\longrightarrow C_2H_2+CH_4$	1	$R_4=k_4y_6p/RT$	9.81×10^8	38920	31841
5. $C_2H_2+CH_4\longrightarrow C_3H_6$	2	$R_5=k_5y_2y_3(p/RT)^2$	5.87×10^4	7040	-31841
6. $C_2H_2+C_2H_4\longrightarrow C_4H_6$	2	$R_6=k_6y_3y_4(p/RT)^2$	1.03×10^{12}	41260	-23440
7. $C_2H_4+C_2H_6\longrightarrow C_3H_6+CH_4$	2	$R_7=k_7y_4y_5(P/RT)^2$	7.08×10^{13}	80430	-5209

表3-7 各组分热容参数

组分		a	$b\times10^2$	$c\times10^5$
编号	分子式			
1	H_2	6.483	0.2215	-0.3298
2	CH_4	4.598	1.245	0.2880
3	C_2H_2	6.406	1.810	-1.196
4	C_2H_4	0.909	3.75	-1.994
5	$-C_2H_6$	1.292	4.25	-1.657
6	C_3H_6	0.886	5.602	-2.771
7	C_3H_8	-1.009	7.315	-3.789
8	C_4H_6	-0.403	8.165	-5.589
9	$H_2O(g)$	7.701	0.04595	0.2521

反应式j ⟶

组分 i	1	2	3	4	5	6	7
1	1	-1	0	0	0	0	0
2	0	0	0.5	1	-1	0	1
3	0	0	0	1	-1	-1	0
4	1	-1	0	0	0	-1	-1
5	-1	1	-1	0	0	0	-1
6	0	0	0	-1	1	0	1
7	0	0	0.5	0	0	0	0
8	0	0	0	0	0	1	0

式中，S 为反应管有效截面，管壁结焦厚度 1.6mm。

$$S = \frac{\pi}{4}D_i^2 = \frac{\pi}{4}(0.108 - 0.0016 \times 2)^2 = 8.625 \times 10^{-3}(\mathrm{m}^2)$$

a_{ij}为化学反应式中各组分计量系数，已列入 A_{ij}矩阵。

$i = 1, 2, \cdots, 8$　　组分号

$j = 1, 2, \cdots, 7$　　反应序号

（b）热量衡算：辐射室炉管热强度 $q = 188280\mathrm{kJ/m^2 \cdot h}$ 是以炉管外表面为基准计算的。

$$\frac{\mathrm{d}T}{\mathrm{d}l} = \left[(\pi D_0)q - S\sum_{j=1}^{7}(R_j \times \Delta H_{\mathrm{R}j} \times 3600)\right] / \sum_{i=1}^{9} F_i C_{\mathrm{p}i}$$

式中，为 D_0 炉管外径。将数据代入，得到：

$$\frac{\mathrm{d}T}{\mathrm{d}l} = \left[75120.6 - 31.05\sum_{j=1}^{7}(R_j \times \Delta H_{\mathrm{R}j})\right] / \sum_{i=1}^{9} F_i C_{\mathrm{p}i} \tag{3-95}$$

（c）压力降：

$$\frac{\mathrm{d}p}{\mathrm{d}l} = \frac{-2fG^2}{D_{\mathrm{t}}\gamma g}\omega \times 9.80665(\mathrm{Pa})$$

式中，G 为原料气质量流速，$G = 0.63 \times 1.4/8.625 \times 10^{-8} = 102.26\mathrm{kg/m^2 \cdot s}$，$\omega$ 为计入每 10m 炉管有一个 180°U 形弯头时的炉管阻力系数，$\omega = (L_{直} + 50 - 60D_i)/L_{直} \approx 1.463$；$f$ 为摩擦系数，本题 $Re = 3.57 \times 10^5$，可按光滑管取 $f = 0.0035$；物料重度 γ 按下式计算：

$$\gamma = \frac{1.4 \times 0.63 \times 3600P}{0.0848 \times T \times \sum_{1}^{9} F_i} \tag{3-96}$$

将各参数数值代入压降式得到：

$$\frac{\mathrm{d}p}{\mathrm{d}l} = -2.7274 \times 10^{-2}(T/p)\sum_{1}^{9} F_i \tag{3-97}$$

（d）其他约束条件：裂解炉管使用的钢材最高温度不得超过 1065℃，即管外壁 $T_{\mathrm{w}} <$ 1065℃为一个约束条件。根据传热公式，管外壁温度与管内流体温度间有下式关系：

$$T_{\mathrm{w}} = T + q\left(\frac{1}{\alpha}\frac{D_0}{D_{\mathrm{ck}}} + \frac{\delta_{\mathrm{ck}}}{\lambda_{\mathrm{ck}}}\frac{D_0}{D_{\mathrm{ck}}} + \frac{\delta_{\mathrm{w}}}{\lambda_{\mathrm{w}}}\frac{D_0}{\overline{D}}\right)$$

式中，δ_{ck}为焦厚，0.0016m；δ_{w} 为管壁金属厚，0.0095m；D_0、D_{ck}、$\overline{D}$ 分别为管外径、结焦后内径与管壁平均直径；λ_{ck} 与 λ_{w} 分别为焦和合金管材的导热系数，可取 $\lambda_{\mathrm{ck}} = 4.76 \times$

4. 184kJ/m · h · ℃和 $\lambda_w = 16 \times 4.184$kJ/m · h · ℃；$\alpha$ 为管内流体与内壁的给热系数，可按下式计算：

$$\alpha = 0.023 \frac{\lambda_i}{D_{ck}} (Re)^{0.8} (Pr)^{0.4}$$

在本例中取 $\alpha = 6276$kJ/m² · h · ℃，对计算结果的准确程度影响不大。将各种已知量代入壁温计算式得到：

$$T_w = T + 4.120 \times 10^{-4} q - 273.15(℃) \tag{3-98}$$

用龙格－库塔法对 8 个物料衡算式和热量衡算式、压降计算式联立求解，然后计算壁温 T_w 并检验 T_w 是否大于 1065℃。如果不大于此温度则继续下段计算，否则停止运算，修改操作条件后重新开始计算。

本例在微机上的计算结果用曲线在图 3－22 中示出。

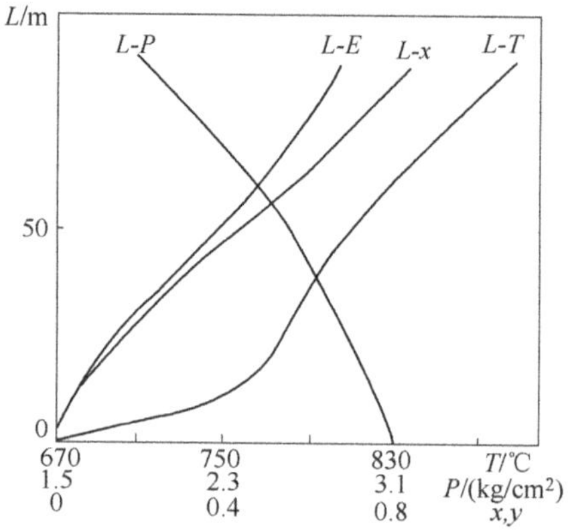

图 3－22　温度、压力、乙烷收率和乙烯转化率沿管长分布

3.6.3　全混流反应器

全混流反应器处于稳定操作状态时，体系维持恒定温度，可以利用热量衡算确定传热量及反应器换热面积。热量衡算式为：

$$G(C_p T - C_{p0} T_0) = F_{A0} \Delta X_A (-\Delta H_R) + UA(T_m - T) \tag{3-99}$$

式中，G 为进料质量流量，C_p 与 C_{p0} 分别为进料及出料定压热容。

【例 3－17】　全混釜中进行如下一级液相反应：

$$A \longrightarrow R$$

已知反应热 $\Delta H_R = -8.7 \times 10^4$kJ/kmol，反应在 200℃下进行，进料温度 20℃，反应速度常数 $k = 0.8$h^{-1}，A 与 R 比热容均为 2.3093kJ/kg · K，$\rho = 900$kg/m³。若处理物料量为 150kg/h，$C_{A0} = 3.6$kmol/m³，要求出口转化率为 0.97，求所需反应器体积与传热量。

【解】反应器体积：

$$V = \frac{v_0 C_{A0} x_{Af}}{(-r_A)_f} = \frac{v_0 C_{A0} x_{Af}}{k C_{A0}(1 - x_{Af})}$$

将已知数据代入：

$$V = \frac{150 \times 0.97}{900 \times 0.8 \times (1 - 0.97)} = 6.74(m^3)$$

按非发泡体系考虑，取装料系数 $\varphi = 0.8$，反应器实际体积为：

$$V_R = V/\varphi = 6.74/0.8 = 8.4(m^3)$$

反应过程中需移出热量：

$$\begin{aligned} Q &= UA(T_m - T) \\ &= v_0 C_{A0}(\Delta x_A) \Delta H_R + G(C_p T - C_{p0} T_0) \end{aligned}$$

将已知数据代入：

$$\begin{aligned} Q &= (150/900) \times 3.6 \times 0.97 \times (-8.7 \times 10^4) + 150 \times 2.093 \times (473 - 293) \\ &= 5877(kJ/h) \end{aligned}$$

3.7 全混釜中进行化学反应时的热稳定性

连续流动反应器在设计时是按定常态即稳定状态考虑的。在实际操作中，操作条件不会是绝对恒定不变的。反应器的热稳定性就是指当操作参数受外界干扰、偏离正常值、出现微小变化时，反应能否正常进行；当外界干扰取消，操作状态能否自动恢复到规定的正常值。

3.7.1 稳定操作的两个必要条件

全混釜的热量衡算式已在上一节中给出。若 C_p 为常数，式(3－99)可以改写成：

$$\upsilon_0\rho C_p(T-T_0)+UA(T-T_m)=V(-r_A)(-\Delta H_R) \tag{3－100}$$

式中等号左边是从全混釜中移出的热量，用 Q_r 表示之。

$$\begin{aligned}Q_r&=\upsilon_0\rho C_p(T-T_0)+UA(T-T_m)\\&=(\upsilon_0\rho C_p+UA)T-(\upsilon_0\rho C_pT_0+UAT_m)\end{aligned} \tag{3－101}$$

显然，Q_r 是反应温度 T 的线性函数。

式(3－100)等号右边是化学反应放出的热量，用 Q_g 表示之。

$$Q_g=V(-r_A)(-\Delta H_R)=F_{A0}\Delta X_A(-\Delta H_R) \tag{3－102A}$$

以一级反应为例，当进料转化率为零时，式(3－102A)可改写成：

$$Q_g=F_{A0}(-\Delta H_R)\frac{k\tau}{1+k\tau}$$

或：

$$Q_g=\frac{F_{A0}(-\Delta H_R)\tau k_0\exp(-E/RT)}{1+\tau k_0\exp(-E/RT)} \tag{3－102B}$$

式(3－102B)显示 Q_g 是温度 T 的非线性函数，Q_g-T 曲线是一条 S 形曲线。根据热量衡算关系可知，在稳定态操作必有：

$$Q_r=Q_g \tag{3－103}$$

这是全混釜稳定操作的第一个必要条件。图 3－23 所示为一级不可逆放热反应的 Q_g 与 Q_r 对 T 关系曲线。可以看出，Q_g 与 Q_r 曲线有三个交点，即有三个定常操作状态。

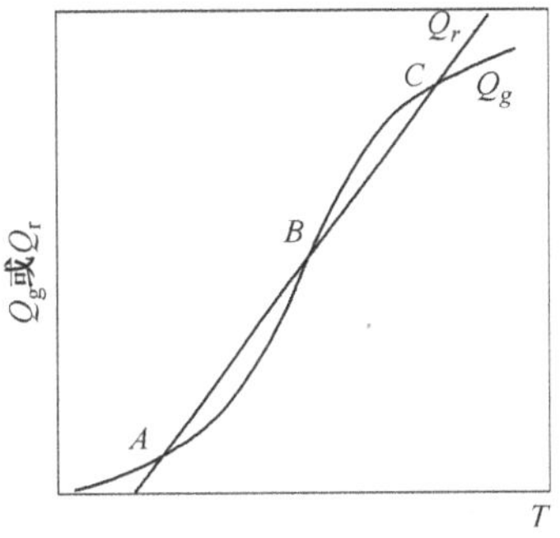

图 3－23 全混釜稳定操作的必要条件

考察图中 A、C 两点，当外界干扰使系统温度升高时，即 $dT>0$，散热将大于放热，即 $Q_r>Q_g$，系统将自动降温。反之，当扰动使系统温度下降即 $dT<0$ 时，散热将小于放热，即 $Q_r<Q_g$，系统也将自动升温。以上两种情况下当外界扰动消失时，系统都能自动恢复到原操作状态，因此称为真稳定操作点。从以上讨论可知，在真稳定操作点有：

$$\frac{dQ_r}{dT}>\frac{dQ_g}{dT} \tag{3－104}$$

图中 B 点则与此不同，当外界干扰使体系温度升高时，$Q_r<Q_g$ 系统将被加热至 C 点为止；当外界干扰使体系温度降低时，$Q_r>Q_g$ 系统将持续降温至 A 点。因此，在 B 点操作的反应体系温度只要有微小变化，就会使体系温度持续改变直到达到 A 或 C 点，B 点称为假稳定操作点。

式(3－103)与式(3－104)即为全混釜稳态操作的两个必要条件。需要指出，由于此二条件都是以稳定操作为前提得出的，未引入动态因素，所以只是必要条件而不是充分条件。

3.7.2 操作条件对稳定性的影响

（1）冷却介质温度与换热面积的影响

一般情况下，全混釜选择在温度较高、反应速度较快的 C 点进行操作。对于热敏性物质，需要在 B 点附近操作时，可以通过增大反应器换热面积和增加冷却介质温度的方法改善 B 点的稳定性。根据式(3－101)可知，提高冷却介质温度 T_m 可使 Q_r 线与 T 轴交点右移，而增加换热面积可使直线斜率增大，如图3－24所示。图中虚线为改变后的 Q_r 线，显然B点成为真稳定操作点。

（2）进料温度的影响

其他操作参数不变，改变进料温度 T_0，由式(3－101)可知 Q_r 线斜率不变但直线平行移动，如图3－25所示。反应器在低温条件下开工时，如果进料温度低于 D 线所对应的 T_0 值，系统只能维持在低于4点的温度下操作。若进料温度提高到 D 线所对应的 T_0 值以上，系统会自动升温到高于8点的操作温度，因此4点也称为着火点。反应器在高于6点的温度下操作时，如果进料温度降低到 B 线所对应的 T_0 值以下，系统会自动降温到2点温度以下，因此6点也称为熄火点。

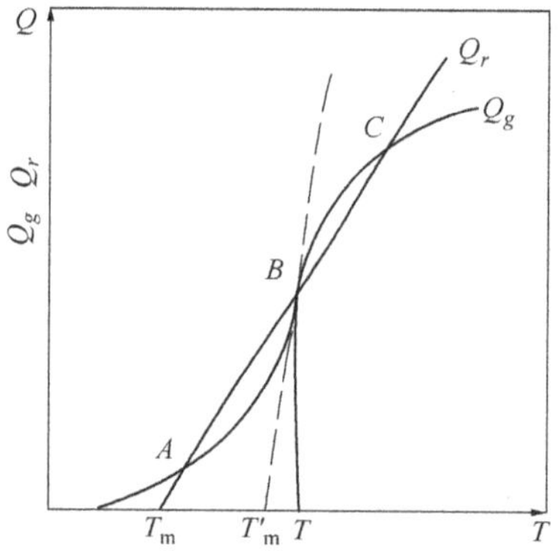

图3－24 改善B点的热稳定性

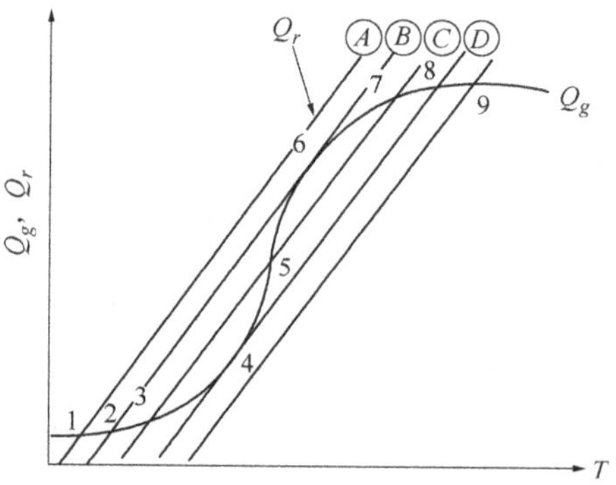

图3－25 进料温度对操作点的影响

（3）进料流量的影响

进料流量 v_0 发生变化时 Q_r 线与 Q_g 线在图中的位置都会有所改变。为讨论问题方便起见，将 Q_r 与 Q_g 分别除以 $F_{t0}C'_p$，得到：

$$Q'_g = \frac{Q_g}{F_{t0}C'_p} = \frac{(-\Delta H_R)}{C'_p} \cdot y_{A0} \cdot \frac{Vk_0\exp(-E/RT)}{v_0 + Vk_0\exp(-E/RT)} \qquad (3-105)$$

$$Q'_r = \frac{Q_r}{F_{t0}C'_p} = \left(1 + \frac{UA}{F_{i0}C'_p}\right)T - \left(T_0 + \frac{UA}{F_{i0}C'_p}T_m\right) \qquad (3-106)$$

式中，F_{t0} 为进料总摩尔流量，C'_p 为进料平均摩尔热容。

从式(3－105)与式(3－106)可以看出，当 v_0 增大时 Q'_g 线下倾，即曲线切线斜率变小；同样 Q'_r 线的斜率也变小，如图3－26所示。

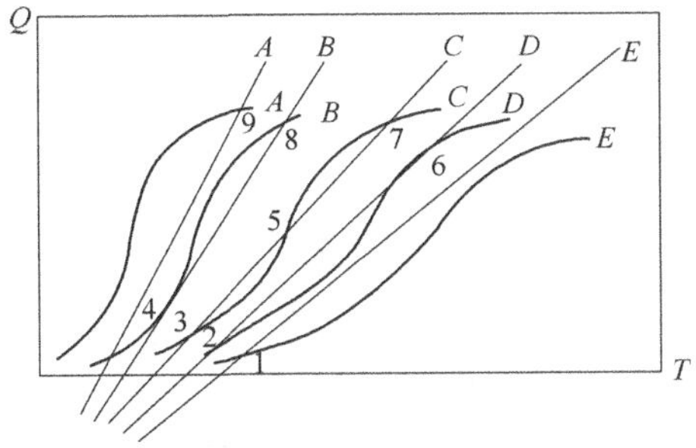

图 3－26　进料量对操作点的影响

图中 $A \sim E$ 表示不同进料量的 Q'_g 与 Q'_r 线，而且进料量 v_0 或 F_{t0} 从 A 到 E 逐渐增大。可以看出，随着进料量的增加，操作点依次从 9 点逐渐变为 8、7、6 点。至 6 点 Q'_r 线与 Q'_g 线相切，此时进料量稍有增加，操作点就会骤然降到 2 点，反应器熄火。可见全混釜在操作时进料量是有一定限度的，超过限度将无法稳定操作。

【例 3－18】　一级反应 A→P 在容积为 $10m^3$ 的全混釜中进行。反应物进料浓度 $C_{A0} = 5kmol/m^3$，进料流量 $v_0 = 10^{-2}m^3/s$，反应热 $\Delta H_R = -2 \times 10^7 J/(K \cdot mol)$，反应速率常数 $k = 10^{13}e^{-12000/T}$，溶液的密度 $\rho = 850kg/m^3$，溶液的比热容 $C_p = 2200J/(kg \cdot ℃)$（假定密度与比热容在整个反应过程可视为恒定不变），试计算在绝热情况下当系统处于定常态操作时，不同的进料温度（290K、300K、310K）所能达到的反应温度和转化率。

【解】由式（3－102B）可知：

$$Q_g = \frac{F_{A0}(-\Delta H_R)\tau k_0 \exp(-E/RT)}{1 + \tau k_0 \exp(-E/RT)}$$

由式（3－101）绝热条件下：

$$Q_r = v_0 \rho C_p (T - T_0)$$

$$F_{A0} = C_{A0} v_0 = 5 \times 10^{-2} kmol/s; \tau = V/v_0$$

$$Q_g = \frac{5 \times 10^{-2} \times 2 \times 10^7 \times 10 \times 10^{13} e^{-12000/T}}{10^{-2} + 10 \times 10^{13} e^{-12000/T}}$$

$$Q_r = 10^{-2} \times 850 \times 2200(T - T_0) = 18700(T - T_0)$$

当进料温度为 290K 时：

$$Q_r = 18700(T - 290) = 18700T - 542300$$

依上两式作 $Q_g(Q_r) - T$ 图（图 3－27），其中 Q'_r、Q''_r、Q'''_r 分别为进料温度为 290K、300K、310K 时的散热线。由图可见：当 $T_0 = 290K$ 时，定态操作点只有一点 a，此时，反应温度 $T = 290.5K$

$$x_A = \frac{k\tau}{1 + k\tau} = \frac{10^{13} e^{-12000/290.5}\left(\frac{10}{10^{-2}}\right)}{1 + 10^{13} e^{-12000/290.5}\left(\frac{10}{10^{-2}}\right)} = 0.011 = 1.1\%$$

当 $T_0 = 300K$ 时，定态操作点只有一点 b、c，相应的反应温度 $T = 304K$ 及 $T = 350K$，同样可求得相应的转化率为 6.7% 与 92.7%；

当 $T_0 = 310K$ 时，定态操作点为 d，相应的反应温度 $T = 326K$，转化率为 97.5%。

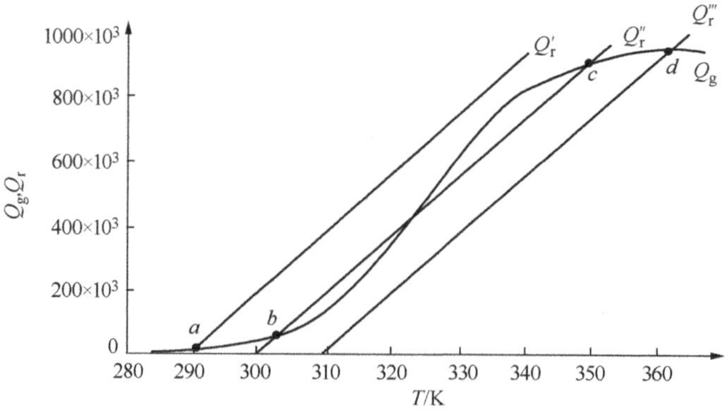

图 3－27　$Q_g(Q_r)-T$ 图

习　题

1. 用过氧化氢异丙苯分解反应生产苯酚、丙酮，以 0.03mol/L 的 H_2SO_4 为催化剂在 86℃下操作。处理量为 $3m^3/h$，$C_{A0}=3.2kmol/m^3$，要求达到的转化率为 $x_{A,f}=0.998$，已知上述条件下反应速度常数 $k=0.08s^{-1}$。采用间歇釜操作时辅助生产时间为每批反应 1h，求所需间歇釜、平推流反应器与全混流反应器的有效反应体积各为多少？动力学方程式为 $(-r_A)=kC_A$，催化剂对反应速度的影响已包含在 k 中。

2. 苯醌与环戊二烯在 25℃下进行液相二烯合成反应可用如下反应式表示；

$$A+B \longrightarrow C$$

反应速率方程为 $(-r_A)=kC_AC_B$，速率常数 k 为 $9.92\times10^{-3}m^3/kmol\cdot s$。若 $C_{A0}=0.1kmol/m^3$，$C_{B0}=0.08kmol/m^3$，最终转化率为 0.95，辅助时间 1h，求每天处理 300kg 环戊二烯所需反应器的有效容积。

3. 液相反应 $A\longrightarrow R$，实验测定的反应速率与反应物浓度关系如下表(150℃)

C_A kmol/m³	0.1	0.2	0.4
$(-r_A)$ kmol/m³ · min	4.4×10^{-3}	8.55×10^{-2}	1.72×10^{-2}
C_A kmol/m³	0.6	0.8	1.0
$(-r_A)$ kmol/m³ · min	2.57×10^{-3}	3.46×10^{-2}	4.31×10^{-2}

若每天处理 5tA，A 的相对分子质量为 65，$C_{A0}=0.85kmol/m^3$，转化率为 0.7，辅助时间 30min，求所需间歇反应器体积(按非发泡体系计算)。

4. 含反应物 A(1mol/L)的物料进入一个 2L 平推流反应器进行如下反应 $A\rightarrow 2B$，$(-r_A)=0.2C_A$(mol/L · min)。

(1) 出口处浓度为 $C_A=0.1mol/L$ 时，进料流率是多大？

(2) 求出进料流率为 0.1mol/min 时，出口处 A 的浓度(mol/L)。

(3) 在间歇反应器中，上述结果又如何？

5. 反应 $A+B\rightarrow R+S$，$v_0=0.5L/min$，$C_{A0}=C_{B0}=0.05mol/L$，动力学方程式 $(-r_A)=kC_AC_B$，已知 $k=100L/mol\cdot min$，求：

（1）反应在有效容积1L的平推流反应器中进行，出口转化率为多少？

（2）欲用全混流反应器达到相同的转化率，反应器有效容积多大？

（3）用1L的全混流反应器，转化率为多少？

6. 在一个连续反应系统中，酯溶液被皂化。间歇反应实验数据显示，这个反应是一级不可逆反应，并且在操作的温度下，50%的反应发生在8min内。设计一个过程以满足进料量为4mol，进料流率为100mol/h，转化率为95%。计算这些过程的反应器的体积：

（1）在PFTR反应器中；

（2）在CSTR反应器中；

（3）两个等体积的串联CSTR反应器中；

（4）四个等体积的串联CSTR反应器中。

7. 用下列反应生产乙酸乙酯

$$CH_3COOH + C_2H_5OH \xrightarrow{HCl} CH_3COOC_2H_5 + H_2O$$

动力学方程式为：

$$(-r_A) = 4.76\times10^{-4}C_AC_B - 1.63\times10^{-4}C_CC_D(\text{mol/L}\cdot\text{min})$$

式中，C为浓度，下标A、B、C、D分别代表乙酸、乙醇、酯和水。若$C_{A0}=7.5\text{mol/L}$，$C_{B0}=10\text{mol/L}$，$C_{C0}=C_{D0}=0$，反应器出口转化率为平衡转化率的0.98，物料密度0.91g/m^3，每天需生产5t乙酸乙酯，求使用平椎流反应器时所需反应器体积（本题用数值法求解）。

8、习题5中的反应若在全混釜中进行，转化率控制在何值时确定体积的反应器生产能力最大？

9.（1）在两个串联CSTR反应器中，进行如下反应，写出反应器体积V_1和V_2的表达式，当第一个反应器进料为C_{A0}，两个反应器之间浓度为C_{A1}，第二个反应器出口浓度为C_{A2}时，总体积最小：

$$A\rightarrow B,\ (-r_A) = kC_A$$

（2）在n级串联CSTR反应器中重复上述计算。

10、在全混釜反应器中进行下列二级平行反应：

$$\begin{cases} A + B \rightarrow R \\ 2B \rightarrow W \end{cases}$$

已知$C_{A0}=C_{B0}=4\text{mol/L}$，B的总转化率为0.90，$k_2/k_1=1.2$。试计算R的收率和选择性。在什么条件下，用什么方法可以有效地提高R的收率？

11. 在间歇反应器中进行下列液相一级不可逆反应A→B，其反应速率为$-r_A=kC_A$，反应初始温度为163℃。已知在163℃时$k=0.8\text{h}^{-1}$，反应活化能$E=121.25\text{kJ/mol}$，$\Delta H_R=-347.5\text{kJ/kg}$，A与B的比热容均为$2.093\text{kJ/kg}\cdot\text{K}$，A与B的密度均为$900\text{kg/m}^3$。若最终转化率控制在$x_{Af}=0.97$，求绝热操作时日产150kg B所需反应器体积。

12. 习题11中反应在全混釜中进行，反应物初始浓度$C_{A0}=3.6\text{kmol/m}^3$，进料速率133.7kg/h，物料进入反应器前为20℃，反应器维持在163℃恒温操作，A的相对分子质量为250。若转化率仍为0.97，问反应器体积及传热量各为多少？

13. 某厂搅拌釜反应器由12m^3放大到30m^3后发现传热显著变差，该反应器是由夹套冷却剂冷却的，试分析其原因。

14. 某二级反应在0.5m^3的平推流反应器中进行时转化率可达到0.9，若改用单个全混釜操作，反应温度相同时需多大的反应器？用两个相同体积的全混釜串联操作需要总反应体积多大？用一个 0.5m^3的全混釜操作可达到的转化率是多少？

15. 有平行反应：

$$A\begin{cases}\rightarrow R & r_R=1\\ \rightarrow S & r_S=2C_A\\ \rightarrow T & r_T=C_A^2\end{cases}$$

已知 $C_{A0}=2\text{kmol/m}^3$，求下列情况下等温操作时预计 $C_{R,max}$为多少？

（1）在平推流反应器中；

（2）在全混流反应器中；

（3）假设未反应物加以回收，采用何种反应器较合理。

16. 炸薯条是将薯条在油中先炸 4min 后捞出凉 4min。而从漏勺中漏出来的小薯条要每小时捞出一次，因为它们被炸糊后口感很难吃。长时间加热的油会变质分解而影响口感，所以每 16h 要对油进行更换，换掉的油要拿去处理。每炸 1kg 的土豆大概要消耗 45L 的油。

（1）设计一个连续的流程每天生产 1t 炸薯条，保证同样的条件使味道很好。描述停留时间和要求的固体和液体的流动方式(包括油的循环)。

（2）如何修改能使这个流程在同样的设备条件下能有两倍的生产量？你必须要做哪些实验以验证它的可行性？

（3）如何设计这个连续的过程以适应变化的需求量？

第四章 停留时间分布及反应器流动模型

工业上实际使用的反应器中流体的流动与混合受很多因素影响，情况十分复杂。通过对工业生产常用的釜式与管式两种反应器中流体流动状况所作的分析，研究者提出了两种简化的流体流动模型，这就是我们在第三章讨论过的平推流流动和全混流流动。这两种流动类型也称为理想流动。平推流的主要特点是所有反应物在反应器内的停留时间(或反应时间)相同，因而反应程度也相同；而全混流的主要特点是反应器内不同空间位置上物料的各种参数都相同，也即物料在反应器内达到了完全的混合。将实际反应器中流体的流动简化为不同停留时间的物料之间没有任何混合的平推流与达到完全混合的全混流这两种极端流动情况，为反应器的计算与分析提供了极大的便利，尤其是流动情况接近于理想流动的反应器可直接按第三章所讨论的方法进行处理，所预测的结果是足够精确可靠的。然而，在实际的反应器中，特别是大型的反应装置，其中物料流动情况往往相对于理想流动有较大的偏离，因而按理想流动情况进行设计往往与实际的化学反应结果有较大的误差。为此，研究非理想流动产生的原因、研究定量描述非理想流动的方法以及非理想流动对化学反应结果的影响等问题无论在理论上和实际上都是十分必要的。

4.1 反应器中物料的停留时间分布

4.1.1 非理想流动的起因

严格地讲，任何实际反应设备中流体的流动都不是理想流动。形成非理想流动的原因很多，大致可分为两类：一类是由于不均匀的速度分布引起的；另一类是由于存在与物料主体流动方向相反的流动所引起的。属于第一类的原因有死角、沟流、短路、在管式反应器中流体的层流流动以及反应器截面突变引起的收缩、膨胀等。所谓死角是指与主体流动相比流速很小的区域，在死角区，流体流速可比主体流动小一个数量级以上。死角的存在造成流体停滞不前，减少了反应器的有效体积，而且死角区的物料停留时间过长，反应进度可能大大超出正常范围，引起反应器局部乃至整体操作状况恶化，甚至失去控制。沟流和短路则正好相反，是指与主体流动相比流速很大的区域。沟流和短路区流体流速可比主体流动大一个数量级以上。沟流和短路的存在使部分物料停留时间很短，转化率降低，同样影响反应效果。属于第二类的原因有管式反应器中由于各种扩散、局部循环流动、局部压差以及流体与固体之间的摩擦等因素所引起的与主体流动方向相反的流体运动；釜式反应器中因搅拌而引起的流体循环运动等。图4-1示出了产生非理想流动的部分原因。

如果我们对上述情况做进一步的分析就会发现，引起非理想流动不外乎设备型式及结构、操作条件、流体性质等几个方面的原因。其中某些因素，如操作条件(包括温度、压力、流量、物料组成等)、流体性质(包括黏度、密度、扩散系数等)虽然都不同程度地影响

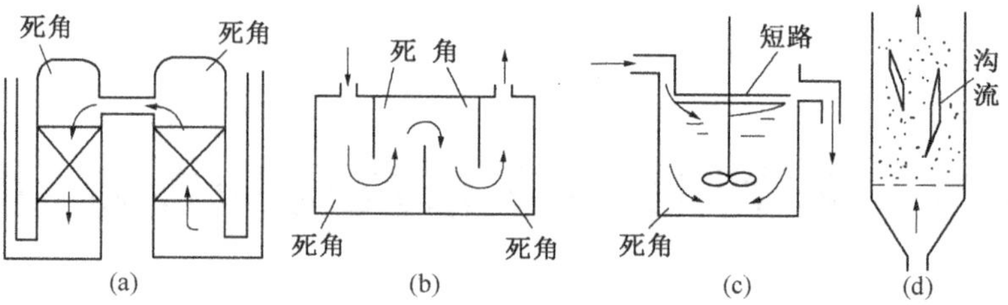

图 4－1　产生非理想流动的部分原因

流体流动状况，引起非理想流动，但由于这些因素都是反应过程与工艺要求所决定的，不能人为地任意改变。对于这类原因引起的非理想流动，我们只能探索其变化规律，对流体流动状况进行定量的描述，进而采用最佳的设计和操作型式，得到预期的反应结果。另外一些引起非理想流动的因素，例如反应器中的死角、填充床中的短路和沟流等，往往来源于不良设计所造成的反应器结构上的缺陷，它们的存在严重恶化反应条件，大大降低反应主产物的收率。由于反应设备缺陷所产生的非理想流动也称为病态流动，对于存在病态流动的反应器首要的是改善其结构及设计以消除病态流动，改进反应状况。

4.1.2　流体的停留时间分布及其描述

在连续流动的反应器中，流体粒子通过反应器所需的时间称为停留时间。同一时间进入反应器的流体粒子往往并不能同时离开，也就是说它们的停留时间是不同的。这种流体粒子在反应器中停留时间有长有短的情况，称为停留时间分布。

对流体的停留时间分布有两种描述，即寿命分布与年龄分布。如果在反应器出口处进行考察，同时流出反应器的流体粒子在反应器中的停留时间是不同的，这些粒子所形成的停留时间分布就称为寿命分布。另外一种方法是考察反应器中同时存在的所有粒子，它们在反应器内的停留时间也是互不相同的，同时存在于反应器中的所有粒子所形成的停留时间分布就称为年龄分布。化工生产中最关心的是与产物收率由直接联系的反应器出口物料组成，因此描述出口流体中粒子停留时间的寿命分布使用起来比较方便，应用也更为广泛。本书集中对寿命分布进行讨论。

（1）停留时间分布函数

向某一无化学反应发生的容器中连续稳定地通入由无色粒子组成的流体，如果从记作 $t=0$ 的某一时刻开始将物料切换成由红色粒子组成的流体，在容器出口观察，将会看到流体颜色逐渐从无色到红色变深，最后和进口流体颜色相同。在任一时刻 t，出口流体中红色粒子在粒子总体中所占的分率，称为流体在该容器中的停留时间分布函数，记作 $F(t)$。

$F(t)$ 函数是一个累积函数，它是无因次量。停留时间分布函数有如下性质：

$$F(0)=0,\quad F(\ )=1$$

或

$$\int_{t=0}^{t=} \mathrm{d}F(t)=1 \tag{4－1}$$

根据概率的知识可知，$t=0$ 时进入容器的流体粒子在 $0\sim t$ 这段时间间隔中流出的可能性为 $F(t)$，在大于 t 的时间流出的可能性为 $1-F(t)$。常见的停留时间分布函数曲线形状如图 4－2 所示。

（2）停留时间分布密度函数

将停留时间分布函数对时间求导数，得到停留时间分布密度函数 $E(t)$。

$$E(t) = \frac{\mathrm{d}F(t)}{\mathrm{d}t} \tag{4-2}$$

将式(4－2)代入式(4－1)得到：

$$\int_0 E(t)\mathrm{d}t = 1 \tag{4-3}$$

式(4－1)与式(4－3)所表示的停留时间函数的性质称为归一性。

如前所述，$F(t)$表示出口流体中停留时间小于t的部分所占的分率，而$F(t+\mathrm{d}t)$表示出口流体中停留时间小于$t+\mathrm{d}t$的部分所占的分率，二者之差为：

$$F(t+\mathrm{d}t) - F(t) = \mathrm{d}F(t) = E(t)\mathrm{d}t$$

显然，$E(t)\mathrm{d}t$表示了同时进入系统的流体粒子中停留时间介于t和$t+\mathrm{d}t$之间的粒子所占的分率。将$E(t)$对t作图，可得到停留时间分布密度函数曲线，常见的停留时间分布密度函数曲线形状如图4－3所示。这一曲线的特征是两头小中间大，即具有某一停留时间的物料所占的分率为极大，寿命极短或极大的流体粒子则占少数。既然$E(t)\mathrm{d}t$表示停留时间在t与$t+\mathrm{d}t$之间的流体粒子所占的分率，所以其总和应等于1。

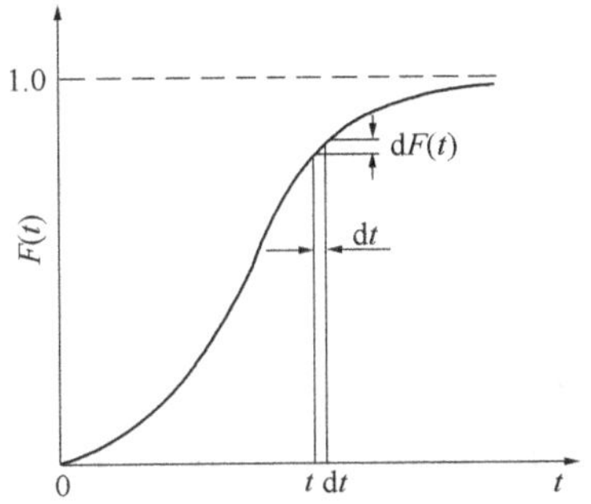

图4－2　停留时间分布函数曲线

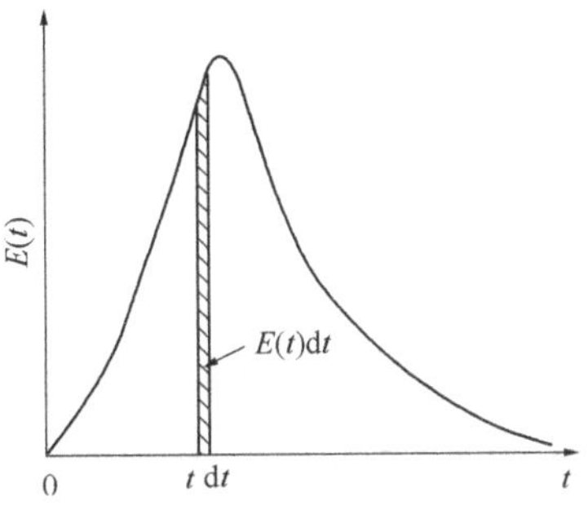

图4－3　停留时间分布密度函数曲线

4.1.3　停留时间分布的实验测定

停留时间分布反映了物料在反应器中的停留时间规律，是表示反应器特征的一个重要函数。通过对停留时间分布及反应器结构进行分析，可以了解流体在反应器中的流动状况，从而找出影响反应效率的因素，提出改进设计的建议和措施。

理想反应器的停留时间分布可以通过数学方法解析求解，工业反应器的停留时间分布则大多要靠实验测定。同种流体的微粒彼此间是很难区别的，因此测定停留时间分布需借助于示踪剂。从反应器入口处以连续或间歇方式注入一定量示踪剂，同时在出口处对示踪剂进行检测，根据示踪剂浓度随时间变化的关系可以求得流体在反应器中的停留时间分布曲线。采用何种示踪剂，要根据物料的物态、相系以及反应器的类型等情况而定。示踪剂除了不与主流体发生反应外，其选择一般还遵循下列原则：

① 示踪剂应当易于和主流体溶为(或混为)一体，除了显著区别于主流体的某一可检测性质外，两者应具有尽可能相同的物理性质；

② 示踪剂浓度很低时也容易进行检测，这样可使示踪剂用量减少而不致影响主流体的流动；

③ 示踪剂的浓度与要检测物理量的关系应有较宽的线性范围，以便直接利用实验测定数据进行计算而不必再作校正和变换；

④ 用于多相系统的示踪剂不发生从一相转移到另一相的情况，例如气相示踪剂不能被液体所吸收，而液相示踪剂也不能挥发到气相中去；

⑤ 示踪剂应具有或易于转变为电信号或光信号的特点，从而能在实验中直接使用现代仪器和计算机采集数据作实时分析，以提高实验的速度和数据的精度。

测定反应器停留时间分布常用的方法有两种，即阶跃示踪法与脉冲示踪法。

(1) 阶跃法

阶跃法是当设备内流体达到定态流动后，自某瞬间起连续而稳定地加入某种示踪剂，然后分析出口流体中示踪剂浓度随时间的变化，以确定停留时间分布。阶跃法测定停留时间分布如图 4 - 4 所示。系统达到稳定流动后流体的流量记作 v_0。

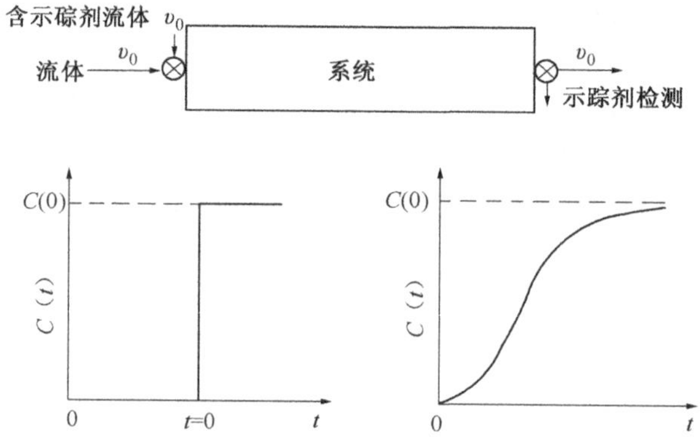

图 4 - 4　阶跃法测定停留时间分布

保持稳定流动条件，将进口物料切换成示踪剂浓度为 $C(0)$ 的流体，同时在出口测定示踪剂浓度随时间的变化，出口物料中示踪剂的浓度作为时间的函数记作 $C(t)$。由于用阶跃示踪法测定停留时间分布是从 $t=0$ 开始连续稳定向系统加入示踪剂，在任何时刻 t 时测得出口流中的示踪剂必然包括了停留时间从 0 到 t 的全部示踪剂，而停留时间大于 t 的示踪剂则仍然全部在反应器中。根据定义有：

$$F(t)=\frac{C(t)}{C(0)} \tag{4-4}$$

连续测定 $C(t)$，即可得到停留时间分布函数 $F(t)$。

(2) 脉冲法

脉冲法是当反应器中流体达到定态流动后，在某个极短的瞬间内，在系统入口处向流动系统的流体加入总量为 Q 的示踪剂，并把输入时间定为 $t=0$，然后分析出口流体中的示踪物浓度 $C'(t)$。脉冲法测定停留时间分布如图 4 - 5 所示。

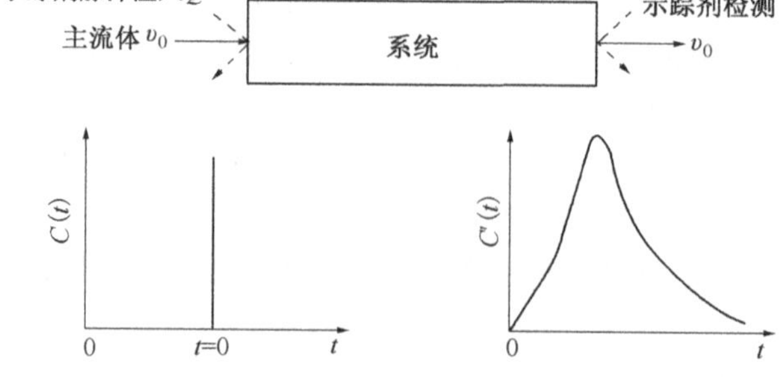

图 4 - 5　脉冲法测定停留时间分布

当时间从 t 变到 $t+\mathrm{d}t$ 时，在 $\mathrm{d}t$ 这一时间间隔中，出口物流所含示踪剂的量应为 $v_0C'(t)\mathrm{d}t$。如前所述，同时进入系统的流体粒子中，停留时间介于 t 和 $t+\mathrm{d}t$ 之间的粒子所占的分率可用 $E(t)\mathrm{d}t$ 表示，所以应有：

$$E(t)=\frac{v_0C'(t)}{Q} \tag{4-5}$$

根据物料衡算：

$$Q=\int_0 v_0C'(t)\mathrm{d}t \tag{4-6A}$$

当测定的 $C'(t)$ 为离散量时，式(4-6A)可改写成：

$$Q=\sum_0 v_0C'(t)\Delta t \tag{4-6B}$$

式(4-5)可改写成：

$$E(t)=\frac{C'(t)}{\sum\limits_0 C'(t)\Delta t} \tag{4-7}$$

可见，测定出口物流中示踪剂浓度 $C'(t)$，即可求得停留时间分布密度函数。

由此可见，由阶跃法直接求得的是停留时间分布函数，而由脉冲法求得的则是停留时间分布密度函数。

脉冲法的优点是由实测数据可直接求出 $E(t)$，实际应用最多的是 $E(t)$ 而不是 $F(t)$。另外，脉冲法简单且示踪剂耗量少，其最大困难是如何使示踪剂的输入时间缩到最短，这对于平均停留时间短的流动系统难度更大。阶跃法相对容易些，但示踪剂用量较多。在实际应用时，无论采用哪一种测定方法，都必须保证在示踪剂输入点与系统入口截面之间不产生返混现象，这样才可以获得准确的停留时间分布数据。

【例4-1】 以苯甲酸为示踪剂，用脉冲法测定有效容积为 $1735\mathrm{cm}^3$ 的液相反应器的停留时间分布。流体流量为 $40.2\mathrm{cm}^3/\mathrm{min}$，示踪剂用量4.95g。不同时间在出口物流中检测的示踪剂浓度 $C(t)$ 如表4-1所示：

表4-1 实验数据

t/min	0	10	20	30	40	50	60	70	80	90	100	110
$C(t)\times10^3$/(g/mL)	0	0	0.863	3.340	3.520	2.270	1.276	0.619	0.300	0.131	0.075	0

试确定该反应器的停留时间分布函数与停留时间分布密度函数，用列表和曲线表示。

【解】根据式(4-2)可知：

$$F(t)=\int_0^t E(t)\mathrm{d}t \tag{4-8}$$

将式(4-7)代入式(4-8)，改写成求和式：

$$F(t)=\frac{\sum\limits_0^t C'(t)\Delta t}{\sum\limits_0 C'(t)\Delta t}=\frac{v_0\sum\limits_0^t C'(t)\Delta t}{Q} \tag{4-9}$$

利用式(4-6B)计算的 $Q_c=4.98\mathrm{g}$。用式(4-9)与式(4-7)计算的 $F(t)$ 与 $E(t)$ 列在表4-2中，$F(t)$ 与 $E(t)$ 对 t 标绘的曲线如图4-6所示。

表 4－2　计算的 $F(t)$ 与 $E(t)$ 函数

t/min	0	10	20	30	40	50	60	70	80	90	100	110
$F(t)$	0	0	0.070	0.339	0.623	0.807	0.910	0.960	0.984	0.994	1.000	1.000
$E(t)\times10$/min^{-1}	0	0	0.070	0.270	0.284	0.183	0.103	0.050	0.024	0.010	0.006	0

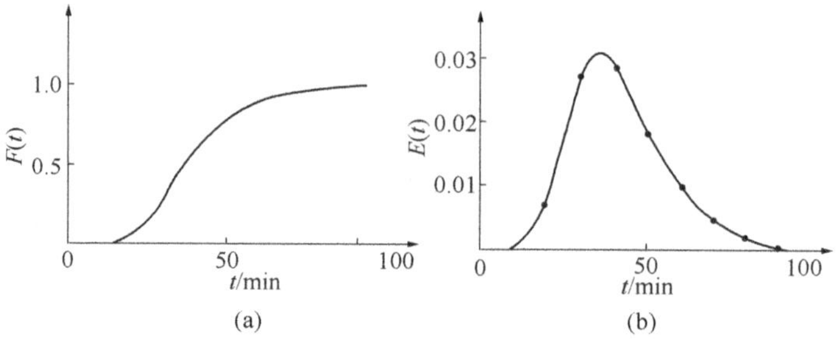

图 4－6　$F(t)$ 与 $E(t)$ 对时间作图

4.1.4　平均停留时间与散度

数学期望与方差是描述随机变量分布特征的两个重要参数。对于物料在反应器中的停留时间这一随机变量，数学期望就是物料平均停留时间，方差则是停留时间分布的散度。利用平均停留时间与散度对不同流动状况下停留时间分布曲线进行比较有其便利之处，这两个重要的特征参数还便于与将在 4.2 节进行讨论的流动模型的参数相关联。

（1）平均停留时间

平均停留时间即物料停留时间的平均值或停留时间的分布中心。均值为对原点的一阶矩。因此，根据一阶矩的定义，对于 $E(t)$ 曲线来说，平均停留时间可由下式计算：

$$\bar{t}=\frac{\int_{0}(t-0)E(t)\mathrm{d}t}{\int_{0}E(t)\mathrm{d}t}==\int_{0}tE(t)\mathrm{d}t \tag{4-10}$$

将式(4－2)代入式(4－10)得到：

$$\bar{t}=\int_{0}^{1}t\mathrm{d}F(t) \tag{4-11}$$

在使用实验测定的离散数据计算平均停留时间时，对等时间间隔(Δt)测出的数据式(4－10)可改写为：

$$\bar{t}=\frac{\sum tE(t)\Delta t}{\sum E(t)\Delta t}=\frac{\sum tE(t)}{\sum E(t)} \tag{4-12}$$

（2）停留时间分布的散度

平均停留时间给出了停留时间分布的中心，为了进一步了解物料停留时间相对于分布中心的分散程度，引入了散度的概念。在数学上，方差指对平均停留时间的二阶矩。由矩的定义得停留时间分布的散度为：

$$\sigma_t^2=\frac{\int_{0}(t-\bar{t})^2E(t)\mathrm{d}t}{\int_{0}E(t)\mathrm{d}t}=\int_{0}(t-\bar{t})^2E(t)\mathrm{d}t \tag{4-13}$$

为了便于计算，式(4－13)可改写成：

$$\sigma_t^2 = \int_0 (t^2 - 2t\bar{t} + \bar{t}^2) E(t)\,dt = \int_0 t^2 E(t)\,dt - 2\bar{t}\int_0 tE(t)\,dt + \bar{t}^2 \int_0 E(t)\,dt$$

将式(4－10)代入上式得

$$\sigma_t^2 = \int_0 t^2 E(t)\,dt - \bar{t}^2 \tag{4-14A}$$

上式也可写成：

$$\sigma_t^2 = \int_0 t^2 E(t)\,dt - \bar{t}^2 = \int_0 t^2 \frac{dF(t)}{dt} dt - \bar{t}^2 = \int_0^1 t^2 dF(t) - \bar{t}^2 \tag{4-14B}$$

当使用实验测定的离散数据时，可使用求和式：

$$\sigma_t^2 = \sum t^2 E(t)\Delta t - \bar{t}^2 \tag{4-15}$$

方差表示对均值的离散程度，方差越大，对于停留时间分布越宽，也就是停留时间长短不一、参差不齐的程度越大。因此，光靠平均停留时间的对比，还不足以比较不同的停留时间分布，而必须再比较其方差才能给出比较确切的结论。

为便于对不同停留时间的体系进行比较，还常用无因次停留时间为参数，定义无因次时间为：

$$\theta = \frac{t}{\bar{t}} \tag{4-16}$$

如果一个流体粒子的停留时间介于区间(t，$t+dt$)内，则它的无因次停留时间也一定介于区间(θ，$\theta+d\theta$)内。所以t和θ介于这些区间的概率一定相等，于是有

$$E(t)\,dt = E(\theta)\,d\theta \tag{4-17}$$

由

$$d\theta = \frac{dt}{\bar{t}}$$

化简

$$E(\theta) = \bar{t}E(t) \tag{4-18}$$

由于$F(t)$本身是一累计概率，其值与时间采用什么单位无关，即：

$$F(\theta) = F(t) \tag{4-19}$$

显然，停留时间分布密度函数亦可用无因次停留时间表示：

$$\int_0 E(\theta)\,d\theta = 1 \tag{4-20}$$

$$\int_0^\theta E(\theta)\,d\theta = F(\theta) \tag{4-21}$$

$$E(\theta) = \frac{dF(\theta)}{d\theta} \tag{4-22}$$

使用无因次时间时，可以得到无因次散度σ^2，σ^2与σ_t^2之间有如下关系：

$$\sigma^2 = \int_0 (\theta - 1)^2 E(\theta)\,d\theta = \int_0 (\theta - 1)^2 E(t)\bar{t}\,dt = \frac{1}{\bar{t}^2}\int_0 (t - \bar{t})^2 E(t)\,dt = \frac{\sigma_t^2}{\bar{t}^2} \tag{4-23}$$

$$\sigma^2 = \int_0 \theta^2 E(\theta)\,d\theta - 1 \tag{4-24}$$

【例4－2】 计算例4－1中反应器的平均停留时间与散度。

【解】由式(4－12)计算平均停留时间：

$$\bar{t} = \frac{20\times0.007 + 30\times0.027 + \cdots\cdots}{0.007 + 0.027 +} = 43.12(\text{min})$$

按反应器体积计算的空时 τ 为：

$$\tau = \frac{V}{v_0} = \frac{1735}{40.2} = 43.16(\text{min})$$

可见二者是极其接近的。

由式(4－14)计算散度：

$$\sigma_t^2 = [0.070 \times 20^2 + 0.270 \times 30^2 + \cdots\cdots] \times 10 - 43.12^2 = 235.1(\text{min}^2)$$

无因次散度为：

$$\sigma^2 = \frac{235.1}{43.12^2} = 0.126$$

4.2 理想反应器的停留时间分布

对于理想反应器，其流型是确定的，可以直接计算停留时间分布。本节将对活塞流和全混流两种理想流动模型的实质作进一步的讨论，并阐明其停留时间分布的数学描述。由于实际的反应器流动状况均介于这两种极端情况之间，而且理想流动模型又是建立非理想流动模型的基础，所以，弄清这两种理想流动模型甚为必要。

4.2.1 平推流模型

平推流是假定所有流体微元在反应器中沿同一方向以相同的速度向前流动，所有物料在反应器中的停留时间都相同，因此也就等于平均停留时间。其停留时间分布函数和分布密度函数见图4－7。

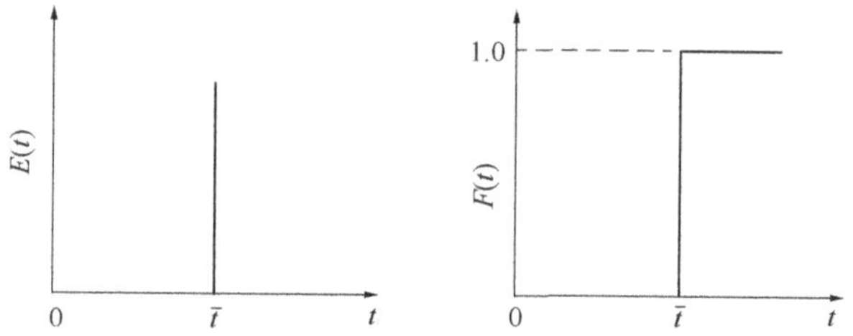

图4－7 平推流反应器的 $E(t)$ 和 $F(t)$ 曲线

平推流反应器的停留时间分布密度函数如下：

$$E(t) = \begin{cases} 0 & \text{当 } t < \bar{t} \\ \infty & \text{当 } t = \bar{t} \\ 0 & \text{当 } t > \bar{t} \end{cases}$$

$$E(\theta) = \begin{cases} 0 & \text{当 } \theta < 1 \\ \infty & \text{当 } \theta = 1 \\ 0 & \text{当 } \theta > 1 \end{cases}$$

平推流反应器的停留时间分布函数如下：

$$F(t) = \begin{cases} 0 & \text{当 } t < \bar{t} \\ 1 & \text{当 } t \geqslant \bar{t} \end{cases}$$

$$F(\theta) = \begin{cases} 0 & \text{当}\ \theta < 1 \\ 1 & \text{当}\ \theta \geq 1 \end{cases}$$

将 $t = \bar{t}$ 代入式(4－13)后可知，$\sigma^2 = \sigma_t^2 = 0$。

4.2.2　全混流模型

全混流反应器的停留时间分布函数可以通过对示踪剂进行物料衡算得到。在全混流反应器中，反应器出口物料组成与釜内完全相同。当采用阶跃法测定物料在反应器中的停留时间分布时，从示踪剂开始加入反应器进行计时，在 t 到 $t+\mathrm{d}t$ 时间间隔中进入反应器的示踪剂量为 $v_0C_0\mathrm{d}t$，反应器出口流出的示踪剂量为 $v_0C(t)\mathrm{d}t$，反应器内示踪剂的累积量为 $V_R\mathrm{d}C(t)$，对反应器作示踪剂的物料衡算为：

$$v_0C_0\mathrm{d}t = v_0C(t)\mathrm{d}t + V_R\mathrm{d}C(t)$$

或改写成：

$$\frac{\mathrm{d}(C(t)/C_0)}{1 - C(t)/C_0} = \frac{v_0}{V_R}\mathrm{d}t$$

当 $t=0$ 时，反应器内物料不含示踪物，$C(t)=0$，积分上式并注意到 $\frac{V_R}{v_0} = \tau$，即：

$$\int_0^{C(t)/C_0} \frac{\mathrm{d}(C(t)/C_0)}{1 - C(t)/C_0} = \frac{1}{\tau}\int_0^t \mathrm{d}t$$

得到：

$$\ln\frac{C_0 - C(t)}{C_0} = -\frac{t}{\tau} \tag{4-25}$$

或写成：

$$\frac{C(t)}{C_0} = 1 - \mathrm{e}^{-\frac{t}{\tau}} \tag{4-26}$$

根据 $F(t)$ 的定义，上式变为：

$$F(t) = \frac{C(t)}{C_0} = 1 - \mathrm{e}^{-\frac{t}{\tau}} \tag{4-27}$$

上式给出的 $F(t)$ 即为全混流反应器的停留时间分布函数。用 $F(t)$ 对 t 作图，可得到图 4－8 的曲线。将 $F(t)$ 对 t 求导数，得到全混流反应器停留时间分布密度函数 $E(t)$。

$$E(t) = \frac{\mathrm{d}F(t)}{\mathrm{d}t} = \frac{1}{\tau}\mathrm{e}^{-\frac{t}{\tau}} \tag{4-28}$$

若采用无因次时间，则：

$$F(\theta) = 1 - \mathrm{e}^{-\theta} \tag{4-29}$$

$$E(\theta) = \mathrm{e}^{-\theta} \tag{4-30}$$

$$t = 0 \qquad E(t) = \frac{1}{\tau}$$

$$F(t) = 0$$

$$t = \qquad E(t) = 0$$

$$F(t) = 1$$

利用式(4－10)可求出全混流反应器的平均停留时间。

$$\bar{t} = \int_0 tE(t)\mathrm{d}t = \int_0 \frac{t}{\tau}\mathrm{e}^{-t/\tau}\mathrm{d}t = \tau \tag{4-31}$$

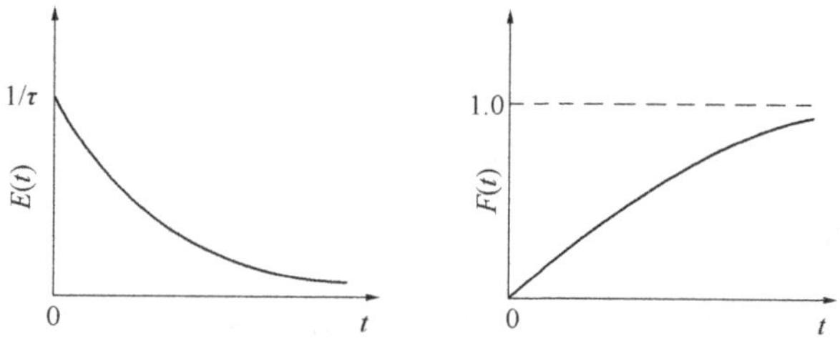

图 4－8　全混流反应器的 $F(t)$ 和 $E(t)$ 曲线

可见对于恒容系统，平均停留时间 $\bar{t}$ 与空时 τ 相等。将式(4－28)代入式(4－14)，可求出全混流反应器中停留时间分布的散度。

$$\sigma_t^2 = \int_0 (t - \bar{t})^2 E(t)\mathrm{d}t$$

$$= \int_0 (t - \bar{t})^2 E(t)\mathrm{d}t = \int_0 t^2 E(t)\mathrm{d}t - \bar{t}^2 = \int_0 t^2 \frac{1}{\bar{t}} \mathrm{e}^{-t/\bar{t}}\mathrm{d}t - \bar{t}^2 = \bar{t}^2 = \tau^2$$

相应的无因次散度

$$\sigma^2 = \int_0 \theta^2 \mathrm{e}^{-\theta}\mathrm{d}\theta - 1 = 1$$

如前所述，物料在平推流反应器中停留时间相同且都等于平均停留时间。如果用含示踪剂的流体 B 置换不含示踪剂的流体 A 时，从加入 B 算起，经过时间 $\bar{t}$ 便可将流体 A 全部置换干净。而在全混流反应器中，令 $t = \bar{t}$ 可得：

$$F(\bar{t}) = 1 - \mathrm{e}^{-1} = 0.632$$

即在平均停留时间 $\bar{t}$ 时，流体 A 只有 63.2% 被置换，或者说反应器中停留时间大于 $\bar{t}$ 的物料为总体的 36.8%。

4.3　非理想流动模型

工业反应器中总是存在一定程度的返混，产生不同的停留时间分布，影响反应结果。返混程度的大小，一般难以直接测定，总是设法用停留时间分布加以描述。但是，由于停留时间分布与返混之间不一定存在对应的关系，因此不能直接把测定的停留时间分布用于描述返混的程度，而要借助于模型方法。下面介绍两种非理想流动模型。

4.3.1　多级混合模型

在比较单个全混釜反应器、活塞流反应器和多个全混流反应器串联时的反应效果，发现串联的釜数越多，其性能越接近于活塞流；釜数为无限多时，其效果与活塞流一样。因此可以用 N 个全混釜串联模拟一个实际的反应器。$N = 1$ 时为全混流；$N =$　则为活塞流。N 的取值不同就反映了实际反应器的不同返混程度，其具体数值由停留时间分布确定。

设 N 个反应体积为 V_{R} 的全混釜串联操作(图 4－9)，且釜间无返混，忽略流体流动过釜间连接管线所需的时间。

假设各釜温度相同，对第 i 釜作示踪剂的物料衡算得：

$$C_{i-1}(t) - C_i(t) = \frac{V_R}{v_0} \cdot \frac{\mathrm{d}C_i(t)}{\mathrm{d}t} \qquad (4-32)$$

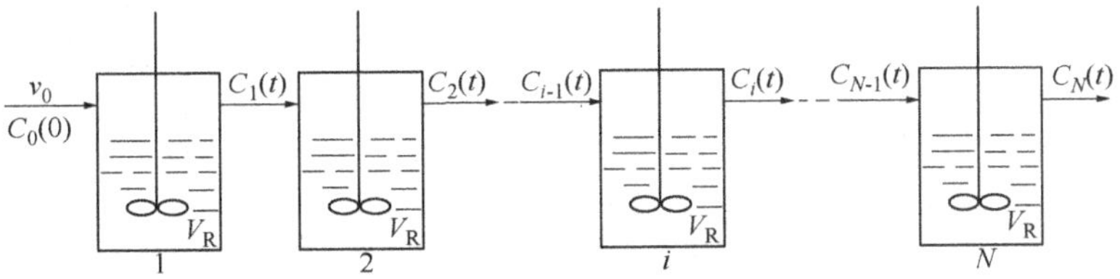

图 4 - 9　多釜串联模型

或：

$$\frac{dC_i(t)}{dt} = \frac{1}{\tau}\left[C_{i-1}(t) - C_i(t)\right] \tag{4-33}$$

若示踪剂呈阶跃输入，且浓度为 C_0，则式(4-33)的初始条件为：

$$t=0,\ C_i(0)=0 \qquad i=1,2,\cdots,N$$

当 $i=1$ 时，式(4-33)可写成：

$$\frac{dC_1(t)}{dt} = \frac{1}{\tau}[C_0(t) - C_1(t)]$$

此即第 1 釜的物料衡算式，积分得：

$$C_1(t) = C_0(1 - e^{-t/\tau}) \tag{4-34}$$

当 $i=2$ 时，式(4-33)可写成：

$$\frac{dC_2(t)}{dt} = \frac{1}{\tau}[C_1(t) - C_2(t)]$$

把式(4-34)代入则有：

$$\frac{dC_2(t)}{dt} + \frac{C_2(t)}{\tau} = \frac{C_0}{\tau}(1 - e^{-t/\tau})$$

解此一阶线性微分方程得

$$\frac{C_2(t)}{C_0} = 1 - \left(1 + \frac{t}{\tau}\right)e^{-t/\tau} \tag{4-35}$$

当 $i=3$ 时，式(4-33)可写成：

$$\frac{dC_3(t)}{dt} + \frac{C_3(t)}{\tau} = \frac{C_2(t)}{\tau}$$

把式(4-35)代入则有：

$$\frac{dC_3(t)}{dt} + \frac{C_3(t)}{\tau} = \frac{C_0}{\tau}\left[1 - \left(1 + \frac{t}{\tau}\right)e^{-t/\tau}\right]$$

解此一阶线性微分方程得：

$$\frac{C_3(t)}{C_0} = 1 - \left[1 + \frac{1}{1!}\left(\frac{t}{\tau}\right) + \frac{1}{2!}\left(\frac{t}{\tau}\right)^2\right]e^{-t/\tau} \tag{4-36}$$

当 $i=4$ 时，式(4-33)可写成：

$$\frac{dC_4(t)}{dt} + \frac{C_4(t)}{\tau} = \frac{C_3(t)}{\tau}$$

把式(4-36)代入则有：

$$\frac{dC_4(t)}{dt} + \frac{C_4(t)}{\tau} = \frac{C_0}{\tau}\left\{1 - \left[1 + \frac{1}{1!}\left(\frac{t}{\tau}\right) + \frac{1}{2!}\left(\frac{t}{\tau}\right)^2\right]e^{-t/\tau}\right\}$$

解此一阶线性微分方程得：

$$\frac{C_4(t)}{C_0}=1-\left[1+\frac{1}{1!}\left(\frac{t}{\tau}\right)+\frac{1}{2!}\left(\frac{t}{\tau}\right)^2+\frac{1}{3!}\left(\frac{t}{\tau}\right)^3\right]e^{-t/\tau} \tag{4-37}$$

以此类推，第 N 釜出口液中示踪剂浓度为：

$$F_N(t)=\frac{C_N(t)}{C_0}=1-\left[1+\frac{1}{1!}\left(\frac{t}{\tau}\right)+\frac{1}{2!}\left(\frac{t}{\tau}\right)^2+\frac{1}{3!}\left(\frac{t}{\tau}\right)^3+\cdots+\frac{1}{(N-1)!}\left(\frac{t}{\tau}\right)^{N-1}\right]e^{-t/\tau}$$
$$=1-e^{-t/\tau}\sum_{i=1}^{N}\frac{(t/\tau)^{i-1}}{(i-1)!} \tag{4-38}$$

将式(4－38)对 t 求导，可得到 N 级串联操作的全混流反应器停留时间分布函数 $E_N(t)$。

$$E_N(t)=\frac{e^{-t/\tau}}{\tau(N-1)!}\left(\frac{t}{\tau}\right)^{N-1} \tag{4-39}$$

当使用无因次时间 θ 时，若令：

$$\theta=\frac{t}{N\tau} \tag{4-40}$$

式中，$N\tau$ 表示以串联全混流反应器总体积为基准计算的空时。将式(4－38)和式(4－39)改写成无因次时间 θ 的函数：

$$F(\theta)=1-\left[1+\frac{1}{1!}(N\theta)+\frac{1}{2!}(N\theta)^2+\frac{1}{3!}(N\theta)^3+\cdots+\frac{1}{(N-1)!}(N\theta)^{N-1}\right]e^{-N\theta} \tag{4-41}$$

$$E(\theta)=\frac{dF(\theta)}{d\theta}=Ne^{-N\theta}\left[1+\frac{1}{1!}(N\theta)+\frac{1}{2!}(N\theta)^2+\cdots+\frac{1}{(N-1)!}(N\theta)^{N-1}\right]$$
$$-Ne^{-N\theta}\left[1+\frac{1}{1!}(N\theta)+\frac{1}{2!}(N\theta)^2+\cdots+\frac{1}{(N-2)!}(N\theta)^{N-2}\right]$$
$$=\frac{N}{(N-1)!}(N\theta)^{N-1}e^{-N\theta}$$
$$=\frac{N^N}{(N-1)!}\theta^{N-1}e^{-N\theta} \tag{4-42}$$

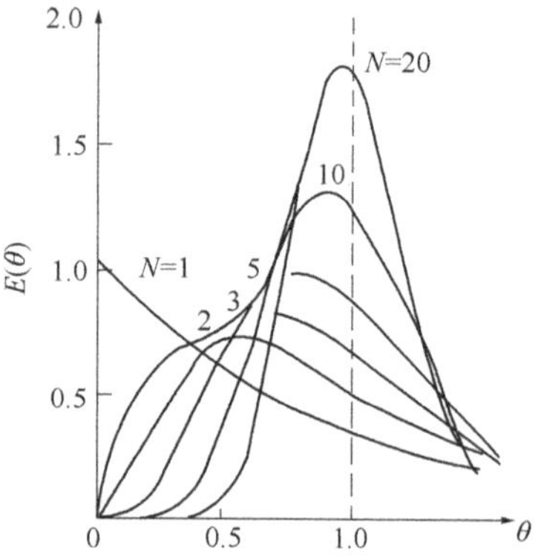

图4－10　串联全混釜的 $E(\theta)$ 曲线

图4－10示出了不同级数串联全混流反应器的停留时间分布密度函数。图中过 $\theta=1$ 点的垂线表示平推流反应器的停留时间分布密度曲线。可以看出，级数越多，串联全混釜的停留时间分布密度曲线峰形越窄、越高，即越接近于平推流情况。当 $N\to$ 时，多级串联全混流反应器的停留时间分布密度曲线与平推流重合。从以上讨论可知，级数不同的串联全混流反应器具有不同停留时间分布，而且都介于全混流与平推流两种极端流动反应器之间。

如前所述，实际反应器中流体的返混程度也是介于全混流与平推流两种流型之间的。如果已知某个实际反应器与一个 N 级串联全混流反应器具有相同的停留时间分布，我们可以据此推断这两个反应系统中流体的返混程度也可能是相同的，从而可以用串联全混釜来模拟实际反应器。多级混合模型就是根据这样的考虑提出的。然而对于一个实际反应器来说，要想找到停留时间分布与它完全相同的串联全混流反应器组并不总是可能的。因此，使用多级混合模型时往往只对停留时间分布函数的特征值进行比较。也就是说，当 N 级串联全混流反应器的停留时间分布函数与实际反应器的停留时间分布函数具有相同特征时，就认为二者的停留时间分布函数在描述流体流动情况时具有等价性。

要比较的特征值就是平均停留时间与散度。将式(4－39)代入式(4－10)可求出串级全混釜的平均停留时间，即：

$$\bar{t}_N = \int_0 tE_N(t)\,\mathrm{d}t$$
$$= \frac{1}{\tau^N(N-1)!}\int_0 t^N \mathrm{e}^{-t/\tau}\mathrm{d}t$$

对上式应用定积分公式：

$$\int_0 x^n e^{-ax}\mathrm{d}x = \frac{n!}{a^{n+1}} \qquad (n\text{ 为正整数})$$

得到：

$$\bar{t}_{\mathrm{N}} = N\tau = \frac{NV_R}{v_0} \tag{4-43}$$

改写成无因次时间的函数为：

$$\bar{\theta} = \int_0 \theta E(\theta)\mathrm{d}\theta = \int_0 \frac{N^N}{(N-1)!}\theta^N \mathrm{e}^{-N\theta}\mathrm{d}\theta = 1 \tag{4-44}$$

即 N 个全混釜串联，平均停留时间等于以 N 个釜的总体积为基准计算的空时。

将式(4－39)代入式(4－14)并应用上述定积分公式，可求出 N 釜串联时停留时间分布函数的散度。

$$\sigma_t^2 = \int_0 t^2\left(\frac{\mathrm{e}^{-t/\tau}}{\tau(N-1)!}\right)\left(\frac{t}{\tau}\right)^{N-1}\mathrm{d}t - \bar{t}_N^2$$
$$= N\tau^2 = \frac{\bar{t}_N^2}{N} \tag{4-45}$$

改写成无因次时间的函数为：

$$\sigma^2 = \int_0 \theta^2 E(\theta)\mathrm{d}\theta - 1 = \int_0 \frac{N^N}{(N-1)!}\theta^{N+1}\mathrm{e}^{-N\theta}\mathrm{d}\theta - 1$$
$$= \frac{N^N}{(N-1)!}\,\frac{(N+1)!}{N^{N+2}} - 1 = \frac{1}{N} \tag{4-46}$$

显然，如果通过实验测定一个实际反应器的停留时间分布，并计算出平均停留时间 $\bar{t}_N$ 或 $\bar{\theta}$ 及散度 σ_t^2 或 σ^2，则可利用式(4－45)或(4－46)求出模型参数 N。

【例 4－3】用串级模型模拟【例 4－1】中的反应器，试求模型参数 N。

【解】将【例 4－2】中计算平均停留时间与散度代入式(4－45)，解出模型参数：

$$N = \frac{\bar{t}_N^2}{\sigma_t^2} = \frac{43.12^2}{235.1} = 7.91$$

取整，令 $N=8$，即可用 8 级串联全混釜模拟该反应器的流动情况。为检查模型的停留时间分布与实际反应器拟合的程度，可根据式(4－39)计算 8 级串联全混釜的 $E(t)$ 曲线并与实验曲线比较，如图 4－11所示。

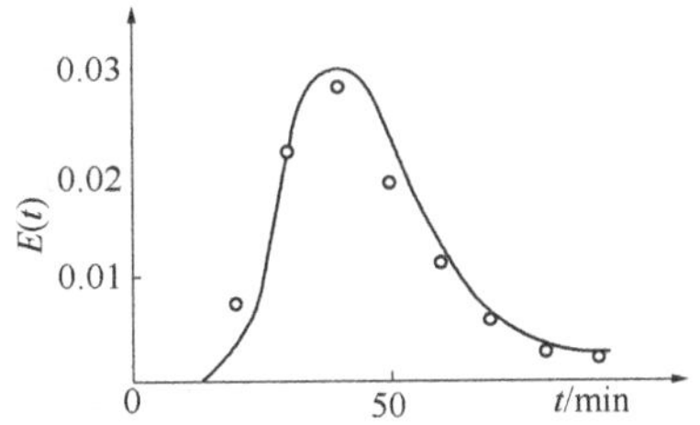

图 4－11　$E(t)$ 模拟值与实测值的比较

从图上可看出，对于本例情况除几个点外，用串级模型模拟实际反应器的停留时间分布是很接近的。

4.3.2 扩散模型

流体在圆管内湍流时，可以用湍流扩散系数定量地表达由湍流引起的质量传递。虽然产生返混的原因可能复杂得多，但可以用类似的方法来描述由此引起的物质交换，即在平推流流动中叠加一个扩散项来表征轴向返混。在建立扩散模型时假定流体符合下述条件：

① 在与流体流动方向垂直的任一截面上物料具有均匀的径向浓度，轴向上因返混引起的质量传递通量为：

$$N = -D_e \frac{\partial C}{\partial l}$$

D_e 称为有效扩散系数；

② 流体的流动速度与有效扩散系数 D_e 在整个反应器中处处相等；

③ 物料浓度是流体流动距离的连续函数。

扩散模型是描述非理想流动的主要模型之一，特别适用于返混程度不十分大的系统，如管式反应器、塔式反应器及固定床反应器等。

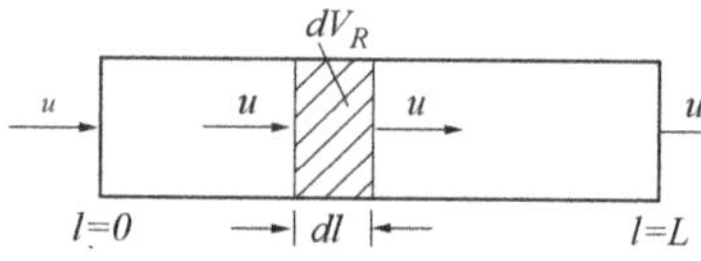

图 4－12　扩散模型物料衡算

扩散模型也可以通过物料衡算导出。设流体通过一管式反应器，线速度为 u，流体进入反应管的位置记作 $l=0$，离开反应管的位置记作 $l=L$，反应管直径为 D_R，总体积为 V_R。若示踪剂浓度用 C 表示，在示踪剂不参与化学反应的情况下对微元管段 dl 作物料衡算，如图 4－12 所示。

单位时间进入微元管段的示踪剂量：

$$\left[uC + D_e \frac{\partial}{\partial l}\left(C + \frac{\partial C}{\partial l}\mathrm{d}l\right)\right]\frac{\pi}{4}D_R^2$$

离开微元管段的示踪剂量：

$$\left[u\left(C + \frac{\partial C}{\partial l}\mathrm{d}l\right) + D_e \frac{\partial C}{\partial l}\right]\frac{\pi}{4}D_R^2$$

微元管段内示踪剂的累积量：

$$\frac{\partial C}{\partial l}\left(\frac{\pi}{4}D_R^2\right)\mathrm{d}l$$

据此可得到物料衡算式：

$$\frac{\partial C}{\partial t} = D_e \frac{\partial^2 C}{\partial l^2} - u\frac{\partial C}{\partial l} \tag{4-47}$$

通常将上式化为无量纲形式，引入下列各无因次量：

$$\theta = \frac{t}{\tau} \qquad C^* = \frac{C}{C_0} \qquad z = \frac{l}{L}$$

可将式(4－47)写成无因次方程式，便于进行一般性比较。

$$\frac{\partial C^*}{\partial \theta} = \frac{1}{Pe}\frac{\partial^2 C^*}{\partial z^2} - \frac{\partial C^*}{\partial z} \tag{4-48}$$

式中 $Pe = \dfrac{uL}{D_e}$ 称为贝克来准数，是描述返混程度的模型参数。

式(4－48)的初始条件及边界条件取决于进出口物料的流动状况和示踪剂的加入方法与检测位置，不同条件下停留时间分布函数的特征值与 *Pe* 数的关系已由文献给出。当返混较小时，边界条件的差别对方程的解影响不大。下面以开式边界条件、阶跃注入示踪剂为例讨论式(4－48)的解。开式边界是指在输入与检出示踪剂的位置上流体的流型与反应器内部没有区别，如图 4－13 所示。

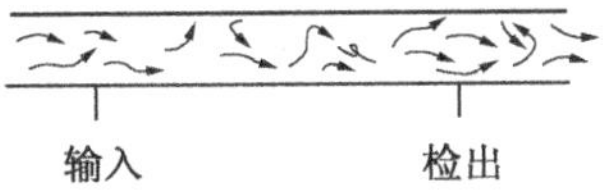

图 4－13　开式边界条件

当 D_e 很小时，初始条件与边界条件可表示为：

$$\begin{cases} l=-\infty, & t\geqslant 0 & C=C_0 \\ l=+\infty, & t\geqslant 0 & C=0 \\ l>0, & t=0 & C=0 \\ l<0, & t=0 & C=C_0 \end{cases}$$

式(4－48)在开式边界条件下的解为：

$$\frac{C}{C_0}=\frac{1}{2}\left[1-\mathrm{erf}\left(\frac{l-ut}{\sqrt{4D_e t}}\right)\right] \tag{4-49}$$

式中，erf 为误差函数的符号，定义为：

$$\mathrm{erf}\ (z)\ =\int_0^z \mathrm{e}^{-x^2}\mathrm{d}x$$

当 $l=L$，即在反应器出口处检测示踪剂浓度时，式(4－49)表示的是反应器停留时间分布函数。由于$\frac{L}{u}=\frac{V_R}{v_0}=\tau$，而$\frac{t}{\tau}=\theta$，因此：

$$F(\theta)=\frac{1}{2}\left[1-\mathrm{erf}\left(\frac{1-\theta}{2\sqrt{\theta}}\sqrt{\frac{uL}{D_e}}\right)\right] \tag{4-50}$$

以 D_e/uL 为参数，将 $F(\theta)$ 对 θ 作图，可得到图 4－14 曲线。可以看出 $F(\theta)$ 随参数 D_e/uL 不同而改变的情况。D_e/uL 越小，反应器中流动越接近平推流；反之，D_e/uL 越大，反应器的流动越接近全混流。

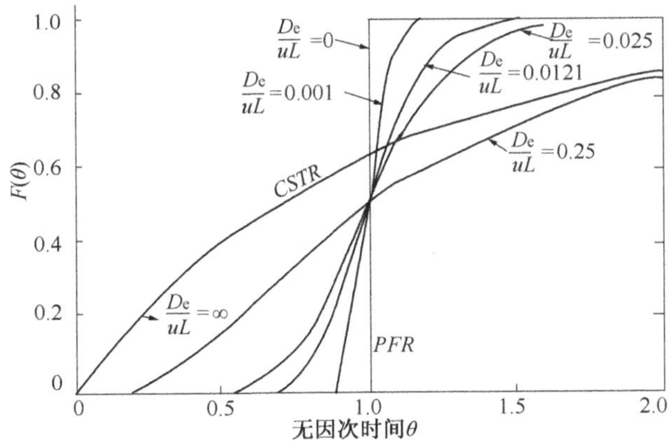

图 4－14　扩散模型的 $F(\theta)$ 曲线

若示踪剂采用脉冲输入，式(4－48)的边界条件与初始条件需适当改变，可以解出：

$$E(\theta)=\frac{1}{2\sqrt{\pi\frac{D_e}{uL}\theta}}\exp\left[-\frac{(1-\theta)^2}{4\frac{D_e}{uL}\theta}\right] \tag{4-51}$$

以 D_e/uL 为参数，将 $E(\theta)$ 对 θ 作图，可得到不同 D_e/uL 时的 $E(\theta)$ 曲线，如图 4－15 所示。

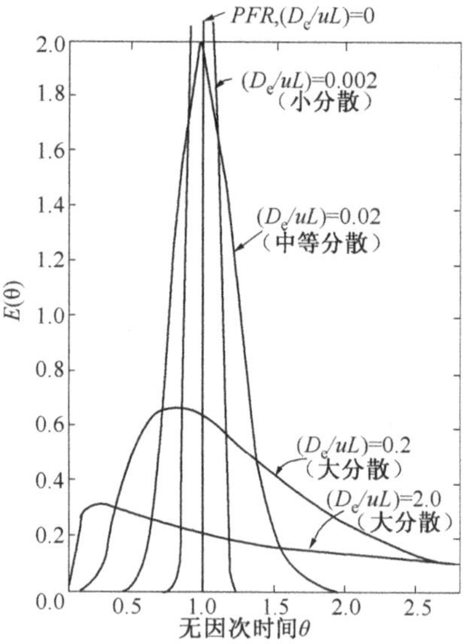

图 4－15　扩散模型的 $E(\theta)$ 曲线

根据式(4－10)与式(4－14)可求得：

$$\bar{\theta}=1$$
$$\sigma^2=2\frac{D_e}{uL} \tag{4-52A}$$

因此，利用已实验测出的实际反应器停留时间分布数据求出 σ^2 后，即可用式(4－52)计算模型参数 D_e/uL。

当 $D_e/uL>0.01$ 时，边界条件的影响变大。对于开式边界，平均停留时间与散度用下述公式计算：

$$\bar{\theta}=1+2\left(\frac{D_e}{uL}\right)$$
$$\sigma^2=2\left(\frac{D_e}{uL}\right)+8\left(\frac{D_e}{uL}\right)^2 \tag{4-52B}$$

【例 4－4】用扩散模型模拟【例 4－1】中反应器流动情况，求模型参数 D_e/uL。

【解】　首先算出 σ^2：

$$\sigma^2=\frac{\sigma_t^2}{\tau_2}=\frac{235.1}{43.12^2}=0.1264$$

用式(4－52)计算 D_e/uL：

$$D_e/uL=\frac{1}{2}\sigma^2=0.0632$$

模型参数 $D_e/uL>0.01$，故应采用式(4－52B)进行计算，代入 σ^2 的数值解出：

$$D_e/uL=0.0523$$

将模型参数代入式(4－51)，注意到：

$$E(t)=\tau E(\theta)$$

改用 t 为自变量，可以计算出 $E(t)$ 函数。将 $E(t)$ 对 t 作图，结果如图 4－16 所示。从图中可以看出，实验测定的停留时间分布数据点与扩散模型计算的曲线吻合较好。与图 4－11 用串级模型计算的 $E(t)$ 曲线比较，可以看出对于本例情况两种模型的效果差别不大。

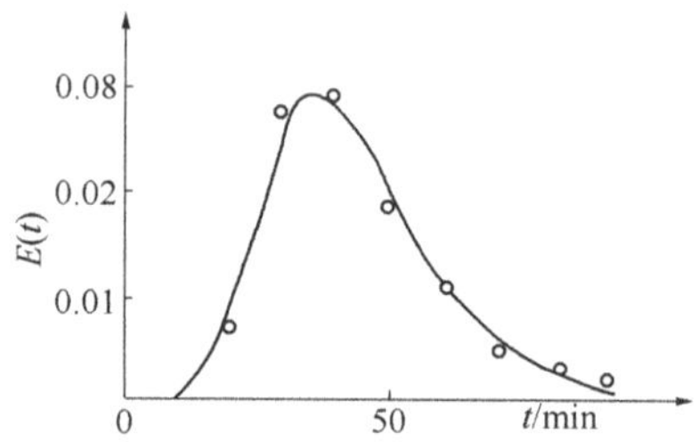

图 4－16　用扩散模型模拟【例 4－1】中给出的停留时间分布

4.4　非理想流动与反应器设计

反应器中流体流动状况会直接影响化学反应的结果。由于产生非理想流动的原因不同而将其划分为两类，在进行反应器设计时对它们要采取不同的处理方法。第一类非理想流动是由于设计、制造不良造成的病态流动。这种情况下反应器操作状况会严重恶化，因此病态流动必须设法加以排除。第二类是反应体系固有特性相互作用引起的非理想流动，是难以通过改善反应器设计加以排除的。此种情况下则应选择适当的描述返混的数学模型模拟反应器中流体的流动状况，进而预测化学反应的结果，选出最佳设计方案。

开发一种新型反应器或进行反应器放大设计时，必要时应对制造的设备进行停留时间分布的实验测定。根据实验结果首先进行初步分析，推断反应器中流体的流动状态属于正常流动还是病态流动。对于正常流动，可以进一步比较实验曲线与设计要求是否一致，利用数学模型方法预测化学反应的结果。对于病态流动，常可根据停留时间分布密度曲线的形状和位置进一步分析产生病态流动的原因，并制定相应的改进措施。

图 4 - 17 为实验测定的两个反应器的停留时间分布密度函数曲线，(a)图的反应器是按平推流要求设计的，(b)图则是按全混流要求设计的。从实验曲线可以看出，(a)图峰形高而窄，显示返混较小。$\tau = V_R/v_0$ 是按设计预期的物料平均停留时间，$\bar{t}$ 是根据实验测定的停留时间分布数据计算出的物料实际平均停留时间，二者重合(或十分接近)显示流体在所设计的反应器中的实际流动状况符合设计要求。同样，(b)图测定的 $E(t)$ 曲线与全混流反应器中 $E(t)$ 函数的理论值接近，$\bar{t}$ 与 τ 相差很小，显示流体混合良好，接近理想全混流，也符合设计要求。

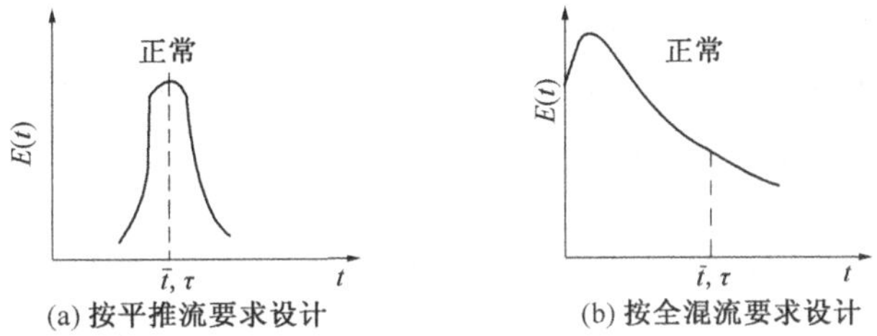

图 4 - 17　正常流型停留时间分布曲线与设计预期的比较

4.4.1　病态流动的判断与改进设计的方向

判断病态流动的主要依据有两个，一个是停留时间分布密度曲线的形状，第二个是实测平均停留时间与空时设计值的一致性。图 4 - 18 示出了常见的几种病态流动的停留时间分布密度曲线，(a)～(d)常见于管式反应器，(e)～(h)常见于搅拌釜式反应器。

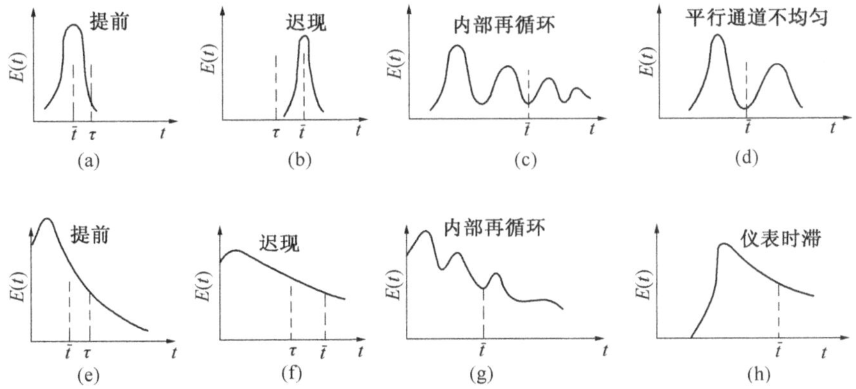

图 4 - 18　常见病态流动的 $E(t)$

图 4 - 18 中(a)与(e)所示曲线峰形正常，但根据实测停留时间分布数据计算的平均停留时间 $\bar{t}$ 大大小于反应器设计的空时数值，此种情况称为早出峰。这类停留时间分布密度曲线显示反应器内存在短路、沟流现象，或存在死角，因此物料实际停留时间小于设计要求，

反应器中的有效空间不能得到充分利用，化学反应必然达不到预想的结果。出峰过早常常是由于反应器内部构件安排不合理、填充物装填不均匀、物料进出口设置不当或搅拌器设计不合理因而搅拌效果很差等原因引起的，应逐一分析检查，找出问题所在并加以改进。

(b)与(f)所示情况与上述结果正好相反，实测平均停留时间 $\bar{t}$ 大于设计空时 τ，称为出峰过晚。此种情况往往是由于测定停留时间分布时仪表的计量误差或选择的示踪剂不当以致示踪剂被容器或其中的填充物吸附所引起的，可以校正计量设备或改换示踪剂重新进行实验。

(c)或(g)图中曲线上出现几个递降的峰形，表明反应器内的流体存在循环流动。反应器结构比例不合理或流动条件差异都可能引起物料内循环。尤其是反应空间被内部构件分隔成几个部分，而各部分流动阻力不同时更容易出现此种情况。

(d)图中出现两个接近的峰形，表明流体沿两条平行通道流动时物料分布不均匀。例如在并联的两组管式反应器中，由于阻力不同而引起流体的线速度不同，于是两组反应管的平均停留时间也就不同，流体在一组管中的平均停留时间较长，大于设计空时 τ，而在另一组管中平均停留时间较短，小于设计空时 τ。这种情况下可考虑改进反应器入口的物料分布器或调整各组反应管的阻力使之均匀一致。

(h)图表示测量过程存在时间滞后，应予调整或计入时间滞后进行数据处理。

4.4.2 非理想流动反应器中转化率的计算

对于图 4－17 属于正常流型的非理想流动反应器，如果需要考虑非理想流动对化学反应转化率的影响，可以选用适当的数学模型模拟反应器中流体的流动情况和化学反应进行的程度。一般来说，扩散模型多用于返混较小的反应器，如管式反应器、固定床反应器等；而多级混合模型多用于返混较大的反应器，如搅拌槽式反应器。

有必要指出，形成非理想流动的原因很多，返混只是其中之一，而且停留时间分布与反应器中流体的返混之间不一定存在一一对应的关系。也就是说，一定的返混必然会造成确定的停留时间分布，但是同样的停留时间分布可以由不同的返混所造成或由层流等其他非理想流动所产生。利用模型化方法解决非理想流动对化学反应影响的问题应用了数学模型的等效性，因此，模型选择是否合理只有经过实验检验才能确定。

(1) 多级混合模型计算反应器

用多级混合模型计算非理想流动反应器中化学反应的转化率，就是把一个非理想流动反应器等效于 N 个全混釜串联的反应器组。因此，只要根据实验测定的所给反应器的停留时间分布数据求出模型参数 N，即可按 N 个全混釜串联操作计算反应结果。N 个全混釜串联操作时，对于一级反应出口浓度可用下式表示(读者可参阅第三章有关内容)：

$$\frac{C}{C_0}=\frac{1}{(1+k\tau_i)^N} \tag{4-53}$$

式中，$\tau_i=V_R/v_0N$，是 N 个全混釜串联且总体积为 V_R 时，用单个釜的反应体积为基准计算的空时。

(2) 用扩散模型计算反应器

用扩散模型模拟非理想流动反应器时，由于流体除在流动方向上的主体流动之外还存在着扩散所引起的逆向传质，对反应器中微元管段进行物料衡算时需加入此扩散项。当系统处于稳定流动状态时，物料衡算式为：

$$D_e \frac{d^2C}{dl^2} - u\frac{dC}{dl} - (-r_A) = 0 \quad (4-54)$$

式中，u 为流体线速度；C 为反应物 A 浓度；D_e 为有效扩散系数。有效扩散系数 D_e 可利用式(4－52)计算。

式(4－54)对于一级不可逆反应有解析解，其他情况下则需进行数值求解。对于一级反应与二级反应，式(4－54)的解已用图解给出。图4－19给出返混程度对一级反应转化率的影响。当 $D_e/uL=0$ 时返混为零，即为平推流反应器；当 $D_e/uL=$ 时返混最大，即为全混流反应器。非理想流动反应器中化学反应的转化率是介于平推流反应器与全混流反应器之间的。图4－20给出不同返混程度对二级反应转化率的影响，变化规律与图4－19类似。

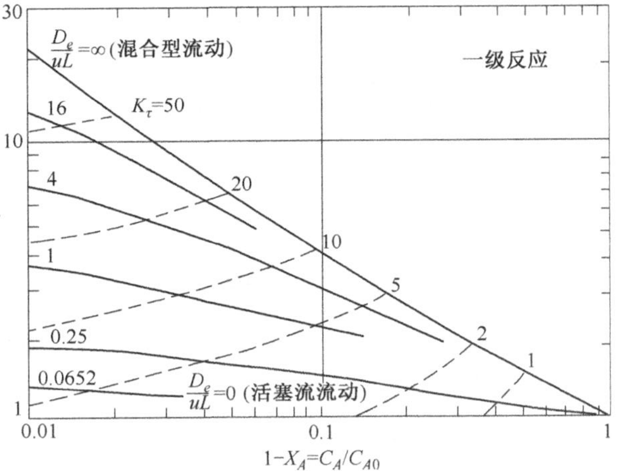

图4－19　不同返混程度下一级不可逆反应的转化率

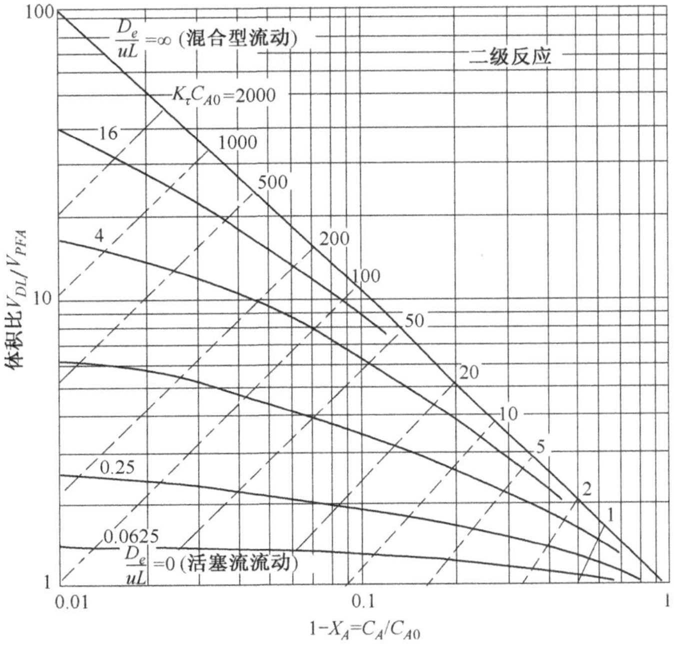

图4－20　不同返混程度下二级不可逆反应的转化率

【例4－5】　在【例4－1】所给反应器中进行等温一级不可逆液相反应，反应速率常数 $k=0.08\text{min}^{-1}$。试分别按(a)平推流模型；(b)轴向扩散模型；(c)多级串联模型计算反应器的最终转化率。

【解】(a) 平推流模型

$$x_A = 1 - \frac{C_A}{C_{A0}} = 1 - e^{-k\tau}$$

$$k\tau = 0.08 \times 43.12 = 3.45$$

$$x_A = 1 - e^{-3.45} = 0.968$$

(b) 扩散模型

根据【例 4－4】计算可知，$D_e/uL = 0.0632$。在图 4－18 中查出 D_e/uL 对应于 0.0632，$k\tau$ 为 3.45 时 $1 - x_A = 0.058$。

即：

$$x_A = 0.942$$

(c) 多级串联模型

在【例 4－3】中已算出 $N = 8$，代入式(4－53)得到：

$$\frac{C}{C_0} = \frac{1}{\left(1 + \frac{3.45}{8}\right)^8} = 0.057$$

$$x_A = 1 - \frac{C}{C_0} = 0.943$$

根据计算结果可以看出，对于本例的一级反应，用多级串联模型与扩散模型计算的最终转化率十分接近，而与平推流模型计算结果差异稍大。应该指出，对于非一级反应，不同模型计算的结果可能相差较大。本例计算结果并不表示多级混合模型与扩散模型效果相同。选择适当的模型对计算的可靠性是十分重要的。

习　题

1. 如图所示，定性分析某实际反应器的流动状态。

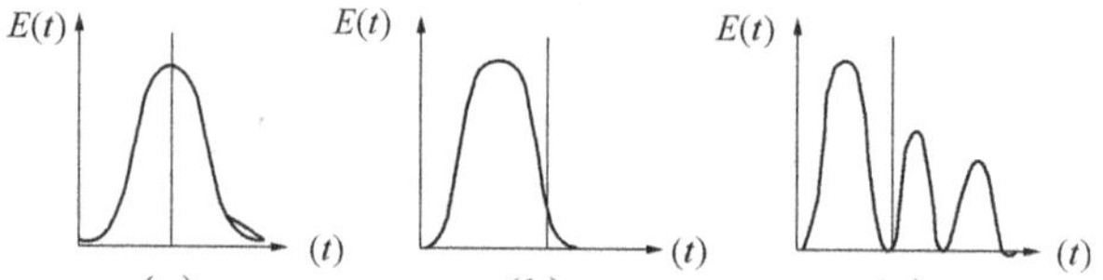

(a)　(b)　(c)

正常，短路或沟流，反应器内流体循环流动

2. 设 $F(\theta)$ 及 $E(\theta)$ 分别为闭式流动反应器的停留时间分布函数及停留时间分布密度函数，θ 为对比时间。

① 若该反应器为活塞流反应器，试求：

(a) $F(1)$　(b) $E(1)$　(c) $F(0.8)$　(d) $E(0.8)$　(e) $E(1.2)$

② 若该反应器为全混流反应器，试求：

(a) $F(1)$　(b) $E(1)$　(c) $F(0.8)$　(d) $E(0.8)$　(e) $E(1.2)$

③ 若该反应器为一个非理想流动反应器，试求：

(a) $F(\infty)$　(b) $F(0)$　(c) $E(\infty)$　(d) $E(0)$　(e) $\int_0 E(\theta)d\theta$　(f) $\int_0 \theta E(\theta)d\theta$

(1.0，∞，0，0，0；0.6321，0.3679，0.5507，0.4493，0.3012；1，0，0，>1，1，1)

3. 用脉冲法测定某一反应器的停留时间分布，得到出口流中示踪剂的浓度 $C(t)$ 与时间关系如下：

t/min	0	5	10	15	20	25	30	35
$C(t)$/g/L	0	3	5	5	4	2	1	0

试求平均停留时间 $\bar{t}$ 与方差 σ_t^2、σ^2。(15min，47.5min²，0.211)

4. 某速率常数为 0.15min⁻¹的一级不可逆反应在非理想反应器内进行反应，示踪结果表明，$\bar{t}$ 和 σ^2 分别为 15min 和 0.21。求用多级全混流模型预测转化率。(84.2%)

5. 已知一闭式液相反应器在流量为 5L/s 下进行脉冲示踪，得到停留时间分布密度函数 $E(t)=1/20e^{-t/20}s^{-1}$，试求：

① 平均停留时间；

② 该反应器的反应体积为多少？

③ $E(\theta)$、$F(\theta)$ 和 σ^2；

④ 若将该反应器用多釜串联模型描述，其模型参数 N 为多少？

(20s，100L，$e^{-\theta}$，$1-e^{-\theta}$，1)

6. 实验测得体积为 1.0m³ 反应器的停留时间分布统计特征值为：

$$\sigma_t^2=0.5s^2$$

$$\bar{t}=1.0s$$

① 拟采用多釜串联模型描述该反应器，试求模型参数。

② 若用轴向扩散模型描述该反应器，试求模型参数。

③ 在多釜串联反应器中，进行 A 的液相反应：

$$2A\rightarrow B \qquad r_B=0.5C_A \qquad mol/m^3\cdot s$$

$$A\rightarrow D \qquad r_D=2.0C_A \qquad mol/m^3\cdot s$$

反应条件下，纯 A 进料，进料的体积为 1.0m³/s，试求 A 的转化率和 B 的收率。

(2，$Pe=2.557$，84%，28%)

第五章　固体催化剂与非均相反应动力学

在化工生产中，除均相反应过程外，还广泛采用非均相反应过程。

非均相反应是指在不同相态的物料之间进行的反应。非均相反应类型很多，有在固体催化剂表面上进行的气体反应；有固体与气体间的反应；有固体与液体或溶液间的反应；有固体本身的分解反应；有不互溶的两种以上的液体间反应等。本章将着重讨论在固体催化剂表面上进行的气体反应，因为这一类反应在石油化工生产中应用最为广泛，其动力学规律在非均相反应中具有一定的代表性。

在固体催化剂表面上进行的气体反应，固体起催化作用，故也称为气－固相催化反应。工业上某些重要的非均相催化反应列在本章末的表 5－4 中。

5.1　催化剂的特点

石油化工是近代应用催化剂最广泛的领域。从石油的加工(催化裂化、重整、加氢脱硫等)中获得大量烃类原料，经过不同工序(脱氢、加氢、氧化、异构化、脱水、卤化等)以制取各种单体和有机合成产品，这套石油化工体系，几乎随处都用到催化剂。可以毫不夸张地说，没有催化剂就没有石油化工。因此，我们必须对催化剂的某些重要特性有所了解。

催化剂对反应过程的影响可概述如下：

(1) 加快反应速率

在化学反应系统中存在催化剂时，虽然催化剂参加了反应过程，使反应速率加快，但催化剂本身在反应前后没有发生组成上的变化。催化剂可以明显加快反应速率，例如，氮气与氢气之间的反应，当无催化剂时，即使在400℃也几乎不能察觉到有反应发生。但以铁为催化剂时，在相同的温度下，该反应可迅速进行，成为今日合成氨工业的基础。

(2) 催化作用不能改变化学平衡

由物理化学知识知道，化学反应的自由焓变化 ΔG^0 与化学平衡常数 K 间存在下列关系：

$$\Delta G^0 = -RT\ln K \tag{5-1}$$

催化剂在反应的始态和终态不发生化学变化，则催化反应与非催化反应的自由焓变化是一样的，即 ΔG^0 相同。由式(5－1)可知，其化学平衡常数 K 相同，因此催化剂不改变反应的化学平衡。

催化剂不能改变化学平衡，则必然是以同样的倍率提高正、逆反应的速率，能催化正方向反应的催化剂，就应能催化逆方向的反应。例如合成甲醇反应：

$$CO + 2H_2 \rightleftharpoons CH_3OH$$

在早期的研究中，利用常压下甲醇的分解反应来初步筛选合成甲醇的催化剂，就是利用上述的原理。同理，镍、铂等金属是脱氢的催化剂，同样也是加氢的催化剂。当然也有例外。例如铜催化剂是很好的加氢催化剂，但是因为铜熔点较低，在高温下易于烧结，导致物理结构改变，所以不宜在高温下使用，因此铜不宜作为高温下脱氢反应的催化剂。

另外，由于催化剂不改变化学平衡，就可以用来对那些反应速率较慢的反应直接测量其反应热和化学平衡常数。

(3) 催化剂对催化反应具有选择性

特定的催化剂只能催化特定的反应，选择性好。选择性(ϕ)可由下式计算：

$$\text{选择性}(\phi)=\frac{\text{生产目的产物所消耗的原料量}}{\text{参加反应所转化掉的原料量}}\times 100\% \qquad (5-2)$$

例如，乙醇可以进行许多反应，生成不同的产物。它既可以脱水生成乙烯，又可以脱氢生成乙醛。使用不同的催化剂在不同条件下，可以让反应有选择地在某一特定方向上加快进行。如下式：

$$CH_3CH_2OH \xrightarrow{Al_2O_3} C_2H_4 + H_2O$$

$$CH_3CH_2OH \xrightarrow{ZnO} CH_3CHO + H_2$$

催化剂这种选择的性能，使人们有可能对复杂的反应系统从动力学上加以控制，使之向特定反应方向进行，生产特定的产物。

5.2 多相催化与吸附

要使化学反应在工业上得以实现，大多数都要通过催化作用，即采用均相催化和多相催化的方式。后者的实质就是用固体催化剂来加速化学反应的进行，而反应是在催化剂的表面上进行的，因此研究反应组分在催化剂表面的吸附具有十分重要的意义。下面首先简要介绍多相催化作用，然后再讨论有关吸附问题。

5.2.1 多相催化作用

过渡状态理论认为化学反应速率取决于反应物与反应产物间形成过渡络合物的自由能。催化剂的存在能使自由能降低，从而使催化反应的速率大于非催化反应。另一方面，对于复合反应，催化剂还起定向作用，即加速主反应，使目的产物的收率增加，从而改善反应的选择性。

固体催化剂多为规则或不规则的颗粒状，其直径大至十多毫米，小至数十微米，根据具体的反应和反应器而定。通常情况下，固体催化剂由主催化剂、助催化剂和载体三部分组成。主催化剂和助催化剂均匀分布在载体上。

由于反应是在表面上进行，使用载体的主要目的就是为了增大表面积。常用的载体多为氧化物，如氧化铝、二氧化硅等。通常要求单位体积的载体具有较大的表面积。因此载体多是多孔的。例如，$\gamma-Al_2O_3$的比表面积可高达100～300m^2/g，而有些载体，如$\alpha-Al_2O_3$的比表面积只有1～10m^2/g，不同的反应对比表面有不同的要求。比表面大就意味着载体的孔半径小，从而增大了内扩散阻力，这是在催化反应中应注意到的重要问题。除了增大表面积外，载体还起到改善催化剂物理性能的作用，如提高催化剂机械强度、改善催化剂的导热性能、提高抗毒能力等。

① 起催化作用的主催化剂。常用的主催化剂是金属和金属氧化物。金属催化剂大多数采用载体，如乙烯环氧化反应所用的银催化剂。也有不采用载体的，如氨氧化用铂铑催化剂

则直接将铂铑合金作成丝状。某些绝缘体催化剂，如乙醇脱水用的$\gamma-Al_2O_3$和重质油催化裂化用$SiO_2-Al_2O_3$催化剂，也不用载体。这些金属氧化物就是主催化剂。但有些金属氧化物催化剂则使用载体，如苯氧化用的V_2O_5催化剂使用刚玉作载体。

② 助催化剂在催化剂中的含量一般很少。其作用主要是提高催化剂的催化活性、选择性和稳定性。助催化剂可分为两类：一类是结构性的；另一类是调变性的。结构性助催化剂的作用在于增大活性表面，防止烧结和提高催化剂的结构稳定性。如合成氨用的铁催化剂中加入助催化剂Al_2O_3，其目的就是为了防止铁的微晶长大而降低了活性表面。调变性助催化剂的作用是改变主催化剂的化学组成。合成氨用的铁催化剂中加入K_2O就是为了这个目的，由于K_2O的加入，提高了铁的本征活性。由此可见，一种催化剂所含的助催化剂可能不止一种，但助催化剂对反应是没有活性的，或者活性很小。

5.2.2　吸附与脱附

由于反应是在催化剂的活性表面上进行，所以，多相催化反应是由吸附、表面反应和脱附等步骤构成。吸附是多相催化反应过程必不可少的步骤。这里首先阐明两种不同类型的吸附：物理吸附和化学吸附，然后讨论几种较典型的吸附等温方程。

1. 物理吸附与化学吸附

吸附是气体分子以一定的作用力在固体表面上富集的过程。根据大量的实验结果，可以把吸附分为两大类：物理吸附和化学吸附。这两类吸附有很大的区别，主要有以下几点：

① 作用力。物理吸附的作用力是范德华力，这种力不能改变被吸附分子的键价。而化学吸附产生于吸附分子与吸附剂之间的化学键力，它使吸附物分子的键价力发生变化或引起分子变形，此作用力的大小与分子内部原子之间的作用力是差不多的。

② 选择性。物理吸附一般没有选择性，只要吸附物的分压远大于其他饱和蒸气压时，在全部表面上都可进行物理吸附。而化学吸附则不然，有高度选择性，只有当吸附物能和吸附剂成键时才能发生化学吸附。

③ 吸附速率。物理吸附进行得很快，通常很快就能达到平衡，且脱附也很容易进行。吸附活化能很小，通常小于4kJ/mol。化学吸附速率较慢，只有一定的活化能，升高温度可以加快化学吸附速率，这种吸附称为活化的化学吸附。此外，也有少数活化能极低的非活化的化学吸附。

④ 温度对吸附量的影响。物理吸附的吸附量永远随温度的增加而下降。当温度超过吸附物的正常沸点时，不再会发生明显的物理吸附。化学吸附则不然，温度高于正常沸点，甚至在温度高于该物质的临界温度时仍存在显著数量的化学吸附。

⑤ 吸附层。物理吸附是多分子层的，而化学吸附要求有化学上的相互作用，故化学吸附限于固体表面上最多只能有一层吸附物分子，所以化学吸附是单分子层吸附。

⑥ 可逆性。物理吸附是一个可逆过程，吸附和脱附过程可以重复交替进行而不改变吸附剂表面及吸附物的性质。化学吸附可以是可逆的也可以是不可逆的，常常一种物质被吸附而脱附出来的是另一种物质。

另外，物理吸附和化学吸附在吸附剂、吸附物以及吸附用途等方面也有很大的区别。为了便于比较，把两种吸附的特点列于表5-1。

表 5-1 化学吸附与物理吸附的比较

	物理吸附	化学吸附
吸附剂	所有的固体物质	某些固体物质
吸附的选择性	临界温度以下的所有气体	只吸附某些能起化学变化的气体
温度范围	温度较低，近于沸点，对于微孔中的情况可高于沸点	温度较高，远高于沸点
吸附速率及活化能	<4kJ/mol，很快，活化能低	非活化的，低活化能；活化的，高活化能，>40kJ/mol
吸附热	<8kJ/mol，很少超过凝缩热	>40kJ/mol，与反应热的数量级相当，也有例外
覆盖情况	多分子层	单分子层
可逆性	高度可逆	常不可逆
重要性	用于测定表面积及微孔尺寸	用于测定活化中心的面积，阐明反应动力学规律

物理吸附和化学吸附并不是不相关的，它们有差异但也有共同之处。例如两类吸附的吸附热都可用克劳修斯－克拉贝龙公式计算。这两类吸附也可以同时发生。例如氧在金属钨上的吸附同时有三种情况：① 有的氧是以原子状态被吸附的，这是纯粹的化学吸附；② 有的氧是以分子状态被吸附的，这是纯粹的物理吸附；③ 还有一些氧是以分子状态被吸附在已吸附了的氧原子上面，形成多层吸附。由此可见，物理吸附和化学吸附往往相伴发生，因此在研究中常需要同时考虑两种吸附在整个吸附过程中的作用。

2. 吸附等温方程

在一定条件下达到平衡时，一种气体(吸附质)在一种固体(吸附剂)上被吸附的量是一个定值。在等温条件下达到平衡时，表示某种气体气相分压与该气体在固体吸附剂上被吸附的量之间关系的等式称为吸附平衡方程式。对于某一确定的温度，以平衡吸附量对气相分压作图所得到的曲线称为吸附等温线。

曾有人提出过多种不同形式的吸附等温线模型，著名的有：①Langmuir 型；②Freundlich 型；③Temknh 型；④BET(Brunauer—Emmettt—Te11er)型。

Langmuir 吸附等温线模型是一个理想化的吸附模型，应用比较广泛，因此着重叙述这一模型，对于其他的几种，只作简单的介绍。

(1) Langmuir 型

Langmuir 吸附等温线模型的基本假设是：

① 均匀表面(或理想表面)：催化剂表面上均匀地分布着许多吸附位，气体分子只在吸附位上被吸附，每个吸附位的吸附能力相同；

② 单分子层吸附；被吸附的分子与固体催化剂表面间存在有类似于化学键的结合，催化剂表面最多能吸附一层气体分子或气体原子；

③ 被吸附的分子间互不影响，也不影响其他吸附位上的吸附。

符合以上条件的吸附称为理想吸附。

在吸附时，气体分子不断撞击到催化剂表面上来，有一部分被吸附。由于分子的各种动能，被吸附的分子有一些又脱附下去，最后达到动态的平衡。今设固体表面被吸附分子覆盖的分率(覆盖率)为 θ，则裸露部分的分率便为$(1-\theta)$。气体吸附速率 r_a 与裸露面积的大小及气相分压成正比，脱附速率 r_d 与覆盖面积的大小成正比。因此对于分子 A 在吸附位 σ 上的吸附过程可写成：

$$A + \sigma \underset{k_d}{\overset{k_a}{\rightleftharpoons}} A\sigma \tag{5-3}$$

吸附速率为：

$$r_a = k_a p_A(1 - \theta_A) \tag{5-4}$$

脱附速率为：

$$r_d = k_d\theta_A \tag{5-5}$$

达到平衡时则，$r_a = r_d$，故可得出吸附等温方程

$$\theta_A = \frac{k_A p_A}{1 + k_A p_A} \tag{5-6}$$

式中，$K_A = \frac{K_a}{K_d}$为 A 的吸附平衡常数。

如果以 V_A及 V_m分别表示 A 的实际吸附量和所有吸附位全被 A 覆盖时的饱和吸附量，那么，$\theta_A = \frac{V_A}{V_m}$，因此式(5-6)可写为：

$$V_A = \frac{V_m K_A p_A}{1 + K_A p_A} \tag{5-7}$$

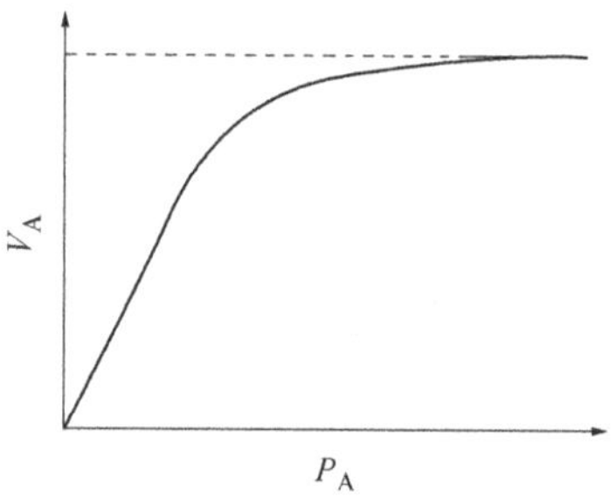

图 5-1　Langmuir 等温线

以 V_A对分压 p_A作图得到图 5-1 所示的吸附等温线。低压时，$K_A p_A \ll 1$，则 $V_A = V_m K_A p_A$即 V_A与 p_A成正比，所以等温线起始段接近于一直线。

高压时 $K_A p_A \gg 1$，则 $V_A = V_m$。这相当于催化剂表面全部被覆盖，即达到饱和，V_A不再随 p_A变化，所以在等温线末端趋近于一水平渐近线。

式(5-7)也可写成下面的形式：

$$\frac{p_A}{V_A} = \frac{1}{V_A K_A} + \frac{p_A}{V_m} \tag{5-8}$$

利用式(5-8)可以求出符合 Langmuir 方程描述的吸附过程的饱和吸附量 V_m。

当多原子分子吸附时，常伴随有分子在表面上的解离，那么其吸附机理就不同，θ 的表达式亦不相同。比如当吸附发生解离时，其吸附机理为：

$$A + 2\sigma \underset{k_d}{\overset{k_a}{\rightleftharpoons}} 2A_{1/2}\sigma \tag{5-9}$$

则　$r_a = k_a p_A(1-\theta_A)^2$；$r_d = k_d\theta_A{}^2$

达到平衡时 $r_a = r_d$，可得：

$$\theta_A = \frac{(K_A p_A)^{1/2}}{1 + (K_A p_A)^{1/2}} \tag{5-10}$$

可见如 A 为解离吸附，则 $K_A p_A$项的幂指数为 1/2。

如果多种气体分子同时能被固体催化剂表面吸附，则裸露率为：$\theta_v = 1 - \sum_i \theta_i$。如为非解离吸附，则不难相应地导出：

$$\theta_v = 1 - \sum_i \theta_i = \frac{1}{1 + \sum_i K_i p_i} \tag{5-11}$$

$$\theta_v = \frac{K_i p_i}{1 + \sum_i K_i p_i} \qquad (5-12)$$

可见多分子与单分子吸附的 Langmuir 方程形式上是相仿的。

从 Langmuir 吸附等温线可以看出，吸附量(或覆盖率)与压力的关系是双曲线型。Hinshelwood 利用本模型成功地处理了许多气固相催化反应，所以又被称作 L－H 机理。其后又得到 Hougen－Watson 的发展，成为应用很广的一类方法。但其主要缺点是假设吸附表面是理想表面，对于有些固体表面是不适用的。

(2) Freundlich 型

Freundlich 型的吸附等温线是假定吸附热随表面覆盖度的增加而按幂指数关系减少的。于是吸附速率和脱附速率分别写成：

$$A + \sigma \underset{k_d}{\overset{k_a}{\rightleftharpoons}} A\sigma \qquad (5-13)$$

$$r_a = k_a p_A \theta_A^{-\alpha} \qquad (5-14)$$

$$r_d = k_d \theta_A^{\beta} \qquad (5-15)$$

由此可以得到：

$$\theta_A = b p_A^{1/n} \qquad (5-16)$$

上式中 α、β、b、n 均为常数，而且：

$$\left.\begin{aligned} \alpha + \beta &= n(n > 1) \\ b &= (k_a / k_d)^{1/n} \end{aligned}\right\} \qquad (5-17)$$

Freundlich 型的吸附等温线适用于低覆盖率的情况，它的形式比较简单，因此应用亦较广泛。

(3) Temknh 型

Temknh 型的吸附等温线则是按吸附及脱附速率与覆盖率成指数函数的关系而导出的。其吸附与脱附速率分别写成：

$$r_a = k_a p_A e^{-g\theta_A} \qquad (5-18)$$

$$r_d = k_d e^{h\theta_A} \qquad (5-19)$$

当吸附平衡时，便得：

$$\theta_A = \frac{1}{f} \ln (a p_A) \qquad (5-20)$$

式中，

$$\left.\begin{aligned} f &= h + g \\ a &= k_a / k_d \end{aligned}\right\} \qquad (5-21)$$

h、g、a、f 均为常数。

(4) BET(Brunauer－Emmettt－Teller)型

BET 型的吸附等温线，考虑了多层吸附的情况。各层吸附均为物理吸附而不是化学吸附，且认为范德华力是占支配地位的作用力，和 Langmuir 方程的推导情况一样，认为在平衡时各组分的吸附速率等于脱附速率。此外，还要求每层分子的吸附速率等于脱附速率，即在未覆盖表面上的吸附速率等于第一层分子的脱附速率；第二层分子的脱附速率等于向第一层分子层顶部的吸附速率，依此类推。然后将各层加在一起，就可确定所吸附物质的总量。推导过程还假定除第一层外所有各层的吸附热等于气相吸附质的冷凝热。若假定吸附层数为无限多时，通过运算得出 BET 方程如下：

$$V = \frac{V_m C p}{(p_0 - p)\left[1 + \frac{(C-1)p}{p_0}\right]} \qquad (5-22)$$

或
$$\frac{p}{V(p_0 - p)} = \frac{1}{V_m C} + \frac{(C-1)p}{V_m C p_0} \qquad (5-23)$$

式小，C 为常数；p_0为在该温度下被吸附组分的饱和蒸气压。

利用式(5-23)可求催化剂的比表面积，具体方法将在下一节中介绍。

最后应当指出，BET 式只通用于物理吸附，Temknh 式只适用于化学吸附，但 Langmuir 式及 Freundlich 式则对两者都可应用，只是一般不能在整个压力范围都做到吻合。比如在高压时，Freundlich 式就不适用，因为吸附量是不可能随着压力的增加而无限增大的。因此，上述的吸附模型只有在一定的范围内才能适用。在工业生产中，若需要吸附平衡数据，首先必须搞清楚其吸附现象属于哪一类，利用哪一种模型，效果会更好一些，必要时也可做实验加以验证。

5.3 催化剂的物理性质

催化剂的物理性质主要是指催化剂的比表面积以及孔体积与孔径分布。由于进行催化反应的反应物气体分子必须扩散进入催化剂的微孔，再在微孔壁面上进行反应，因此比表面积和孔体积的大小及孔径分布对反应的结果就具有很重要的影响，而对它们的测定也就成为催化研究不可缺少的一项工作。

5.3.1 比表面积

比表面积是固体催化剂的重要数据，一般用单位质量固体催化剂的全部表面积定义，常用 S_g表示。总表面积是内表面积与外表面积之和，但将多孔催化剂的外表面积与内表面积比较，前者往往可以忽略不计。

催化剂比表面积测定的方法是基于气体在固体表面上的物理吸附，比较经典的方法是 BET 法，它是利用在低温下测定气体(如 N_2)在固体上的吸附量和平衡分压值，然后用 BET 式算出比表面积。

实验测定气体在固体上的吸附量和平衡分压值的方法分静态法和动态法两大类。静态法又分容量法和重量法两种，前者是测定被催化剂样品吸附的气体体积，后者则测定吸附后样品的增重。

静态法测定比表面积因再现性好，而成为一般公认的标准方法，但需要低温和抽高真空，测试时间也长，因此还有一些动态法可供一般应用。

近年来发展的流动吸附色谱法是比较方便的方法。图 5-2 所示即为一例，称取适量干燥好的样品，置于样品管中，接入气路，在冷阱处套上盛有液氮的杜瓦瓶。热导检测器的桥流控制在 140mA。用皂膜流量计测准载气氦(或氢)的流速，然后加入一定量的吸附质(氮)，并测出混合气总流速。待基线稳定后，将盛满液氮的杜瓦瓶套于样品管上，这时记录仪上便出现一个吸附峰(图 5-3)，吸附达到平衡后(记录笔回到基线)，取下液氮杜瓦瓶，用室温水加速脱附，记录仪上便出现一脱附峰，脱附峰面积作为计算依据。

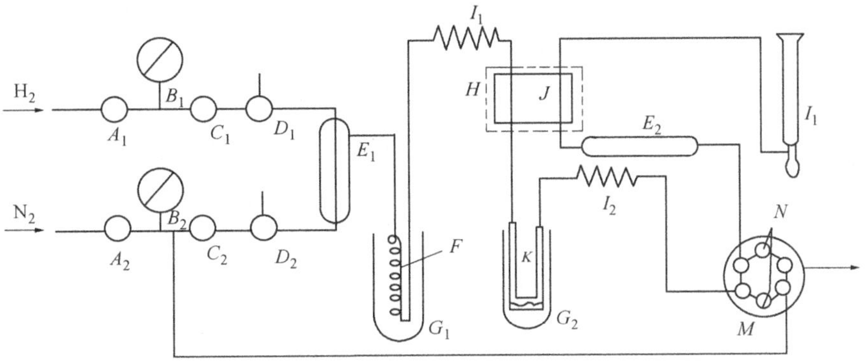

图 5-2　测定比表面积的仪器装置流程示意图

A_1，A_2—稳压阀；B_1，B_2—压力表；C_1，C_2—可调气阻；D_1，D_2—三通阀；E_1，E_2—混合器；F—冷阱；G_1，G_2—杜瓦瓶；H—保温层；I_1，I_2—螺旋管；J-热导池；K—样品管；L—皂膜流量计；M—六通阀；N—已知体积量管

有了吸附量 V 和平衡分压 p 的数据或图形后，利用式(5-23)以 $p/V(p_0-p)$ 对 p/p_0 作图为一直线。这样的直线可以外推到 $p/p_0=0$，由此获得截距 I 和斜率 S 的数值，可求得 V_m 的数值。

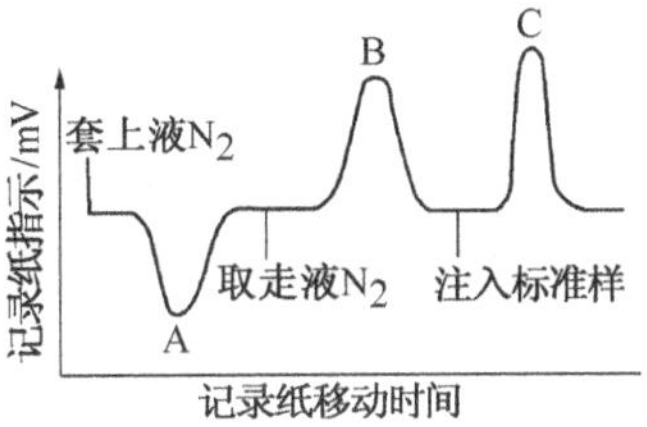

图 5-3　吸附及脱附色谱图

截距　$I=1/V_mC$　　（在 $p/p_0=0$）　　(5-24)

斜率　$S=(C-1)/V_mC$　　(5-25)

求解这两个方程从而得到相应于单分子层吸附气体的体积：

$$V_m=\frac{1}{1+S} \tag{5-26}$$

体积 V_m 很容易转换成吸附的分子数，再乘以每一吸附分子所覆盖的面积 σ，即可求出比表面积 S_g：

$$S_g=\left(\frac{V_mN_0}{V_0}\right)\sigma \tag{5-27}$$

式中，N_0 为阿伏加德罗数，6.02×10^{23} 分子/摩尔；V_0 为气体在 V_m 状态时的摩尔体积，如果 V_m 是标准状态下的体积，则 $V_0=22400\text{mL/mol}$。若 V_m 是以 1g 样品为基准的，求出的 S_g 表示每克固体催化剂的吸附表面积。

关于 σ 的数值，假定它等于一个分子在表面上的投影面积，建议使用的方程式如下：

$$\sigma=1.09\left(\frac{M}{N_0\rho}\right)^{2/3} \tag{5-28}$$

式中，M 为相对分子质量；ρ 为被吸附分子的密度。

式(5-28)中括号项表示一个被吸附气体分子的体积。密度通常取在实验温度下纯液体的数值，如 N_2 在 -195.8℃ 的 $\rho=0.808\text{g/cm}^3$。

从理论上讲，吸附的测定可使用各种不同的气体，然而发现从式(5-28)计算出的 σ 对于不同的气体测定的结果稍有差异。因此 BET 法标准程序建议使用氮气，并且在其标准沸点 -195.8℃ 下测定。其中 $\sigma=16.2\text{Å}^2(1\text{Å}=10^{-10}\text{m})$，将此结果用于式(5-27)，并代入已知的 N_0 和 V_0 值，则：

$$S_g=4.35V_m(\text{m}^2/\text{gcat}) \tag{5-29}$$

【例5-1】 活性氧化铝0.396g，在液氮的沸点-195.8℃下，用氮气进行吸附，测得其吸附量与压力的关系如下，求比表面积。

P/Pa	6.53	60.4	136.8	213.7	277.4	336.6
V/CCSTP①	18.4	25.6	30.7	35.6	39.6	43.8

① CCSTP为标准温度和压力下的立方厘米(Cubic centimetre based on standard temperature and pressure)。

【解】将上述数据$p/V(p_0-p)$及p/p_0进行整理，如下表所示，然后作图如图5-4所示，得到一直线，其斜率$S=\dfrac{C-1}{V_mC}=0.0342$

p/Pa	6.53	60.4	136.8	213.7	277.4	336.6
$\left[\dfrac{p}{V(p_0-p)}\right]\times10^3$	0.350	2.47	5.08	7.51	9.52	11.36
p/p_0	0.0064	0.059	0.134	0.210	0.272	0.330

截距 $I=\dfrac{1}{V_mC}=0.000615$

解得 $C=53.8$ $V_m=30.2\text{mL}$ 如按1g计算，则$V_m=76.2\text{mL}$

故比表面积$S_g=4.25\times V_m=324(\text{m}^2/\text{g})$

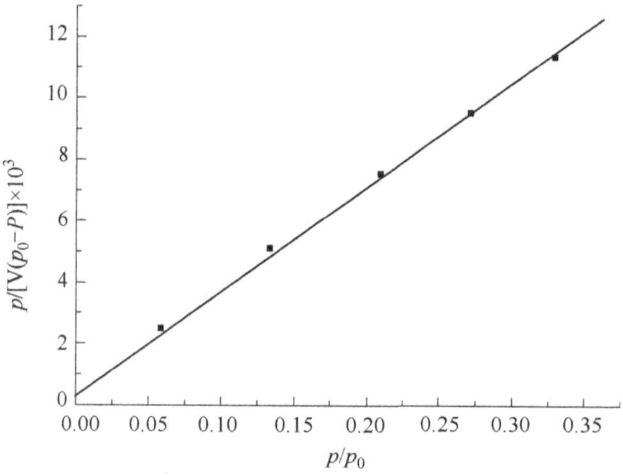

图5-4 【例5-1】图

5.3.2 孔体积和孔径分布

孔体积亦称孔容积，符号为V_g。

测定孔体积的方法甚多，最简单的方法是液体渗透填充法。将已知重量的试样浸入液体中(例如四氯化碳、苯或水)加热或减压驱除孔内的气泡，然后拭干表面并称重，所增加的重量除以液体的密度即可求得孔体积。

较精确的方法是氦-汞法，即先测定试样粒子所取代的氦体积，然后将氦除去，再测定粒子所取代的汞体积。因为常压下汞不能进入小孔，故两者体积之差就是试样中的孔体积。

催化剂的内表面在催化反应过程中能否被充分利用，不仅取决于孔体积的大小，而且取决于孔径的大小，因此需要确定催化剂的孔径分布。

孔径分布有两种测量方法。

第一种方法是压汞法。压汞法的原理是压力愈高，汞能进入小孔的直径也愈小。

如图5－5所示，由力的平衡有：

$$\pi \bar{r}^2 p = -2\pi \bar{r} \sigma\cos\theta \qquad (5-30)$$

即：

$$\bar{r} = -2\sigma\cos\theta/p \qquad (5-31)$$

式中，σ 是汞的表面张力，对不同的固体，$-2\sigma\cos\theta$ 的值都可取 7.61×10^{19}，而不致有多大的误差，故

$$\bar{r} = \frac{7.61\times10^{19}}{p} \qquad (5-32)$$

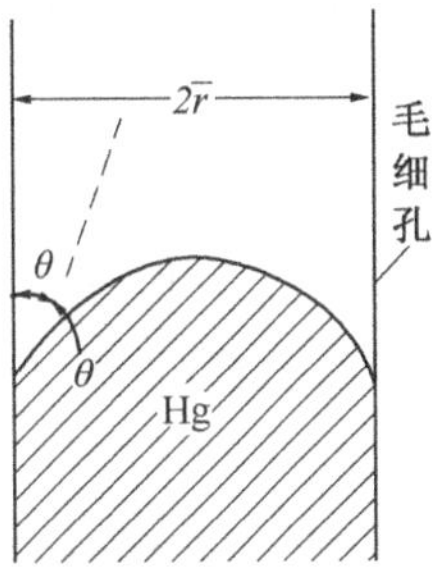

图5－5 微孔内汞的状况示意图

式中 P——施加压力，Pa；

$\bar{r}$——孔半径，0.1nm。

这样，只要测出不同压力下汞的压入量，即可求得孔径分布。此法适用的孔径下限为10～20nm，孔径再小，亦难以压入，需提高压力。

第二种方法是氮气解析法，其原理是根据低温下氮在微孔中凝缩的毛细现象，即孔径愈小孔内的分压也愈小，在最细的孔内将首先发生凝缩。故在压力达到饱和压力 P_0，使所有孔内全部被凝缩的氮气充满后再逐渐降压，则最粗的孔内的氮将首先释出。压力与孔半径 $\bar{r}$(0.1nm)间的关系可用下式表示：

$$\bar{r}\,(0.1\text{nm}) = 7.34\left(\ln\frac{p_0}{p}\right)^{-1/3} + 9.52\left(\ln\frac{p_0}{p}\right)^{-1} \qquad (5-33)$$

这样测得不同压力下释出氮气的体积，也就可以求得孔径分布。由于蒸气压对弯曲半径大于20nm的孔没有明显的影响，因此这个方法不适用于孔半径大于20nm的情况。

以上两种方法各有其适用范围。两种方法结合起来就可用于测量孔半径为1～100nm的范围的催化剂，从而得到比较完整的孔径分布的数据。

除比表面积和孔体积、孔径分布是催化剂的主要物理性质外，与它们有直接联系的还有孔隙率 ε_p。由每克粒子的孔体积 V_g，和粒子的质量 m_p，可求出其固相的密度 ρ_s，于是

$$\begin{aligned}\varepsilon_p &= \frac{\text{粒子的孔体积}}{\text{粒子的总体积}} \\ &= \frac{m_p V_g}{m_p V_g + m_p/\rho_s} \\ &= \frac{V_g\rho_s}{V_g\rho_s + 1}\end{aligned} \qquad (5-34)$$

如将 m_p 除以被取代的汞体积，即得粒子的密度 ρ_p，故 ε_p 也可由下式求得：

$$\varepsilon_p = \frac{V_g}{1/\rho_p} = V_g\rho_p \qquad (5-35)$$

式中，ρ_p 为颗粒密度，或称表观密度。除了颗粒密度之外，还有所谓真密度 ρ_s 和堆密度 ρ_b，它们的定义分别表示如下：

$$\rho_p = \frac{\text{固体的质量}}{\text{颗粒的体积}},\quad \rho_s = \frac{\text{固体的质量}}{\text{固体的体积}},\quad \rho_b = \frac{\text{固体的质量}}{\text{床层的体积}}$$

由此可见三者指的都是单位体积的固体质量，差别只在于体积计算的不同。ρ_p 按颗粒体积(固体体积与孔体积之和)计算，而 ρ_s 只按固体体积计算。堆密度 ρ_b 按床层体积(也叫堆体

积)包括颗粒体积和颗粒与颗粒间的空隙体积两个部分，因此，三种密度的大小顺序为：$\rho_s > \rho_p > \rho_b$。

要注意将床层空隙率 ε 与前面所说的孔率(孔隙率 ε_p)区分开来。床层空隙率是对一堆颗粒而言，其意义为颗粒间的空隙体积与床层体积之比，即颗粒间的空隙体积占床层体积的分率；孔隙率则对单一颗粒而言，是颗粒内部的孔体积占颗粒体积的分率。

对于固体颗粒，尤其是形状不规则而又较细的颗粒，往往通过筛分来确定其粒度，例如40～60目的颗粒，指这些颗粒能通过40目筛，而不能通过60目筛。同时以这两种筛的筛孔净宽的算术平均值来表示颗粒的线性尺寸。

在实际设计计算中，往往以与颗粒相当的球体直径来表示颗粒的粒度，具体做法有三：① 以与颗粒体积相等的球体直径表示；② 以与颗粒外表面积相等的球体直径表示；③ 以与颗粒的比外表面积相等的球体直径表示，所谓比外表面积是指单位颗粒体积所具有的外表面积。这三种表示方法文献上都有采用，因此实际应用时必须特别小心，要弄清是用哪一种表示方法，尤其是对那些含有颗粒直径的关联式更应注意，以免引起错误，因为对于同一非球颗粒，用不同的方法表示其相当直径，其数值显然是不相同的。

对于固体颗粒，还要介绍另一个常用的概念——形状系数，φ_s，其意义为和颗粒体积相同的球体的外表面积 α_s 与颗粒的外表面积 α_p 之比，即

$$\varphi_s = \alpha_s / \alpha_p \tag{5-36}$$

由于体积相同的几何体中以球体的外表面积为最小，所以 $\alpha_s < \alpha_p$，$\varphi_s < 1$。$\varphi_s = 1$ 表明颗粒为球形。φ_s 表示颗粒外形与球形相接近的程度，又称圆球度。

【例5-2】 已知一催化剂颗粒的质量为1.083g，体积为1.033cm^3，测得孔容为0.255cm^3/g，比表面积为100m^2/g，试求这粒催化剂的 ρ_p、ε_p 及 $\bar{r}$。

【解】由 ρ_p 和 ε_p 的定义得：

$$\rho_p = 1.083/1.033 = 1.084 g/cm^3$$

$$\varepsilon_p = 0.255/(1/1.048) = 0.267$$

假设催化剂颗粒内部的孔道是彼此不相交的圆柱，其平均半径为 $\bar{r}$，平均长度为 $\bar{L}$，如果单位质量催化剂中含有 n 个这样的圆柱形孔道，则：

比表面积：$S_g = n(2\pi \bar{r} \bar{L})$

孔容：$V_g = n(2\pi \bar{r}^2 \bar{L})$

两式相除得：

$$\bar{r} = 2V_g/S_g = 2 \times 0.255/(100 \times 10^4) = 50.1 \times 10^{-8}(cm) = 50.1 \times 10^{-10}(m)$$

5.4 催化剂的主要性能及其测定

一种优良的工业催化剂，必须具有如下性质：活性好，选择性高，寿命长。活性好，就是说用少量的催化剂，反应物转化量大。因此转化率的大小是催化剂活性的一个标志。但也应注意，对于强放热反应，过高的活性会导致随着反应物的转化，从而产生大量热，因此如

何携出热量和控制温度往往成为棘手的关键问题。所以，应当考虑反应实际可能的传热能力，而不宜过高地追求活性，否则若床层的传热能力跟不上，就会造成“飞温”，而使催化剂被烧坏，甚至还可能发生意外。

选择性的好坏往往比活性的高低更为重要。因为副产物增多，不仅使原料损耗增大，而且要增加分离或处理这些副产物的装备和费用，使整个过程的经济指标大大恶化。

至于寿命问题，也很重要。譬如要更换固定床反应器中的催化剂，就得停产，所以实用催化剂的寿命至少也得一年或半年以上。

催化剂的活性、选择性和寿命是催化剂性能的主要标志。因此，在研制催化剂时，要对其性能进行测定。针对不同的研究项目和反应及其所要求的具体条件，可采用不同的测定方法。本节着重介绍用固定床反应器测定催化剂性能的方法。

利用固定床反应器测定催化剂的性能，就是将固体催化剂固定于反应器中，反应物（流体）连续地流入反应器（催化剂床），从另一端引出反应物和产物。由于反应系统中引进固体催化剂，使反应体系变得复杂，除了直接观察温度、压力和浓度三者对反应效果的影响之外，还要考虑催化剂系统中的传质和传热问题。

可采用的固定床反应器型式很多，图5－6是两种较简单的形式。

直管式适宜电加热，U形管式适宜用热载体加热，试验时催化剂用量一般为5～100mL。催化剂安装在接近反应器出口处，使经过反应的产物迅速离开反应器。催化剂上部放置一些惰性的填料，如瓷圈、玻璃珠等，一方面作反应气流的预热区域，另一方面使流体分布均匀地进入反应床层。催化剂颗粒直径与反应器直径比，通常选用1:（10～20），催化剂层的高和反应器直径比例，一般为2～10。反应器直径的大小直接影响气体的线速率，也影响径向传热。如反应器直径大，则反应气流的线速低，径向温差大。需要在反应条件下先进行空白试验，研究有无器壁效应，以及是否存在非催化反应，同时在实验中还应防止沟流现象。反应器一般竖直放置，反应气流取自上而下的流向，这样床层稳定，催化剂颗粒不易被吹动，产物中冷凝的液滴易被带出。此外尚需设计整个试验的流程，确定测温、测压、测流速、收集产品及分析组成的位置及装置。

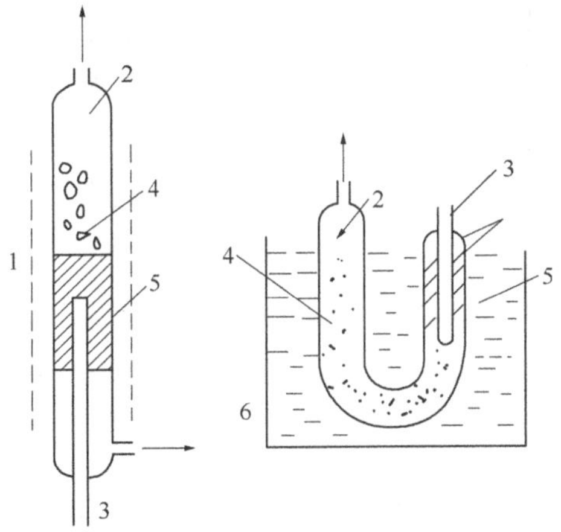

图5－6　催化剂性能测定示意图

1—电加热器；2—反应管；3—取样管；4—填料；5—催化剂；6—热载体

在试验范围的选择上，通常要按下述两情况进行：

① 应在远离平衡的条件下，测试催化剂的活性；

② 消除内、外扩散影响以找出化学控制区域。

对于寿命的考察，可采用连续运转2000～4000h的直接方法；或分析催化剂的失活原因，考察其抗毒性，测量催化剂对毒物的最大承受量；将催化剂在超出正常使用温度范围的高温下热处理，找出活性迅速下降的温度界限，使用前后机械强度的变化，考察其耐热性。

对于催化剂性能测定的方法，还有近几年来迅速发展的脉冲催化色谱与尾气色谱技术，详细内容可参考有关文献。

5.5 气－固非均相催化过程与控制步骤

气－固非均相催化反应，是气体在固体催化剂存在下进行化学反应，所以其过程比均相反应要复杂，一般可设想由下列各步组成(参考图5－7)：

① 反应物A由气相主体扩散到颗粒外表面(外扩散过程)；

② A由外表面向孔内扩散，到达吸附反应活性中心(外扩散过程)；

③④⑤ 依次进行A吸附，A在表面上反应生成B，产物B自表面解吸(吸附、表面反应和脱附过程)；

⑥ B由内表面扩散到外表面(内扩散过程)；

⑦ B由颗粒外表面扩散到气相主体(内扩散过程)。

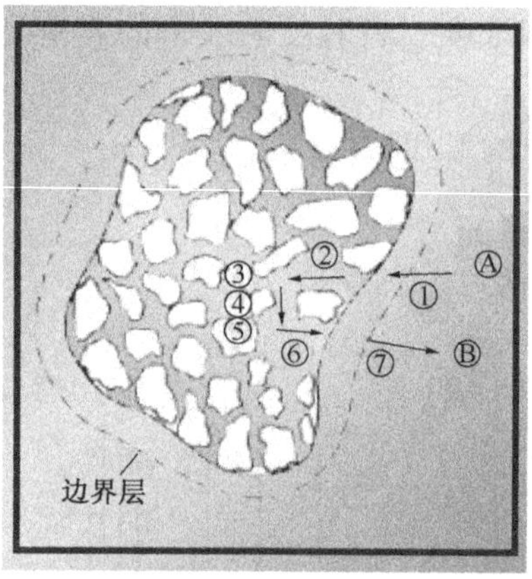

图5－7　催化反应过程示意图

气－固催化反应的全过程即由上述依次进行的七个步骤组成。在稳定条件下，如果其中的某一步骤的速率与其他各步的速率相比要慢很多，以致整个反应的速率就取决于这一步骤的速率，那么该步骤就称为控制步骤。只有设法加速这一步骤的速率，才能加快全过程的总速率。比如吸附为控制步骤，那么气－固催化反应的速率就等于吸附速率，其他各步的速率相对于吸附速率快很多，以致内、外扩散的阻力完全可以忽略不计。组分在催化剂表面上的分压就等于它们在主流中的分压，而且表面上的化学反应始终处于平衡状态。又如对于表面反应为控制步骤的过程，则只有表面上的化学反应这一步骤是最慢的，其他吸附等各步骤就都可以认为达到了平衡的状态。由于吸附、脱附及表面反应都是与催化剂的表面直接有关的，故吸附控制、表面反应控制和脱附控制称为动力学控制；而内、外扩散控制称为扩散控制。应当指出，工业上的气－固催化反应过程，除少数反应速率为飞快的情况外，一般都不采用在外扩散控制的条件下操作。但内扩散的影响往往是非常重要的，有关这方面的问题将在后面专门介绍。

若反应的各步速率不是相差那么远，就没有哪一步是控制步骤，其余各步也不能认为已达到平衡状态。对于这类问题，动力学处理是比较复杂的。不过大多数情况下采用有控制步骤的方法来处理气－固相反应动力学问题通常是合适的。

5.6 流体与催化剂颗粒外表面间的传质与传热

前已指出，多相催化反应过程的第一步是反应物向催化剂颗粒外表面传递，这一步骤的速率可用下式表示：

$$N_A = k_G a_m (C_{AG} - C_{AS}) = \frac{C_{AG} - C_{AS}}{1/(k_G a_m)} \tag{5-37}$$

式中，k_G为传质系数；α_m为颗粒的外比表面积；浓度差$(C_{AG}-C_{AS})$为传质过程推动力。对于定态过程，这一传质速率应等于反应物A的反应速率$-r_A$，有：$N_A=-r_A$。

由于化学反应进行时总量伴随着一定的热效应(放热或吸热)，因而在反应物向催化剂颗粒外表面传递的同时，必然产生流体与颗粒外表面间的热量传递，进行放热反应时，热量从催化剂外表面向流体主体传递，吸热反应则相反，此传热速率可用下式表示：

$$q = h_S a_m (T_S - T_G) \tag{5-38a}$$

式中，h_S为流体与颗粒外表面间的传热系数；T_S及T_G分别表示颗粒外表面和流体主体的温度，此温度差为传热推动力。放热时$T_S > T_G$；吸热时$T_G > T_S$。过程达到定态时传热量应等于反应放出(或吸收)的热量，即：

$$q = (-r_A)(-\Delta H_r) \tag{5-38b}$$

式(5-37)~式(5-38)为相间传递的基本方程。

5.6.1 传递系数

上述两个传递方程都包含传递系数，即传质系数k_G和传热系数h_s。传递系数反映了传递过程阻力的大小，实质上也就是围绕催化剂颗粒外表面上层流边界层的厚薄。温度差和浓度差产生于层流边界层的两侧。处理实际的浓度也做均一的假定。这实质上是假定层流边界层的厚度处处相等，这样的假设将相间传递问题作为一维问题来处理，使复杂的问题大为简化而又保持足够的近似。

传递阻力的大小对于传递速率的影响至关重要，阻力越大则传递系数越小。流体与固体颗粒间的传质系数与颗粒的几何形状及尺寸、流体力学条件以及流体的物理性质有关。影响流体与颗粒间传热系数的因素同样是这些。由传热和传质的类比关系可知，用j因子的办法来关联气固传质和传热实验数据最为合适。传质j因子j_D和传热j因子j_H的定义为：

$$j_D = \frac{k_G \rho}{G}(Sc)^{2/3} \tag{5-39}$$

$$j_H = \frac{h_S}{GC_P}(Pr)^{2/3} \tag{5-40}$$

式中Sc和Pr分别为斯密特数和普兰德数。

$$Sc = \mu/\rho D,\quad Pr = C_p \mu/\lambda_f$$

无论j_D还是j_H，均是雷诺数的函数，其函数形式与床层结构有关。例如，对于固定床

$$\varepsilon j_D = 0.357/Re^{0.359} \tag{5-41}$$

上式应用范围为$3 \leqslant Re \leqslant 1000$，$0.6 \leqslant Sc \leqslant 5.4$

$$\varepsilon j_H = 0.395/Re^{0.36} \tag{5-42}$$

应用范围为$0.6 \leqslant Pr \leqslant 3000$，$30 \leqslant Re \leqslant 10^5$。上两式中的雷诺数均系按颗粒的直径来定义，即：

$$Re = d_p G/\mu$$

根据传热与传质的类比原理有：

$$j_D = j_H \tag{5-43}$$

对比式(5-41)和式(5-42)可知，对于固定床，式(5-43)的关系亦近似成立。正因为这样，用j因子来关联传质和传热系数就显出其优越性，即可以由传热系数推算出传质系数，反之亦然。特别是前者更为重要，因为气固相间的传热实验测定较之传质实验要来得准

确，相对来说也较为容易。但是也有些文献报道固定床的 j_D 和 j_H 相差较大。

由 j_D 与 Re 的关联式(5－41)可知，传质系数 k_G 将随质量速率 G 的增长而变大，从而也就加快了外扩散传质速率；反之，质量速率下降，外扩散传质阻力变大，甚至会成为过程的控制步骤。

实际生产中，在条件允许的前提下，力求用较大的质量速率以提高设备的生产强度，故属于外扩散控制的气固催化反应过程不多。硝酸生产中的铂网催化剂上的氨氧化反应属于外扩散控制，造成此种情况的原因有二：一是反应温度高达 800～900℃，本征反应速率很快，所谓本征反应速率是指不存在内外扩散影响时的多相催化反应速率；二是加大氨空气混合气的质量速率会导致铂网的机械摩擦损失增加。在气固非催化反应中，例如炭的燃烧，则由于在高温下的燃烧反应速率很快，常常是属于外扩散控制。

5.6.2 流体与颗料外表面间的浓度差和温度差

为了确定定态下流体与颗粒外表面间的浓度差和温度差，将式(5－36)和式(5－37)代入式(5－38)可得：

$$k_G a_m (C_{AG} - C_{AS})(-\Delta H_r) = h_S a_m (T_s - T_G)$$

并以式(5－39)和式(5－40)代入，整理后则有：

$$T_S - T_G = (C_{AG} - C_{AS}) \frac{(-\Delta H_r)}{\rho C_p} \left(\frac{Pr}{Sc}\right)^{2/3} \left(\frac{j_D}{j_H}\right) \tag{5-44}$$

就多数气体而言，Pr/Sc 约等于 1，对于固定床 j_D 和 j_H 近似相等，于是式(5－44)可简化为：

$$T_S - T_G = \frac{(-\Delta H_r)}{\rho C_p}(C_{AG} - C_{AS}) \tag{5-45}$$

由此可见，催化剂外表面与流体主体的温度差 $\Delta T = T_S - T_G$ 和浓度差 $\Delta C = C_{AG} - C_{AS}$ 成线性关系。对于热效应 ΔH_r 不很大的反应，只有 ΔC 比较大时，ΔT 才较显著。而热效应大的反应，即使 ΔC 不很大，ΔT 依然可能相当大，无论放热反应还是吸热反应均如此。但是放热反应更值得注意，因为实测温度往往是流体相的温度 T_G，而此种情况下 T_S 又大于 T_G，ΔT 太大就会造成催化剂由于超温而损坏。

设想在绝热条件下反应，流体相的浓度从 C_{AG} 降至 C_{AS} 时，由热量衡算知流体的温度变化为：

$$(\Delta T)_{ad} = \frac{(-\Delta H_r)}{\rho C_p}(C_{AG} - C_{AS}) \tag{5-46}$$

对比式(5－45)和式(5－46)知 $\Delta T = \Delta T_{ad}$，前提是流体主体和催化剂外表面传质间的浓度差与绝热条件下反应时流体相的浓度变化相等。

【例 5－3】 为除去 H_2 中少量 O_2 杂质，用装有 Pt/Al_2O_3 催化剂的脱氧器进行以下反应：

$$2H_2 + O_2 \longrightarrow 2H_2O$$

反应速率(O_2)可按下式计算：

$$-r_A = 3.09 \times 10^{-5} \exp[-2.19 \times 10^4/(RT)] p_A^{0.804} \text{mol/(g·s)}$$

式中，p_A 为 O_2 分压，Pa。脱氧器催化剂床层空隙率 $\varepsilon = 0.35$，气体质量速率 $G = 1250\text{kg/(m}^2\cdot\text{h)}$ 催化剂的颗粒直径 $d_p = 1.86\text{cm}$ 外表面积 $a_m = 0.5434\text{m}^2/\text{g}$。

现测得脱氧器内某处气相压力为 0.1135MPa，温度 373K，各气体体积分数为：H_2 96%，

$O_2$4.0%，试判断在该处条件下，相间的传质、传热阻力可否忽略不计(不考虑内扩散阻力)？

在本题条件下 O_2 的扩散系数为 0.414m²/h，混合气体黏度 1.013×10^{-5} Pa·s，密度 0.177kg/m²，反应热 2.424×10^{3} J/mol，相间传热系数 2.424×10^{6} J/(m²·h·K)。

【解】首先求：

$$Re = d_p G/\mu = 1.86\times10^{-2}\times1250/0.03708 = 627$$

$$Sc = \mu/\rho D = 0.03708/0.117\times0.414 = 0.7655$$

$$Sc^{2/3} = 0.8368$$

按式(5-39)知：

$$j_D = 0.357/(0.35)(627)^{0.359} = 0.101$$

因为反应是在催化剂表面上进行，该处的温度 T_s 与 O_2 浓度 C_{AS}，其数值暂时不知道，为此可按下述试差法求解。

(a) 先假设 $C_{AS} = C_{AG} = p_{AG}/RT$

$$= 0.1135\times0.04/0.008314\times373 = 1.464\times10^{-3}(\mathrm{mol/L})$$

$$T_S = T_G = 373\mathrm{K}$$

$$P_{AG} = 0.1135\times0.04 = 0.00454\mathrm{MPa}$$

按此 T_S、p_{AS} 的值，求出 $(-R_A)$：

$$(-R_A) = 3.09\times10^{-5}\exp[-219\times10^{4}/(8.314\times373)](4540)^{0.804}$$

$$= 2.308\times10^{-5}[\mathrm{mol/(g\cdot s)}]$$

由式(5-36)、式(5-39)得式(A)，由式(5-37)、式(5-38)及式(5-40)得式(B)：

$$C_{AG} - C_{AS} = \frac{(-R_A)\rho}{J_B C a_m}(Sc)^{2\beta} \tag{A}$$

$$T_S - T_G = (-R_A)(-\Delta H_x)/h_S a_m \tag{B}$$

将上边算得的 $(-R_A)$ 及有关常数代入式(A)和式(B)得

$$C_{AS} - C_{AS} = \frac{2.308\times10^{-5}\times0.117\times3600}{0.101\times1250\times0.5434}\times0.8368 = 1.1858\times10^{-4}(\mathrm{mol/L})$$

由上得第一次修正的 C_{AS} 和 T_S 值：

$$(C_{AS})_1 = C_{AG} - 1.185\times10^{-4} = 1.464\times10^{-3} - 1.185\times10^{-4} = 1.3454\times10^{-3}(\mathrm{mol/L})$$

$$(T_S)_1 = T_G + (-r_A)(-\Delta H_r)/h_S a_m$$

$$= 373 + 2.038\times10^{-5}\times3600\times2.424\times10^{5}/(2.424\times10^{6})(0.5434\times10^{-3})$$

$$= 373 + 15.29 = 388.29(\mathrm{K})$$

$$(p_{AS})_1 = (C_{AS})_1 R(T_S)_1 = 0.004343\mathrm{MPa}$$

(b) 用 $(C_{AS})_1$、$(T_S)_1$ 再求 $(-r_A)$

$$-r_A = 3.09\times10^{-5}\exp(-2.19\times10^{4}/8.314\times388.29)(4343)^{0.804}$$

$$= 2.938\times10^{-5}[\mathrm{mol/(g\cdot s)}]$$

将 $-r_A$ 及有关常数再代入式(A)及式(B)得：

$$(C_{AS})_2 = 1.3130\times10^{-3}\mathrm{mol/L},\ (T_S)_2 = 392.46\mathrm{K}$$

$$(p_{AS})_2 = 0.00428\mathrm{MPa}$$

(c) 同上方法依次计算得：

$$(C_{AS})_3 = 1.3034 \times 10^{-3}\text{mol/L}, (T_s)_3 = 393.71\text{K}$$
$$(C_{AS})_4 = 1.3005 \times 10^{-3}\text{mol/}L, (T_s)_4 = 394.09\text{K}$$
$$(C_{AS})_5 = 1.2996 \times 10^{-3}\text{mol/}L, (T_s)_5 = 394.20\text{K}$$
$$(C_{AS})_6 = 1.2993 \times 10^{-3}\text{mol/L}, (T_s)_6 = 394.24\text{K}$$

可以看出$(C_{AS})_6$与$(C_{AS})_5$、$(T_s)_6$与$(T_s)_5$已十分接近，因此最后结果是：

$$C_{AG} - C_{AS} = 1.464 \times 10^{-3} - 1.2993 \times 10^{-3}$$
$$= 0.165 \times 10^{-3}(\text{mol/L})$$
$$(C_{AG} - C_{AS})/C_{AG} = 0.165/1.464 = 11.2\%$$
$$T_S - T_G = 394.24 - 373 = 21.24(\text{K})$$

以上计算结果表明在本题给定的条件下，相间浓差和温差是不可忽略的。

5.7 气－固相催化反应动力学

气－固相催化反应动力学分为宏观动力学与本征动力学。本征动力学是指排除了内外扩散影响条件下测定的动力学关系。而宏观动力学是在本征动力学的基础上，考虑了影响反应速率的其他因素，如内、外扩散的影响(外扩散的影响一般可以排除)而得到的与工业生产条件相一致的动力学关系。本节主要介绍本征动力学。

5.7.1 气－固相催化反应速率

在气－固相催化反应中，反应物消耗速率的定义一般是以单位催化剂质量、单位时间内反应物数量的变化来表示的，即：

$$(-r_A) = \frac{-1}{W}\frac{dn_A}{dt} = \frac{(\text{由于反应而消耗的 A 的摩尔数})}{(\text{单位催化剂质量})(\text{单位时间})} \tag{5-47}$$

有时也以单位催化剂体积为基准，其反应物消耗素率表示为；

$$(-r_A)' = \frac{-1}{V_\rho}\frac{dn_A}{dt} = \frac{(\text{由于反应而消耗的 }A\text{ 的摩尔数})}{(\text{单位催化体积})(\text{单位时间})} \tag{5-48}$$

由于气－固相催化反应一般是在固定床或流化床中进行，因此工业上也以单位床层体积为基准表示反应物消耗速率：

$$(-r_A)'' = \frac{-1}{V_B}\frac{dn_A}{dt} = \frac{(\text{由于反应而消耗的 A 的摩尔数})}{(\text{单位床层体积})(\text{单位时间})} \tag{5-49}$$

这三种速率表达式存在着下列关系：

$$(-r_A) = \frac{(-r_A)'}{\rho_p} = \frac{(-r_A)''}{\rho_B} \tag{5-50}$$

式中，ρ_p为催化剂粒子密度；ρ_B为床层的堆积密度。

5.7.2 双曲线型反应速率式(L－H－H－W 型)

双曲线型反应速率式是以 L－H 吸附理论为基础，按 Hougen－Watson 模型建立的速率方程式。其基本假设是：化学反应发生在吸附分子之间或吸附分子与气相分子之间，反应速率与各组分在催化剂表面上的覆盖分率(未吸附的组分为气相分压)成正比。对于不同的控制步骤要进行不同的分析处理。虽然实际上不存在理想表面，但利用 L－H－H－W 模型建立动力学模型后，再根据实验数据，确定模型中的参数，往往可得到能满足工业设计要求的动力学方程。利用 L－H－H－W 模型建立动力学方程的基本步骤为：

① 根据已知的反应物及产物设想各种可能的反应机理；

② 针对每种机理写出其动力学方程式；

③ 利用实验数据推定动力学方程式参数的最佳值；

④ 检验模型的准确性。

下面着重讨论针对不同的机理如何推导动力学方程式。

1. 表面反应控制

(1) 双分子不可逆反应 $A + B \longrightarrow R + S$

可设想其机理步骤如下：

A 的吸附　$A + \sigma \rightleftharpoons A\sigma$

B 的吸附　$B + \sigma \rightleftharpoons B\sigma$

表面反应　$A\sigma + B\sigma \rightarrow R\sigma + S\sigma^{*}$

R 的脱附　$R\sigma \rightleftharpoons R + \sigma$

S 的脱附　$S\sigma \rightleftharpoons S + \sigma$

其中＊为控制步骤，其他各步则都被认为是达到了平衡的。

因为表面反应速率与吸附的 A 和 B 在催化剂表面上的覆盖分率成正比，可以得出，

$$(-r_A) = k_r\theta_A\theta_B \tag{5-51}$$

式中，k_r为表面反应速率常数。

根据 L－H 吸附模型很容易写出：

$$\theta_A = \frac{K_Ap_A}{1 + K_Ap_A + K_Bp_B + K_Rp_R + K_Sp_S}$$

$$\theta_B = \frac{K_Bp_B}{1 + K_Ap_A + K_Bp_B + K_Rp_R + K_Sp_S}$$

那么：

$$(-r_A) = \frac{k_rK_AK_Bp_Ap_B}{(1 + K_Ap_A + K_Bp_B + K_Rp_R + K_Sp_S)^2}$$

$$= \frac{kp_Ap_B}{(1 + K_Ap_A + K_Bp_A + K_Rp_R + K_Sp_S)^2} \tag{5-52}$$

式中 $k = k_rK_AK_B$

(2) 双分子可逆反应

$$A + B \underset{k_2}{\overset{k_1}{\rightleftharpoons}} R + S$$

其机理与不可逆反应基本相同。就是表面反应变为：

$$A\delta + B\delta \rightleftharpoons R\delta + S\delta$$

则可写出反应速率式为：

$$\begin{aligned}(-r_A) &= k_1\theta_A\theta_B - k_2\theta_R\theta_S \\ &= k_1(\theta_A\theta_B - \frac{\theta_R\theta_S}{K_r}) \\ &= \frac{k(p_Ap_B - p_Rp_S/K)}{(1 + K_Ap_A + K_Bp_B + K_Rp_R + K_Sp_S)^2}\end{aligned} \tag{5-53}$$

式中 $K_r = k_1/k_2$，是化学平衡常数；

$$k = k_1K_AK_B$$

$$K = k_1K_AK_B/k_2K_RK_S$$

反应速率式中的分子由两项组成，从而可推知是一可逆反应；从分母的各项可推知 A、B、R、S 四种物质都是被吸附的；而从括号上的平方项可以知道控制步骤是涉及到两个吸附位之间的反应的。

（3）A_2在吸附时解离　$A_2 + B \rightleftharpoons R + S$

共反应机理与双分子可逆反应不同之处是：

$$A_2 + 2\sigma \rightleftharpoons 2A\delta$$

$$2A\sigma + B\sigma \underset{k_2}{\overset{k_1}{\rightleftharpoons}} B\sigma + S\sigma + \sigma^*$$

因此反应速率式为：

$$\begin{aligned}(-r_A) &= k_1\theta_A^2\theta_B - k_2\theta_R\theta_S\theta_V \\ &= \frac{k(p_{A_2}^2p_B - p_Rp_S/K)}{(1 + \sqrt{K_{A_2}p_{A_2}} + K_Bp_B + K_Rp_R + K_Sp_S)^3}\end{aligned} \tag{5-54}$$

式中，k、K 与式(5－53)中定义相同。分母中含 $\sqrt{K_{A_2}p_{A_2}}$ 项可知 A_2是解离吸附的，而 3 次方则表示有 3 个吸附位参加此控制步骤的反应。

（4）吸附的 A 与气相中 B 进行不可逆反应

反应式：　$A + B \longrightarrow R + S$

机理为：　$A + \sigma \Leftrightarrow A\sigma$

$$A\sigma + B \rightarrow R + S + \sigma^*$$

则反应速率为：

$$\begin{aligned}(-r_A) &= k_r\theta_Ap_B \\ &= \frac{k_rK_Ap_Ap_B}{1 + K_Ap_A}\end{aligned} \tag{5-55}$$

（5）两类不同吸附位的情况

反应式：　$A + B \longrightarrow R$

机理为：

$$A + \sigma_1 \rightleftharpoons A\sigma_1$$

$$B + \sigma_2 \rightleftharpoons B\sigma_2$$

$$A\sigma_1 + B\sigma_2 \longrightarrow R\sigma_2 + \sigma_1^*$$

$$R\sigma_2 \rightleftharpoons R + \sigma_2$$

σ_1是吸附 A 的，σ_2是吸附 B 与 R 的。则反应速率为：

$$(-r_A)=k_r\theta_A\theta_B$$

其中 $\theta_A=\dfrac{K_Ap_A}{1+K_Ap_A}$ $\theta_B=\dfrac{K_Bp_B}{1+K_Bp_B+K_Rp_R}$

那么 $(-r_A)=\dfrac{kp_Ap_B}{(1+K_Ap_A)(1+K_Bp_B+K_Rp_R)}$ (5-56)

式中 $k=k_rK_AK_B$

从分母中的两个因子可推断出是两类不同吸附位的吸附。

2. 吸附控制

化学反应式为 $A+B \rightleftharpoons R$

若A的吸附是控制步骤，其机理可设想为：

$$A+\sigma \underset{k_b}{\overset{k_a}{\rightleftharpoons}} A\sigma^*$$

$$B+\sigma \Leftrightarrow B\sigma$$

$$A\sigma+B\sigma \Leftrightarrow R\sigma$$

$$R\sigma \Leftrightarrow R+\sigma$$

因为A的吸附为控制步骤，所以反应速率应等于A的净吸附速率，即：

$$\begin{aligned}(-r_A)&=r_a-r_d\\&=k_ap_A\theta_v-k_d\theta_A\end{aligned} \quad (5-57)$$

由于其余各步都达到了平衡状态，故有：

$$\theta_B=K_Bp_B\theta_v \quad (5-58)$$

$$K_r=\frac{\theta_R\theta_v}{\theta_A\theta_B} \quad (5-59)$$

$$\theta_R=K_Rp_R\theta_V \quad (5-60)$$

另外： $\theta_A+\theta_B+\theta_R+\theta_V=1$ (5-61)

把式(5-58)与式(5-60)带入式(5-59)，并加以整理，得

$$\theta_A=\frac{K_R\ p_R}{K_rK_Bp_B}\theta_V \quad (5-62)$$

式(5-58)、式(5-60)和式(5-62)相加，得：

$$\theta_A+\theta_B+\theta_R=\left(\frac{K_R\ p_R}{K_rK_Bp_B}+K_Bp_B+K_Rp_R\right)\theta_v$$

此式与式(5-61)联解就得到：

$$\theta_v=\frac{1}{1+\dfrac{K_R}{K_rK_B}\dfrac{p_R}{p_B}+K_Bp_B+K_Rp_R} \quad (5-63)$$

于是：

$$\begin{aligned}(-r_A)&=k_ap_A\theta_v-k_d\theta_A\\&=\left(k_ap_A-k_d\frac{K_R}{K_rK_B}\frac{p_R}{p_B}\right)\theta_v\\&=\frac{k_a\left(p_A-\dfrac{p_R}{Kp_B}\right)}{1+K_{RB}\dfrac{p_R}{p_B}+K_Bp_B+K_Rp_R}\end{aligned} \quad (5-64)$$

式中 $K_{RB}=\dfrac{K_R}{K_rK_B}$　　$K=\dfrac{k_aK_rK_B}{k_dK_R}$

3. 脱附控制

仍以 $A+B \rightleftharpoons R$ 为例，假设 R 的脱附为控制步骤，其机理与吸附控制基本相同，只是控制步骤发生了变化，推导方法也同吸附控制相同，可以得出其反应速率为：

$$(-r_A)=\frac{k(p_Ap_B-Kp_R)}{1+K_Ap_A+K_BK_B+K_{AB}p_Ap_B} \tag{5-65}$$

式中：　$K_{AB}=K_rK_AK_B$

$k=k_dK_rK_AK_B$

$K=\dfrac{k_a}{k_dK_rK_AK_B}$

利用以上所叙述的方法，不难对各种不同的反应机理和控制步骤写出它相应的反应速率式来。根据本法导出的动力学方程式其一般形式可归结为

$$(-r_A)=\frac{k(\text{推动力项})}{(\text{吸附项})^n}$$

从分子和分母所含的各项以及方次等可以明确地看出所设想的机理，包括反应所涉及到的分子种类、吸附位的种类、哪些吸附，哪些不吸附；是否解离；反应时只涉及一个活性吸附位还是同时涉及几个活性吸附位；反应是否可逆；哪一步是控制步骤等。因此，本法所得的动力学方程式是机理性的方程式，在工业上得到了广泛的应用。为了便于利用，表 5-2 列举了一部分例子，其中每一反应速率都是以其左侧对应的机理步骤式为控制步骤时所得的结果。

表 5-2　气固相催化反应机理及其反应速率式举例

化学式	机理及控制步骤	该控制步骤相应的反应速率式
$A \rightleftharpoons R$	$A+\sigma \rightleftharpoons A\sigma$ $A\sigma \rightleftharpoons R\sigma$ $R\sigma \rightleftharpoons R+\sigma$	$(-r_A)=\dfrac{k(p_A-p_R/K)}{1+K_Rp_R}$ $(-r_A)=\dfrac{k(p_A-p_R/K)}{1+K_Ap_A+K_Rp_R}$ $(-r_A)=\dfrac{k(p_A-p_R/K)}{1+K_Ap_A}$
$A \rightleftharpoons R$	$2A+\sigma \rightleftharpoons A_2\sigma$ $A_2\sigma+\sigma \rightleftharpoons 2A\sigma$ $A\sigma \rightleftharpoons R\sigma$ $R\sigma \rightleftharpoons R+\sigma$	$(-r_A)=\dfrac{k(p_A^2-p_R^2/K^2)}{1+K_Rp_R+K'_Rp_R^2}$ $(-r_A)=\dfrac{k(p_A^2-p_R^2/K^2)}{(1+K_Rp_R+K_Ap_A^2)^2}$ $(-r_A)=\dfrac{k(p_A-p_R/K)}{1+K_Ap_A^2+K'_Ap_A+K_Rp_R}$ $(-r_A)=\dfrac{k(p_A-p_R/K)}{1+K_Ap_A^2+K'_Ap_A}$
$A \rightleftharpoons R$	$A+2\sigma \rightleftharpoons 2A_{1/2}\sigma$ $2A_{1/2}\sigma \rightleftharpoons R+\sigma$ $R\sigma \rightleftharpoons R+\sigma$	$(-r_A)=\dfrac{k(p_A-p_R/K)}{(1+\sqrt{K_Ap_A}+K'_Rp_R)^2}$ $(-r_A)=\dfrac{k(p_A-p_R/K)}{(1+\sqrt{K_Ap_A}+K_Rp_R)^2}$ $(-r_A)=\dfrac{k(p_A-p_R/K)}{1+\sqrt{K_Ap_A}+K'_Ap_A}$

化学式	机理及控制步骤	该控制步骤相应的反应速率式
$A+B \rightleftharpoons R$	$A+\sigma \rightleftharpoons A\sigma$	$(-r_A)=\dfrac{k\left(p_A-\frac{1}{K}p_R/p_B\right)}{1+K_{RB}p_R/p_B+K_Bp_B+K_Rp_R}$
$A+B \rightleftharpoons R$	$B+\sigma \rightleftharpoons B\sigma$ $A\sigma+B\sigma \rightleftharpoons R\sigma+\sigma$ $R\sigma \rightleftharpoons R+\sigma$	$(-r_A)=\dfrac{k(p_B-p_R/p_AK)}{1+K_Ap_A+K_{RA}p_R/p_A+K_Bp_B}$ $(-r_A)=\dfrac{k(p_Ap_B-p_R/K)}{(1+K_Ap_A+K_Bp_B+K_Rp_R)^2}$ $(-r_A)=\dfrac{k(p_Ap_B-Kp_R)}{1+K_Ap_A+K_Bp_B+K_{AB}p_Ap_B}$
$A+B \rightleftharpoons R+S$	$A+\sigma \rightleftharpoons A\sigma$ $B+\sigma \rightleftharpoons B\sigma$ $A\sigma+B\sigma \rightleftharpoons R\sigma+S\sigma$ $R\sigma \rightleftharpoons R+\sigma$ $S\sigma \rightleftharpoons S+\sigma$	$(-r_A)=\dfrac{k(p_A-p_Rp_S/Kp_B)}{1+K_{RS}p_Rp_S/p_R+K_Bp_B+K_Rp_R+K_Sp_S}$ $(-r_A)=\dfrac{k(p_S-p_Rp_S/Kp_A)}{1+K_{RS}p_Rp_S/p_A+K_Ap_A+K_Rp_R+K_Sp_S}$ $(-r_A)=\dfrac{k(p_Ap_B-p_Rp_S/K)}{(1+K_Ap_A+K_Bp_B+K_Rp_R+K_Sp_S)^2}$ $(-r)=\dfrac{k(p_Ap_B/p_S+p_R/K)}{1+K_Ap_A+K_Bp_B+K_{AB}p_Ap_B/p_S+K_Sp_S}$ $(-r_A)=\dfrac{k(p_Ap_B/p_R-p_S/K)}{1+K_Ap_A+K_Bp_B+K_Rp_R+K_{AB}p_Ap_B/p_R}$

5.7.3 幂数型反应速率式及其他的经验方法

气－固相反应速率表达式除上节讨论的双曲线型外，还有幂数型和其他经验方法表示的形式。

1. 幂数型反应速率式

(1) 以机理模型为基础的幂数型反应速率式

该种动力学方程式是考虑到催化剂表面的不均匀性，在计算表面覆盖率 θ 值时采用不均匀表面吸附等温式，如 Freundlich 等温式或 Temknh 等温式而推导出的反应速率式。现以 Temknh 等温式应用于合成氨反应为例予以说明。假定铁催化剂上氨的合成反应：

$$\frac{1}{2}N_2+\frac{2}{3}H_2 \rightleftharpoons NH_3$$

控制步骤是 N_2 的解离吸附，其机理为，

$$N_2+2\sigma \rightleftharpoons 2N\sigma$$

$$N\sigma+\frac{3}{2}H_2 \rightleftharpoons NH_3$$

根据 Temknh 等温式可得出：

$$\theta_{N_2}=\frac{1}{g+h}\ln\left(K_{N_2}p_{N_2}^*\right) \tag{5-66}$$

式中，$p_{N_2}^*$ 表示催化剂表面上 N_2 的分压。由于表面反应达到平衡，所以：

$$p_{N_2}^*=p_{NH_3}^2/K_P^2p_{H_2}^3 \tag{5-67}$$

故反应速率：

$$
\begin{aligned}
(-r_{N_2}) &= r_a - r_d \\
&= k_a p_{N_2} e^{-g\theta_{N_2}} - k_d e^{k\theta_{N_2}} \\
&= k_a p_{N_2} (K_{N_2} p_{N_2}^*)^{-g/(h+g)} - k_d (K_{N_2} p_{N_2}^*)^{h/(h+g)} \\
&= k_a p_{N_2} \left(K_{N_2} \frac{p_{NH_3}^2}{K_P^2 p_{H_2}^3} \right)^{-\alpha} - k_d \left(K_{N_2} \frac{p_{NH_3}^2}{K_P^2 p_{H_2}^3} \right)^{\beta} \\
&= k_1 p_{N_2} \left(\frac{p_{H_2}^3}{p_{NH_3}^2} \right)^{\alpha} - k_2 \left(\frac{p_{NH_3}^2}{p_{H_2}^3} \right)^{\beta}
\end{aligned}
$$

式中，各 k 均代表不同的常数，$\alpha = g/(h+g)$，$\beta = h/(h+g)$，显然 $\alpha + \beta = 1$，大量研究结果表明 $\alpha \approx \beta = 0.5$，则：

$$
(-r_{N_2}) = k_1 \frac{p_{N_2} p_{H_2}^{1.5}}{p_{NH_3}} - k_2 \frac{p_{NH_3}}{p_{H_2}^{1.5}} \tag{5-68}
$$

上式至今在合成氨生产中仍是一个比较理想的反应速率式。

（2）幂数型反应速率的经验表达式

利用吸附理论推导出的反应速率式，通常是比较复杂的，用实验确定各常数值也比较繁琐，加之对很多反应机理还不十分了解，建立机理型动力学方程式是一个相当费时的工作。为了尽快将有价值的反应工业化，往往直接用下列幂数型经验速率方程式处理实验数据，得到能在某一较窄操作工况下描述反应动力学特征的纯经验公式。

$$
(-r) = k p_A^a p_B^b p_C^c \cdots \tag{5-69}
$$

式中 a、b、c 可以是正数或负数，也可以等于零，根据实验数据回归而求得。

例如一氧化碳加氢合成甲醇的反应，是在 $ZnO-Cr_2O_3$ 催化剂作用下，30.4MPa（200atm）、325～335℃下进行的，其机理性方程可以有下面的形式：

$$
(-r) = \frac{f_{CO} \cdot f_{H_2}^2 - f_{CH_3OH}/K}{(A + Bf_{CO} + Cf_{H_2} + Df_{CH_3OH})^3} \tag{5-70}
$$

式中，f 为逸度，A、B、C、D 为四个常数。

如果通过实验将其反应速率表示成幂数型的经验方程，可得如下简单形式；

$$
(-r) = k p_{H_2} p_{CO}^{0.25} p_{CH_3OH}^{-0.25} \tag{5-71}
$$

最后必须指出，在应用经验公式时必须注意其使用范围，超出使用范围，采用外推法是不可靠的。

表 5－3 举出了若干重要反应的动力学方程式的例子，可供参考。

2. 其他的经验方法

为进行反应器的设计必须了解反应的速率方程，但由于许多反应非常复杂，或者是不知其反应机理而很难求出其反应速率表达式，或者是虽知其反应机理，能够得出反应速率表达式，但出于其表达式太复杂而很难利用实验数据求出有意义的方程参数，那么这样的表达式同样不能应用。在没有可靠的动力学方程式可用时，利用空速法进行反应器设计是一种可行的经验方法。

空速分液体空速和气体空速，而且又有以催化剂床层的单位体积和单位质量催化剂为基准的两种表示法。由于本章主要讨论气－固相催化反应，因此只简单介绍气体空速。气体空速是一种纯经验的表达催化剂性能的方法，只能在特定条件下作设计时使用。

气体空速，一般气体的流量用标准立方米每小时（Nm^3/h）表示。

① 以单位体积催化剂床为基准

SV(气体空速) = V_0/V_{bed}　$Nm^2/(h \cdot m^3)$

式中，V_0为气体流量，Nm^3/h。

② 以单位质量催化剂为基准.

$SV = V_0/W_{cat}$　$Nm^3/(h \cdot kgcat)$

最后强调，利用空速作设计时，必须注意所采用数据的单位和选用的条件，超越其适用的操作条件范围是不可用的。

表 5－3　若干重要催化反应的动力学方程式举例

反　　应	催化剂与操作条件	反应速率式举例
丁烯氧化脱氢制丁二烯 $C_4H_8 \rightleftharpoons C_4H_6 + H_2$	磷钼铋催化剂 410～470℃	$(-r) = Kp_{C_4H_8}$
乙苯脱氢制苯乙烯 $C_6H_5C_2H_5 \rightleftharpoons$ $C_6H_5CH{=}CH_2 + H_2$	氧化铁催化剂 600～640℃	$(-r) = k(p_E - p_S p_H/K)$ 下标：E—乙苯；S—水蒸气； H—氢气
乙炔法合成氯乙烯 $C_2H_2 + HCl \longrightarrow C_2H_3Cl$	$HgCl_2$－活性炭 100～180℃	$(-r) = \dfrac{kK_H p_A p_H}{1 + K_H p_H + K_{V_C} p_{V_C}}$ 下标：H—HCl；A—C_2H_2；V_C—C_2H_3Cl
苯加氢制环己烷 $C_6H_6 + 3H_2 \longrightarrow C_6H_{12}$	Ni 100～200℃	$(-r) = \dfrac{kK_H^3 K_B p_H^3 p_B}{(1 + K_B p_B + K_H p_H + K_N p_N + K_C p_C)^4}$ 下标：H—H_2；B—苯；N—惰性气体；C—C_6H_{12}
乙烯氧氯化制二氯乙烷 $C_2H_4 + 2HCl + \frac{1}{2}O_2 \longrightarrow$ $C_2H_4Cl_2 + 2H_2O$	$CuCl_2 - Al_2O_3$ ～230℃	$(-r) = \dfrac{kK_E K_O^{\frac{1}{2}} p_E p_O^{\frac{1}{2}}}{[1 + K_E p_E + (K_O p_O)^{\frac{1}{2}}]^2}$ 下标：E—C_2H_4；O—O_2
乙烯气相合成醋酸乙烯 $C_2H_4 + CH_3COOH + \frac{1}{2}O_2$ $\longrightarrow CH_3COOC_2H_5 + H_2O$	Pd 系催化剂 160～180℃ 6～8kg/cm²	$(-r) = \dfrac{kp_A p_B^{\frac{1}{2}} p_C}{[1 + K_A p_A + (K_B p_B)^{\frac{1}{2}}]^{\frac{1}{2}}}$ 下标：A—乙烯；B—氧气；C—醋酸
乙炔法合成醋酸乙烯 $C_2H_2 + CH_3COOH \longrightarrow$ $CH_3COOC_2H_3$	$(CH_3COO)_2Zn$－活性炭 ～200℃	$(-r) = \dfrac{kp_A}{1 + K_C p_C}$ 下标：A—乙炔；C—醋酸乙烯
丙烯氨氧化制丙烯腈 $C_3H_6 + NH_3 + \frac{3}{2}O_2 \longrightarrow$ $C_2H_3CN + H_2O$	磷钼铋铈催化剂 ～470℃	$(-r) = kp_{C_3H_6}$
萘氧化制苯酐 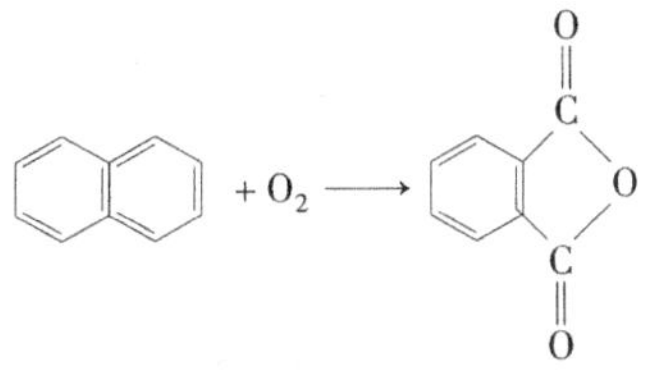	钒催化剂 330～420℃	$(-r) = \dfrac{k_o C_o k_n C_n}{k_o C_o + \beta k_n p_n}$ 下标：o—氧气；n—萘；

续表

反　　应	催化剂与操作条件	反应速率式举例
水煤气反应 $CO+H_2O \rightleftharpoons CO_2+H_2$	Fe_2O_3 ~540℃	$(-r)=k_1p_{CO}\left(\frac{p_{H_2O}}{p_{H_2}}\right)^{0.5}-k_2p_{CO_2}\left(\frac{p_{H_2}}{p_{H_2O}}\right)^{0.5}$
二氧化硫氧化 $2SO_2+O_2 \longrightarrow 2SO_3$	钒催化剂 400~600℃	$(-r)=k_1p_{O_2}\left(\frac{p_{SO_2}}{p_{SO_3}}\right)^{0.8}-k_2\left(\frac{p_{SO_3}}{p_{SO_2}}\right)^{0.2}$
合成氨 $\frac{1}{2}N_2+\frac{3}{2}H_2 \rightleftharpoons NH_3$	Fe 催化剂 400~500℃ 300kg/cm²	$(-r)=k_1p_{N_2}\left(\frac{p_{H_2}^3}{p_{NH_3}^2}\right)^{0.5}-k_2\left(\frac{p_{NH_3}^2}{p_{H_2}^3}\right)^{0.5}$
合成甲醇 $CO+2H_2 \longrightarrow CH_3OH$	$ZnO-Cr_2O_3$ 325~375℃ 220~300kg/cm²	$(-r)=k\frac{p_{H_2}p_{CO}^{0.25}}{p_{CH_3OH}^{0.25}}$

5.8　多孔催化剂内的传质——内扩散

为研究催化反应本身特征所进行的实验是在排除了内、外扩散影响情况下进行的，得到的动力学关系称为本征动力学方程式。工业反应器中一般总存在内扩散阻力，研究催化剂的内扩散以及如何在宏观动力学方程式中考虑内扩散的影响是非常重要的。

5.8.1　催化剂的内扩散

1. 催化剂中的内扩散现象

由于固体催化剂是多孔的，作为反应场所的表面，几乎全在微孔内。气体反应物以扩散方式通过微孔进入催化剂颗粒内部，这种微孔中的扩散称为内扩散。催化剂颗粒的微孔大小不一，扩散通道的长短大小极不规则，因此粒内的扩散现象是比较复杂的，不同情况下扩散机理亦有所不同，一般分为下列三种情况。

(1) 分子扩散

催化剂微孔的孔径较大时，扩散阻力主要是由于气体分子间的碰撞所引起的，这种扩散就是通常所说的分子扩散。它符合 Fick 扩散定律，所以又称 Fick 扩散。

(2) 克努森(Knudsen)扩散

当微孔的孔径远小于分子的自由程时，气体分子与孔壁的碰撞机会大大超过了气体分子间的相互碰撞，这种碰撞就成了扩散阻力的主要因素，这种扩散就称为克努森扩散。

(3) 过渡区扩散

在微孔的孔径与分子的自由程相当的某一范围内，气体分子之间的碰撞与气体分子和孔壁的碰撞并存，在催化剂微孔内既存在分子扩散，又存在克努森扩散，这种扩散称为过渡区扩散。

2. 气体在催化剂内的扩散系数

(1) 分子扩散系数

由于分子扩散符合 Fick 扩散定律，所以 A、B 两组分气体混合物扩散的表达式为：

$$N_A = -D_{AB}\frac{dC_A}{dz} = -D_{AB}\frac{p}{RT}\frac{dy_A}{dz} \tag{5-72}$$

式中，N_A为扩散通量，kmol/(s·m^2)；C 为总浓度，kmol/m^3；p 为系统压力，atm；y_A为 A 组分摩尔分率；D_{AB}为扩散系数，m^2/s。

计算 D_{AB}的经验公式很多，读者可参考有关书籍。

(2) 克努森扩散系数

克努森扩散的表达式为：

$$N_A = -D_{KA}\frac{dC_A}{dz} = -D_{KA}\frac{p}{RT}\frac{dy_A}{dz} \tag{5-73}$$

式中，D_{KA}为克努森扩散系数。

对于克努森扩散，如果气体通过直圆柱状微孔，根据气体动力学理论，式(5-73)可写成：

$$N_A = -\frac{2}{3}\bar{r}\sqrt{\frac{8RT}{\pi M_A}}\frac{dC_A}{dz} \tag{5-74}$$

式中，$\bar{r}$ 为微孔半径；R 为气体常数；T 为绝对温度；M_A为扩散气体的相对分子质量。

故克努森扩散系数 D_{KA}为：

$$D_{KA} = \frac{2}{3}\bar{r}\sqrt{\frac{8RT}{\pi M_A}} = 9.7\times10^3\,\bar{r}\sqrt{\frac{T}{M_A}} \tag{5-75}$$

对于直圆柱状微孔，(容积)/(表面积)的值为$\frac{\bar{r}}{2}$，故 $\bar{r} = \frac{2V_g}{S_g} = \frac{2\varepsilon_p}{S_g\rho_p}$，那么：

$$D_{KA} = 19400\,\frac{\varepsilon_p}{S_g\rho_p}\sqrt{\frac{T}{M_A}} \tag{5-76}$$

式中，ε_p为催化剂颗粒的孔隙率；ρ_p为催化剂颗粒的密度；S_g为催化剂颗粒的比表面积。

(3) 过渡区扩散系数

过渡区扩散因为分子扩散和克努森扩散并存，所以其系数可用下式求出：

$$D = \frac{1}{(1-ay_A)/D_{AB} + 1/D_{KA}} \tag{5-77}$$

式中，$a = 1 + \frac{N_B}{N_A}$

对于 A ⟶B 类型的反应，在催化剂微孔内反应物 A 与产物 B 进行等分子逆向扩散，所以 $N_A = -N_B$，$a = 0$，式(5-77)可简化为：

$$D = \frac{1}{1/D_{AB} + 1/D_{KA}} \tag{5-78}$$

(4) 有效扩散系数

在上述求催化剂内扩散系数时，把催化剂的微孔看成简单的圆筒，而实际催化剂的微孔并非如此，各处的截面积和长度都不尽相同，为此在利用上述公式时必须进行校正，即：

$$D_e = \frac{\varepsilon_p}{\tau}D \tag{5-79}$$

式中，D_e称为有效扩散系数；τ 称为微孔的形状因子，实验显示对于工业中常用的催化剂 τ 值在 1~6 之间。

有效扩散系数是一个重要参数，比较可靠的方法是用实验进行测定。方法之一是在一定的压力下，让气体从厚度为ΔL的催化剂粒子的一侧扩散到另一侧去，测得定常态时的扩散通量N_A及两侧的气相组成$(y_A)_1$、$(y_A)_2$，便可算出D_e

$$D_e = -\frac{N_A RT}{p}\left[\frac{\Delta L}{(y_A)_2 - (y_A)_1}\right] \tag{5-80}$$

【例5-4】 异丙苯的裂解反应在某改铝催化剂上进行，反应如下：

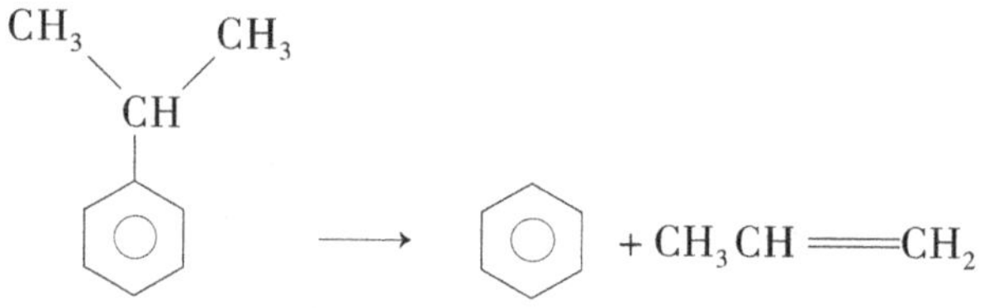

$$A \longrightarrow B + C$$

反应总压为1.01×10^5Pa(1atm)，温度为783K，试计算在催化剂微孔内，苯和异丙苯的混合物中，异丙苯的过渡区扩散系数和有效扩散系数。已知分子扩散系数$D_{AB}=0.150\text{cm}^2/\text{s}$。催化剂的比表面积$S_g=342\text{m}^2/\text{g}$，孔隙率为0.51，粒子密度$\rho_p=1.14\text{g/cm}^3$，粒子直径为0.47cm。

【解】异丙苯的相对分子质量为$M_A=120.19$

$$S_g = 342\times10^4\text{cm}^2/\text{g}$$

由式(5-76)知：

$$D_{KA} = 19400\frac{\varepsilon_p}{S_g\rho_p}\sqrt{\frac{T}{M_A}}$$

$$= 19400\times\frac{0.51}{1.14\times342\times10^4}\sqrt{\frac{783}{120.19}}$$

$$= 6.64\times10^{-3}(\text{cm}^2/\text{s})$$

假设异丙苯与苯的扩散为等分子可逆扩散，那么：

$$D = \frac{1}{1/D_{AB}+1/D_{KA}}$$

$$= \frac{1}{\dfrac{1}{0.15}+\dfrac{1}{6.64\times10^{-3}}}$$

$$= 6.19\times10^{-3}(\text{cm}^2/\text{s})$$

若取$\tau=4$，有效扩散系数为：

$$D_e = \frac{\varepsilon_D D}{\tau}$$

$$= \frac{0.51\times6.19\times10^{-3}}{4}$$

$$= 0.789\times10^{-3}(\text{cm}^2/\text{s})$$

5.8.2 等温有效系数

为了减少床层流体阻力，工业固定床用的催化剂粒度较大，一般为片状、球形和圆柱形。由于粒子大了，微孔中的扩散距离也相应增加，从而造成粒内浓度不一，有内扩散阻力存在时的反应速率与本征动力学速率会产生很大差异。为了考虑内扩散的影响，现定义催化剂有效系数 η：

$$\eta=\frac{r_p}{r_s} \tag{5-81}$$

式中，r_p为催化剂粒子的实际反应速率；r_s为无内扩散阻力和传热阻力，粒子内部与粒子外表面的浓度和温度相等时的反应速率。

显然，当催化剂粒度非常小时，使内表面充分暴露，也就是说和外表面一样发挥作用时，$r_p=r_s$，$\eta=1$。在一般实际情况下，$r_p<r_s$，则 $\eta<1$，所以催化剂的实际反应速率，即有内扩散影响时的反应速率为：

$$r_p=\eta r_s \tag{5-82}$$

本节只讨论等温有效系数，对于不等温的情况可参考有关文献[1]。

1. 在球形催化剂上进行等温反应的有效系数

在半径为 R 的球形催化剂粒子内进行等温不可逆的 m 级反应，在催化剂粒子内部任一半径 r 处取厚度为 dr 的壳层作物料衡算，如图(5-8)。$(r+\mathrm{d}r)$面进入量为：

$$4\pi(r+\mathrm{d}r)^2D_e\frac{\mathrm{d}}{\mathrm{d}r}\left(C+\frac{\mathrm{d}C}{\mathrm{d}r}\mathrm{d}r\right)$$

r 面出去量为：$4\pi r^2D_e\dfrac{\mathrm{d}C}{\mathrm{d}r}$

反应掉的量为：$4\pi r^2\mathrm{d}rk_vC^m$

那么就有：$4\pi(r+\mathrm{d}r)^2D_e\dfrac{\mathrm{d}}{\mathrm{d}r}\left(C+\dfrac{\mathrm{d}C}{\mathrm{d}r}\mathrm{d}r\right)-4\pi r^2D_e\dfrac{\mathrm{d}C}{\mathrm{d}r}$

$=4\pi r^2\mathrm{d}_rk_vC^m$

整理为$$\frac{\mathrm{d}^2C}{\mathrm{d}r^2}+\frac{2}{r}\frac{\mathrm{d}C}{\mathrm{d}r}=\left(\frac{k_v}{D_e}\right)C^m \tag{5-83}$$

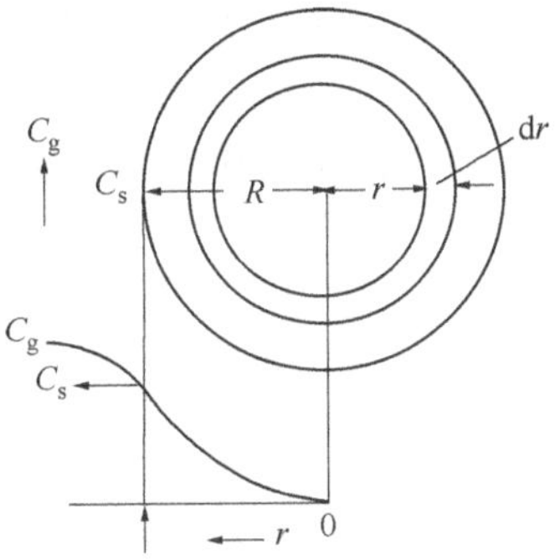

图 5-8　球形粒子内部的浓度分布

式中，k_v表示以粒子体积为基准的反应速率常数。边界条件为：

$$r=0\qquad \frac{\mathrm{d}C}{\mathrm{d}r}=0 \tag{5-84}$$

$$r=R\qquad C=C_s \tag{5-85}$$

无因次的内扩散模数 ϕ_s(或称 Thiele 模数)定义如下：

$$\phi_s=R\sqrt{\frac{k_vC_s^{m-1}}{D_e}} \tag{5-86}$$

这是表征内扩散影响的重要参数，它的物理意义为：

$$\phi_s^2=R^2\frac{k_vC_s^m}{D_eC_s}$$

$$\frac{\phi_s^2}{R^2}=\frac{k_vC_s^m}{D_eC_s}=\frac{\text{反应速率}}{\text{扩散速率}} \tag{5-87}$$

对于一级反应，$m=1$，则 $\phi_s=R\sqrt{\dfrac{k_v}{D_e}}$　(5-88)

代入式(5-83)为：$\dfrac{\mathrm{d}^2C}{\mathrm{d}r^2}+\left(\dfrac{2}{r}\right)\dfrac{\mathrm{d}C}{\mathrm{d}r}=\left(\dfrac{k_v}{D_e}\right)C=\left(\dfrac{\phi_s}{R}\right)^2C=b^2C$　(5-89)

式中 $b=\phi_s/R$。

如令 $C=\xi/r$，则式(5-89)变为：

$$d^2\xi/dr^2=b^2\xi \qquad (5-90)$$

它的解为 $\xi=Cr=A_1e^{br}+A_2e^{-br}$ (5-91)

即 $C=\frac{1}{r}(A_1e^{br}+A_2e^{-br})$ (5-92)

式中 A_1、A_2为常微分常数。

根据边界条件式(5-84)知：$A_1=-A_2$ (5-93)

故 $C=\frac{A_1}{r}(e^{br}-e^{-br})=\frac{2A_1}{r}\sinh(br)$ (5-94)

又根据边界条件式(5-85)可知：

$$C_s=\frac{2A_1}{R}\sinh(bR) \qquad (5-95)$$

所以：$C/C_s=\frac{\sinh\left(\phi_s\frac{r}{R}\right)}{(r/R)\sinh\phi_s}$ (5-96)

式(5-96)为球形催化剂上进行一级反应时粒内反应物浓度分布式，完全由 r/R 及 ϕ_s值决定。

整个催化剂粒子的反应速率为：

$$\begin{aligned} r_p &= \int_0^R 4\pi r^2 k_v C dr \\ &= \int_0^R \frac{4\pi r^2 k_v C_s \sinh\left(\phi_s\frac{r}{R}\right)}{(r/R)\sinh\phi_s}dr \\ &= \frac{4\pi k_v C_s R}{\sinh\phi_s}\int_0^R r\sinh\left(\phi_s\frac{r}{R}\right)dr \\ &= 4\pi R\phi_s D_e C_s\left(\frac{1}{\tanh\phi_s}-\frac{1}{\phi_s}\right) \end{aligned} \qquad (5-97)$$

如整个粒子内浓度与外表面浓度相等，则反应速率为：

$$r_s=\frac{4}{3}\pi R^3 k_v C_s \qquad (5-98)$$

于是：

$$\begin{aligned} \eta &= r_p/r_s \\ &= \frac{4\pi R\phi_s D_e C_s}{4/3\pi R^3 k_v C_s}\left(\frac{1}{\tanh\phi_s}-\frac{1}{\phi_s}\right) \\ &= \frac{3}{\phi_s}\left(\frac{1}{\tanh\phi_s}-\frac{1}{\phi_s}\right) \end{aligned} \qquad (5-99)$$

可见在这种情况下，η 值完全由 ϕ_s决定，当 ϕ_s大时，$\tanh\phi_s\to1$，$\eta\to3/\phi_s$；当 ϕ_s小时，$\eta\to1$。这从物理上讲，即球径(R)愈大，反应速率(K_v)愈快或扩散(D_e)愈慢，则 ϕ_s愈大，此时粒内的浓度梯度就愈大；反之，当 ϕ_s小时，内外浓度愈近于均一，故 $\eta\to1$。通常在 $\phi_s<1$ 时，内扩散的影响就非常小，往往可以忽略不计。

2. 在片状催化剂上进行等温反应的有效系数

在厚度为 $2L$ 的片状催化剂粒子内进行等温不可逆的 m 级反应。取任一距中心处为 l，

厚度为 dl 的薄片层作物料横算。如图 5-9。在催化剂颗粒足够大时，可忽略片状催化剂在柱面上的反应，以单位面积为基准，可得到：

$$D_e = \frac{d^2 C}{dl^2} = k_v C^m \tag{5-100}$$

边界条件为 $l = L \quad C = C_0$ (5-101)

$$l = 0 \quad \frac{dC}{dl} = 0 \tag{5-102}$$

与球形催化剂一样，定义一无因次的内扩散模数 ϕ_L（或称 Thiele 模数）：

$$\phi_L = L\sqrt{\frac{K_v C_s^{m-1}}{D_e}} \tag{5-103A}$$

对于一级不可逆反应，一样可推算 η 的关系（具体推导从略），其结果为：

$$\eta = \frac{\tanh\phi_L}{\phi_L} \tag{5-103B}$$

对在球形催化剂上进行等温的零级反应，一级、二级不可逆反应以及在片状催化剂上进行等温不可逆一级反应的有效系数的关系，绘制成图 5-10，以便读者使用。

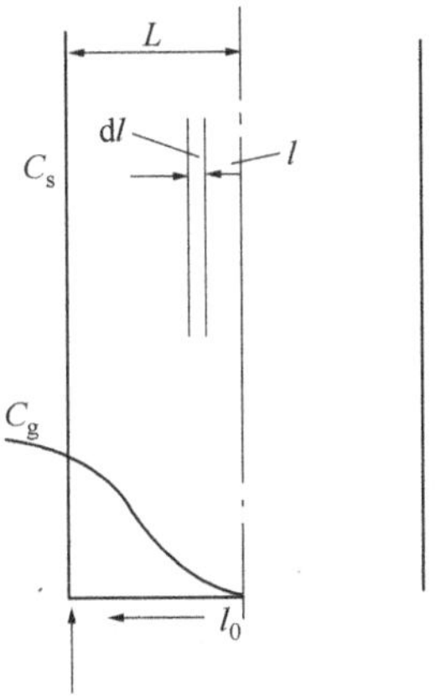

图 5-9　片状粒子内的浓度分布

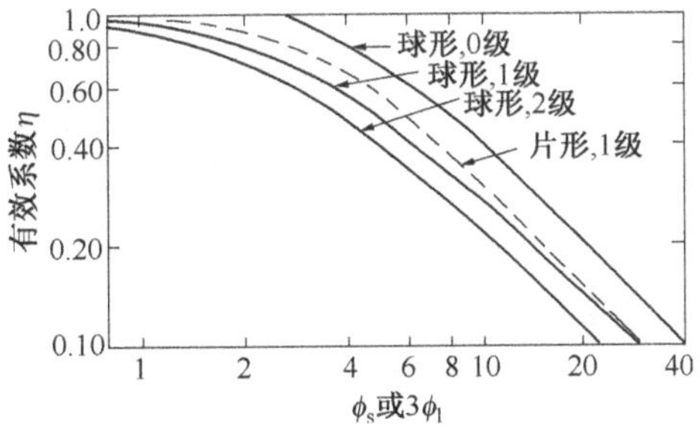

图 5-10　催化剂的有效系数

3. 在圆柱形催化剂上进行等温反应的有效系数

在圆柱形催化剂上进行等温反应的有效系数，其数学模型为数理方程，利用数值方法可求出催化剂的有效系数。但是求算起来比较麻烦，所以在工业上常把圆柱形催化剂近似成球形催化剂，即采用当量直径法。

譬如对于半径为 R、高为 H 的圆柱形催化剂，其体积与外表面积的比值为：

$$\frac{\text{圆柱形的体积}}{\text{圆柱形的外表面积}} = \frac{\pi R^2 H}{2\pi R^2 + 2\pi RH} = \frac{RH}{2R + 2H} \tag{5-104}$$

而球形催化剂则有：

$$\frac{\text{球形的体积}}{\text{球形的外表面积}} = \frac{R_{球}}{3}$$

令：

$$\frac{R_{球}}{3} = \frac{RH}{2R + 2H}$$

则有：

$$R_{球} = \frac{3}{2}\left(\frac{RH}{R+H}\right) \tag{5-105}$$

此时可用半径为 $R_{球}$ 的球形催化剂粒子有效系数代替圆柱形催化剂的有效系数，误差一般不超过2%。

4. 有效系数的确定法

① 用不同粒径的催化剂分别测定反应速率。当粒径小到某一值以下反应速率不再改变时，即表示 $\eta=1$，然后用大粒子的实测反应速率与之比较，得出 η 值。

② 如只用两种粒径(R_1，R_2)的粒子，则在分别测出其反应速率(r_{p_1}，r_{p_2})后，根据：

$$R_1/R_2 = \phi_1/\phi_2 \text{ 和 } r_{p_1}/r_{p_2} = \eta_1/\eta_2 \tag{5-106}$$

利用图5-9上相应的曲线来找出(η_1，ϕ_1)及(η_2，ϕ_2)两点，使之满足式(5-106)的关系；或者先假定一个 η 值，利用图5-9及式(5-106)反复计算拟合亦可。

③ 如果只使用一种粒度的测定值来定 η，则用下述方法，即把包含未能直接测定的 k_v 值的 ϕ 改为包含有能够直接测定的反应速率 $\left(-\frac{1}{r}\frac{\mathrm{d}\eta}{\mathrm{d}t}\right)$ 的新的内扩散模数 ϕ

$$\text{球形：}\quad \phi_s = \frac{R^2}{D_e}\left(-\frac{1}{r}\frac{\mathrm{d}\eta}{\mathrm{d}t}\right)\frac{1}{C_s} \tag{5-107}$$

$$\text{片状：}\quad \phi_L = \frac{L^2}{D_e}\left(-\frac{1}{r}\frac{\mathrm{d}\eta}{\mathrm{d}t}\right)\frac{1}{C_s} \tag{5-108}$$

当反应级数 m 是整数时，则：

$$\phi_s = \phi_s^2\eta，\ \phi_L = \phi_L^2\eta \tag{5-109}$$

当实验测出 $-\frac{1}{r}\frac{\mathrm{d}\eta}{\mathrm{d}t}$ 值时，便可计算出 ϕ_s(或 ϕ_L)[当然需要知道 D_e、L(或 R)、C_s 的值]，这样便可用式(5-109)和图5-9进行试差而定出 η 值。

【例5-5】 某催化反应在500℃的催化剂粒子中进行，已知反应速率式为 $-r_A=7.5\times10^{-3}p_A{}^2$ mol/(s·g)催化剂，A为关键组分，p_A 的单位是atm，如粒子为圆柱型，高度与直径均为0.5cm，粒子密度 $\rho_P=0.8\mathrm{g/cm^3}$，粒子外表面上A的分压 $p_{A,S}=0.1\mathrm{atm}$，粒子内A组分的扩散系数为 $D_e=0.025\mathrm{cm^2/s}$，求催化剂有效系数。

【解】因为要求 K_v，所以需用浓度表示反应速率，则

$$\begin{aligned}-r_A &= 7.5\times10^{-3}\rho_p(RT)^2C_A^2\\ &= 7.5\times10^{-3}(0.8)(82.05\times773.2)^2C_A^2\\ &= 2.415\times10^7C_A^2\\ &= K_vC_A^2(\mathrm{mol/s\cdot cm^2})\end{aligned}$$

所以 $\quad K_v = 2.415\times10^7[\mathrm{cm^2/(mol\cdot s)}]$

用当量直径法将圆柱形催化剂近似为球形，那么：

$$\begin{aligned}R_{球} &= \frac{3}{2}\left(\frac{RH}{R+H}\right)\\ &= \frac{3\ (0.5/2\times0.5)}{2\ (0.5/2+0.5)} = 0.25(\mathrm{cm})\end{aligned}$$

$$\phi_s = R_{球}\sqrt{\frac{K_vC_{As}}{D_e}}$$

$$=R_{球}\sqrt{\frac{K_v p_{A,S}}{RTD_e}}$$

$$=0.25\sqrt{\frac{2.415\times10^7\times0.1}{82.05\times773.2\times0.025}}=9.76$$

于是从图 5－9 中查得　$\eta=0.21$

【例 5－6】　相对分子质量为 120 的某组分在 360℃的催化剂上进行一级反应，表面上的平均浓度 1.0×10^{-5}mol/cm^3，实际测得反应速率为 1.20×10^{-5}mol/(s·cm^{3}催化剂)；已知粒子为球形，$d_p=2$mm，$\varepsilon_p=0.50$，$\rho_p=1.0$g/cm^3，$s_g=450$m^2/g，微孔孔径 30×10^{-10}mm，形状因子 $\tau=3.0$，试估算催化剂的有效系数。

【解】由于孔径很细，可以设想为克努森扩散，那么：

$$D=D_k=19400\frac{\varepsilon_p}{s_g\rho_p}\sqrt{\frac{T}{M_A}}$$

$$=19400\times\frac{0.50}{450\times10^4\times1.0}\sqrt{\frac{273.2+360}{120}}$$

$$=4.95\times10^{-3}(\text{cm}^2/\text{s})$$

$$D_e=\frac{\varepsilon_p D}{\tau}$$

$$=\frac{0.5\times4.95\times10^{-3}}{3.0}=8.25\times10^{-4}(\text{cm}^2/\text{s})$$

$$\phi_s=\frac{R^2}{D_e}\left(-\frac{1}{r}\frac{\mathrm{d}\eta}{\mathrm{d}t}\right)\frac{1}{C_s}$$

$$=\frac{0.1^2}{8.25\times10^{-4}}\times1.20\times10^{-5}\frac{1}{1.0\times10^{-5}}$$

$$=14.55$$

由 $\phi_s^2\eta=\phi_s=14.55$ 及图 5－9 的相应曲线，可以通过试算法求得：

$$\eta=0.42$$

5. 动力学方程式为双曲线型的等温有效系数

催化反应大多数是双曲线型反应式，双曲线型的表达式比较复杂，本书只对下列两类动力学式的情况作一简单介绍：

Ⅰ型　$$-r_A=-\frac{1}{v}\frac{\mathrm{d}n_A}{\mathrm{d}t}=\frac{kp_A}{1+K_Ap_A+\sum_i K_ip_i}\tag{5-110}$$

Ⅱ型　$$-r_A=-\frac{1}{v}\frac{\mathrm{d}n_A}{\mathrm{d}t}=\frac{kp_Ap_B}{(1+K_Ap_A+\sum_i K_ip_i)^2}\tag{5-111}$$

假定催化剂等温，扩散系数为恒值。对于Ⅰ型，需要增加一个参数 $Kp_{A,S}$，$p_{A,S}$是 A 组分在粒子表面上的分压，K 用下式求取：

$$K=\left[K_A-D_A\sum_i(K_iv_i/D_i)\right]/\omega\tag{5-112}$$

$$\omega=1+\sum_i K_i\left[p_{i,S}+(p_{A,S}v_iD_A/D_i)\right]\tag{5-113}$$

式中，i 指 A 以外的组分；v_i是 i 组分在化学反应计量方程式中的系数，产物为正，反应物为负；ω 通常是正值，本法只适应 $\omega>0$ 的情况。

图5－11为 η 对 ϕ_L 作图的曲线。图中 $Kp_{A,S}$ 为0及∞时分别相当于一级及零级反应。利用本图只要找出 ϕ_L 及 $Kp_{A,S}$，就可查出 η 值。

对于Ⅱ型，则还需要多一个参数 E。

$$E=\left(\frac{-D_B p_{B,S}}{v_B D_A p_{A,S}}\right)-1 \tag{5-114}$$

注意在选择组分A时需保证 E 为0或正值。图5－12与图5－13即为其结果。只需计算出 ϕ_L，$Kp_{A,S}$ 以及 E 的值，在图中就可查到 η 值。对于 $E>10$ 的时候可查 $E=10$ 的曲线，不会有大的误差。

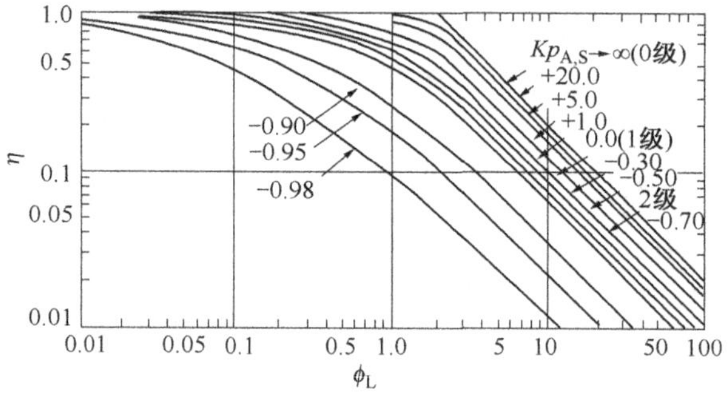

图5－11　片状催化剂、Ⅰ型动力学时的 η 和 ϕ_L 的关系

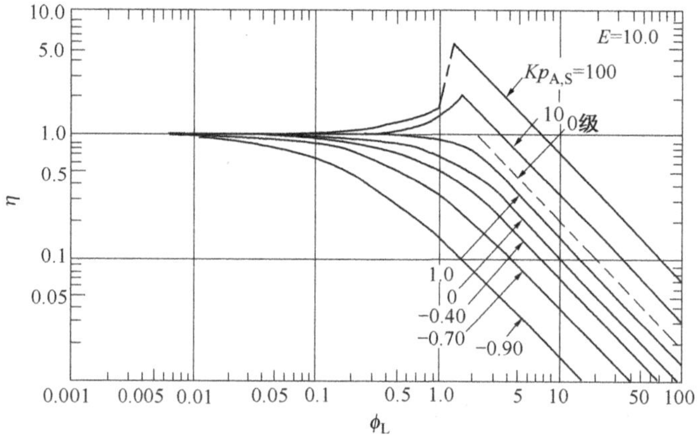

图5－12　片状催化剂，Ⅱ型动力学时的 η 和 ϕ_L 的关系（$E=10.0$）

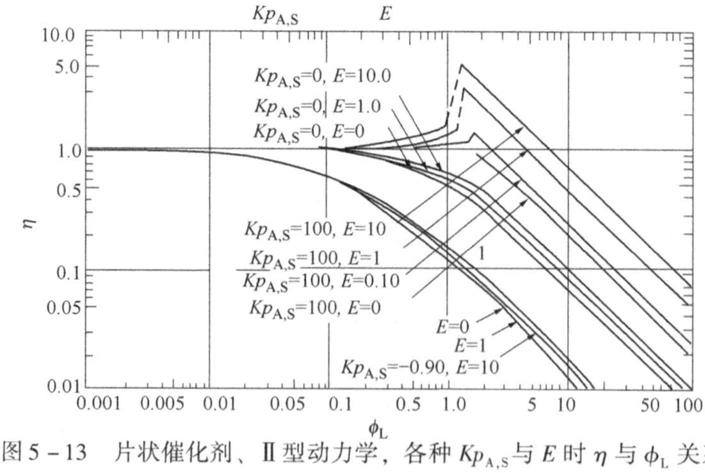

图5－13　片状催化剂、Ⅱ型动力学，各种 $Kp_{A,S}$ 与 E 时 η 与 ϕ_L 关系

【例 5-7】 在一圆柱形催化剂上(高为 0.269cm,直径为 0.300cm)进行 $A \longrightarrow R+S$,反应温度为 200℃,其反应速率式为:

$$-r_A = \frac{\eta k p_A}{1+K_A p_A + K_R p_R + K_S p_S}$$

在该温度下的 $K_A = 0.60\text{atm}^{-1}$,$K_R = 0.40\text{atm}^{-1}$,$K_S = 0.50\text{atm}^{-1}$,已知催化剂的 $\rho_p = 1.30\text{g/cm}^3$,$\varepsilon_p = 0.50$,$\bar{r} = 500\times10^{-10}\text{m}$,$\tau = 2$,在 $p_{A,S} = 0.50\text{atm}$,$p_{R,S} = 1.45\text{atm}$,$p_{S,S} = 0.50\text{atm}$ 下测得反应速率为 0.0320mol/h · gcat,求催化剂的有效系数。A 的相对分子质量为 72,R 为 70,S 为 2。

【解】本反应属于 I 型,故可用式(5-112)、式(5-113)和图 5-11 来计算。由于孔径较小,可认为是克努森扩散,所以扩散系数与相对分子质量的平方根成反比,故:

$$D_A/D_R = \sqrt{\frac{70}{72}} = 0.986$$

$$D_A/D_S = \sqrt{\frac{2}{72}} = 0.167$$

由式(5-113)得:

$$\omega = 1 + K_R(p_{R,S} + p_{A,S}D_A/D_R) + K_S(p_{S,S} + p_{A,S}D_A/D_S)$$
$$= 1 + 0.40(1.45 + 0.50\times0.986) + 0.50\times(0.50 + 0.50\times0.167) = 2.07$$

由式(5-112)得:

$$K = [K_A - K_R D_A/D_R - K_S D_A/D_S]/\omega$$
$$= [0.60 - 0.40\times0.986 - 0.50\times0.167]/2.07$$
$$= 0.0590$$

$$KP_{A,S} = 0.0590\times0.50 = 0.0295$$

把圆柱形近似为片状,得:

$$L = \frac{\frac{\pi}{4}\times0.300^2\times0.269}{\pi/4\times0.300^2\times2 + \pi\times0.300\times0.269} = 0.0482(\text{cm})$$

$$C_{A,S} = P_{A,S}/RT = 0.50/(82.06\times473) = 1.29\times10^{-5}(\text{mol/cm}^3)$$

$$-\frac{1}{v}\frac{\mathrm{d}n_A}{\mathrm{d}t} = (0.0320/3600)\times1.30 = 1.16\times10^{-5}(\text{mol/s}\cdot\text{cm}^3)$$

$$D_e = \frac{\varepsilon_p}{\tau}D_{KA} = \frac{0.50}{2}\times9700\times500\times10^{-8}\sqrt{473/72} = 0.0311(\text{cm}^2/\text{s})$$

$$\phi_L = \frac{L^2}{D_e}\left(-\frac{1}{v}\frac{\mathrm{d}n_A}{\mathrm{d}t}\right)\frac{1}{C_{A,S}}$$
$$= \frac{0.0482^2\times1.16\times10^{-5}}{0.0311\times1.29\times10^{-5}} = 0.067$$

由于 $Kp_{A,S} = 0.0295$ 可以查 $Kp_{A,S} = 0$ 的曲线,故查图 5-10 得 $\eta = 1$。

5.9 非均相反应动力学的研究方法

研究非均相反应动力学的一个重要任务,就是建立动力学方程式,而动力学方程式的建立是通过动力学实验的方法来获得的。反应动力学的研究，可在间歇系统中进行，也可在流动系统中进行。然而从工程的角度看，为了提供合理的设计及操作数据，一般采用流动系统。

反应动力学的研究，主要是要获得在不同条件下的化学反应速率。反应速率的实际数值往往不能从实验中直接得出，而是要从其他原始数据计算而得。对于流动系统来说，在一定的反应容积(或催化剂量)及加料速率下，可以从转化率 X 算出总的反应速率。譬如在一定流动系统稳定情况下，在床层体积 dV_R 内对反应物组分 A 作物料衡算可以得出非均相反应基本计算方程式：

$$(-r_A)''dV_R = F_{A0}dx_A \tag{5-115}$$

即

$$\frac{V_R}{F_{A0}} = \int_0^{x_A} \frac{dx_A}{(-r_A)''} \tag{5-116}$$

若以催化利质量 W 代替 V_R，则上式可写成：

$$\frac{W}{F_{A0}} = \int_0^{x_A} \frac{dx_A}{-r_A} \tag{5-117}$$

在进行实验研究时，可以固定催化剂的体积(或质量)和其他条件，只改变加料速率，以求得不同的 x_A。这样，就可以求出不同的固定条件下，相应的 V_R/F_{A0}(或 W/F_{A0}) $-x_A$ 数据组，然后进行适当的数学处理，即可得出具体的反应动力学方程式。

5.9.1 本征动力学的研究

研究非均相催化反应的本征动力学，必须排除内、外扩散的影响。下面对如何排除内、外扩散的影响，实验所常采用的反应器及数学处理方法进行讨论。

1. 外扩散与内扩散影响的排除

根据质量传递的知识我们知道，通过催化剂床层的流体质量速率 G 是影响外扩散的重要因素。然而质量速率对内扩散和表面反应过程并无影响，因此可以利用此特点作为判断外扩散过程对非均相反应速率是否有影响的依据。

排除外扩散影响的实验可以在保持接触时间恒定的条件下进行，改变原料的加入速率，以观察出口物料转化率的变化。为保证每次实验的接触时间相同，可以使每次实验的催化剂体积与原料的体积流量的比值保持一定，即接触时间一定。通过实验可获得流体的质量速率与转化率关系的数据，并绘成图 5-14 的曲线。

图 5-14 的曲线表明，当流体的质量速率超过某一数值 G_1 时，增加质量速率而反应转化率仍保持不变，这说明外扩散对反应过程已无影响。因此在测定反应速率时，必须使气体的质量速率在大于 G_1 的操作条件下进行。

催化剂粒度的大小是内扩散影响大小的一个重要因素，因此改变催化剂粒度进行实验是检验内扩散效应最有效的方法。

在外扩散影响已排除的情况下，做排除内扩散影响的实验。在 W/F 恒定的条件下，改变所用催化剂的粒度，测其反应的转化率，然后作出催化剂粒度(直径 d_p)对转化率 x 的关系曲线，如图 5-15 所示。随着催化剂粒度逐渐减小，反应的转化率越来越大，但当粒度小于某一数值 d_{p1} 时，继续减小粒度，反应的转化率不再变化，这说明内扩散对反应过程已无影响，故在实际进行表面反应速率的测定时，选择的催化剂其粒度必须比 d_{p1} 小。

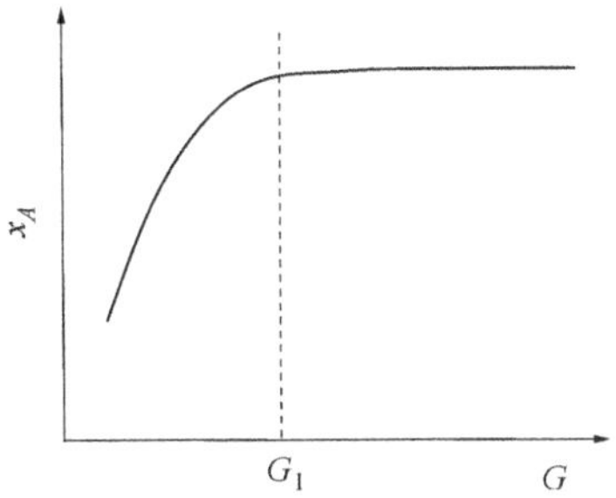

图 5－14　流体质量速率与转化率的关系

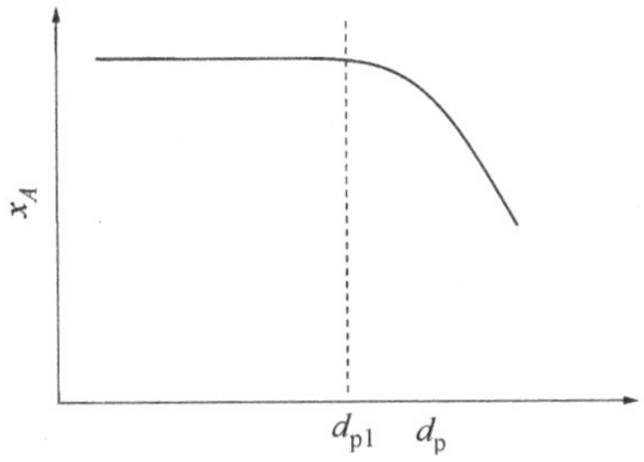

图 5－15　催化剂粒度与转化率的关系

2. 实验室常用反应器

实验室常用反应器的类型较多，归纳起来有积分反应器、微分反应器、无梯度反应器和气输式反应器。为了根据所研究的反应特性选用合适的实验反应器，而得到比较稳定的数据，现对实验室反应器作一简单介绍。

(1) 积分反应器

所谓积分反应器是指催化剂量较多，反应物一次通过后转化率较大的反应器。根据反应温度的不同，反应管通常由石英管、玻璃管或不锈钢管制成。反应管应尽量细，使管内、外的传热足够好，力求床层的径向和轴向温度一致。保持床层各处温度一致是减小实验误差的关键，为此要采用各种方法加强管外的传热。

在积分反应器中，取床层一微层作反应组分 A 的物料衡算，得：

$$(-r_A)dW = F_{A0}dx_A \text{ 或 } -r_A = dx_A/d(W/F_{A0}) \tag{5-118}$$

根据上式，实验时改变流量，测定转化率，按 x_A-W/F_{A0} 作图，即得到代表反应速率的等温线（见图 5－16）。取曲线上任何一点的斜率，即得到对应此点的反应速率。

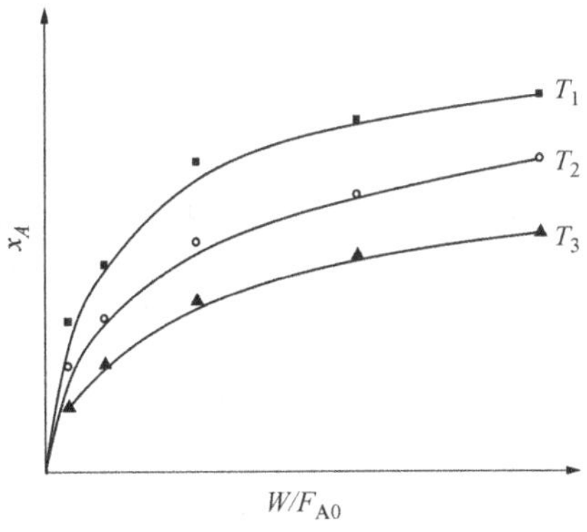

图 5－16　积分反应器的等温线形式

积分反应器结构简单，实验方便，由于转化率高，不仅对取样和分析要求不严，而且与工业反应器有许多相似之处，所以是一种较为常用的实验室反应器。但对于热效应很大的反应，很难消除温度梯度，而使数据的精确性受到严重影响。另外数据处理较为繁琐，也是一个缺点。

(2) 微分反应器

微分反应器与积分反应器在构造上并无原则区别，只是催化剂用量少，转化率低。因此假定在微分反应器内，反应速率可作为常数。于是有：

$$-r_A = \frac{F_{A0}}{W}(x_{A1} - x_{A2}) \tag{5-119}$$

式中的 $-r_A$ 即相应于平均转化率 $(x_{A2}+x_{A1})/2$ 时的反应速率。

微分反应器的优点是可直接求出反应速率，催化剂用量少，转化率低，容易做到恒温。但相应地要求分析精度高，另外配制原料气也是一个难题。

(3) 无梯度式反应器

无梯度式反应器，实际上是一个理想混合的全混流反应器，其反应速率可直接由下式算出：

$$-r_A = \frac{F_{A0}(x_{A1} - x_{A0})}{W} \tag{5-120}$$

无梯度式反应器，既能消除温度梯度，使实验的准确性提高，又能克服由于转化率低而造成的分析困难。由于是全混流，数据处理相当简单，故无梯度式反应器是实验室测定动力学数据最常采用的反应器。

实验室用无梯度反应器，一般有外循环式反应器(图 5 - 17)与内循环式反应器(图 5 - 18)两种。外循环式反应器，对反应器外部的空间也要求必须保温，为了达到稳态，需要花费较长的时间和耗费较多的原料；但容易调节并测量循环比，使其按不同物料的要求，达到无梯度。内循环式反应器具有结构紧凑、催化剂用量可多可少，甚至一粒催化剂也可以等优点。但不易测量循环比及无法测量催化剂表面的真实温度，对热效应大的催化反应会引起显著的误差，造成测量数据不准。

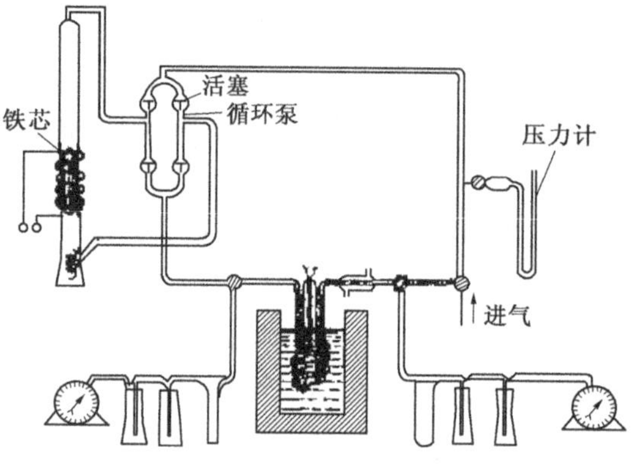

图 5 - 17　外循环式反应器示意图

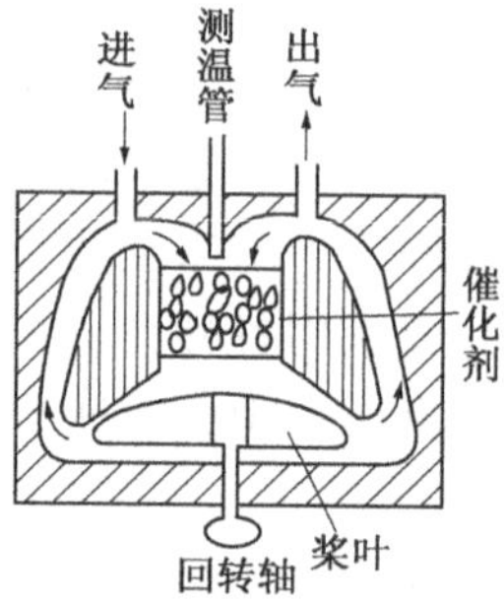

图 5 - 18　内循环式反应器示意图

(4) 气输式催化反应器

这种反应器为一根空管，气体夹带着催化剂粒子经过反应区后，迅速冷却和分离，这种反应器适用于石油催化裂化等催化剂失活极快的反应。

(5) 空白实验

无论使用何种反应器，都应在不装填催化剂的情况下进行空白实验以考察反应器壁材质是否对所研究的反应有影响。例如对乙烯氧化制环氧乙烷反应，如器壁由含 Mo 的合金制造，则会大量生成 CO_2 和 H_2O，因此绝不能使用。当采用内循环反应器进行动力学实验时，特别应注意考察热反应进行的影响是否可忽略。

3. 动力学数据处理

所谓动力学数据处理，就是根据实验数据，求出动力学方程式的具体表达式，确定表达式中的常数。非均相反应动力学的数据处理与均相基本一样，完全可以用微分法与积分法进行实验数据处理，尤以微分法为宜。根据非均相系统的特点，归纳起来有以下几步：

① 根据对反应机理和控制步骤的初步探索，导出速率方程式或假定速率方程式。并将各基本常数合理地合并为实验常数项，以减少常数的数目。

② 根据速率方程式的复杂程度，能够积分的尽量采取积分法，不能积分或积分有困难的，采用微分法，对实验数据进行处理。

③ 根据第二步所得的数据，代入速率方程式或速率方程式的积分形式中，求出对特定温度的动力学方程式。

④ 根据不同温度的动力学实验，用同样的方法分别求解在各该温度的基本常数项，并建立它们与温度的关系。

下面以一例子加以说明。

【例 5 - 8】 正戊烷在 Pt/Al_2O_3催化剂上进行异构反应。实验在流动体系积分反应器上进行。产品组分分析表明，有少量裂化和环化反应，但主要是异构化反应。为简化动力学数据分析起见，研究异构反应起始速率，这时产物和副产物的影响可以忽略。实验测得的数据列于下表中，试求此异构反应的动力学方程。反应温度为 655K，催化剂用量为 15g。

【解】由下表可见，正戊烷异构反应的起始速率 r_0 随正戊烷分压 p_{n-C_5} 的增加而增加，但随氢分压 p_{H_2} 增加而降低。当 p_{n-C_5}/p_{H_2} 比值一定时，r_0 与总压无关。由此假设正戊烷异构反应动力学方程具有下列形式：

总压/MPa	2.47	0.78	2.13	2.81	1.11
p_{n-C_5}/MPa(atm)	0.13 (1.3)	0.13 (1.3)	0.35 (3.5)	0.47 (4.6)	0.47 (4.6)
p_{H_2}/MPa(atm)	2.34 (23.1)	0.65 (6.4)	1.77 (17.5)	2.34 (23.1)	0.65 (6.4)
p_{n-C_5}/p_{H_2}	0.06	0.20	0.20	0.20	0.72
r_0/(mol/h·gcat)	0.011	0.018	0.017	0.020	0.034

$$r_0 = k\left(\frac{p_{n-C_5}}{p_{H_2}}\right)^a$$

方程两边同时取对数：

$$\lg r_0 = \lg k + a\lg\left(\frac{p_{n-C_5}}{p_{H_2}}\right)$$

并令 $\lg r_0 = y$，$\lg k = b$，$\lg\left(\frac{p_{n-C_5}}{p_{H_2}}\right) = x$，那么方程就变为：

$$y = b + ax$$

采取最小二乘法，对数据进行处理，令：

$$z = b + ax - y$$

那么：

$$\sum z_i^2 = \sum (b + ax_i - y_i)^2$$

若使 $\sum z_i^2$ 最小，就有：

$$\frac{\partial \sum z_i^2}{\partial b} = 0;\qquad \frac{\partial \sum z_i^2}{\partial a} = 0$$

即：

$$\begin{cases} nb + a\sum x_i - \sum y_i = 0 \\ b\sum x_i + a\sum {}_i^2 - \sum x_i y_i = 0 \end{cases}$$

列表进行计算：

$x_i\left(\lg\frac{p_{n-C_5}}{p_{H_2}}\right)$	$y_i(\lg r_0)$	x_i	x_iy_i
-1.223	-1.959	1.496	2.396
-0.699	-1.745	0.489	1.220
-0.699	-1.770	0.489	1.237
-0.699	-1.699	0.489	1.188
-0.143	-1.469	0.020	0.210
$\sum$ -3.463	-8.642	2.983	6.251

代入方程组得：

$$\begin{cases}5b-3.463a+8.462=0\\-3.463b+2.983a-6.251=0\end{cases}$$

解之

$b=-1.414 \qquad a=0.45$

所以 $k=0.0385 \qquad a=0.45$

故此反应在这种条件下的动力学方程为：

$$r_0=0.0385\left(\frac{p_{n-C_5}}{p_{H_2}}\right)^{0.45}$$

5.9.2 宏观动力学实验

仿照工业上的实际条件作实验，得出的结果能可靠地应用于工业，这种实验称为宏观动力学实验。

宏观动力学实验必须采用与工业上用的同样大小的催化剂颗粒，这样内扩散过程就一样。工业上反应器床层一般都相当高，因而流体流速很高，实验中要求与其相同，只有作单管小试(对于列管式反应器)或采用内循环反应器。通过调节反应器的循环风扇的转速来调节流速，使外扩散过程的影响与工业条件下的相近。所以进行宏观动力学实验对设备要求高，花费也较高。

5.10 催化剂的失活

催化剂并不能无限期地使用，使用一段时期后活性就会逐渐降低。催化剂的活性随着操作时间的延长而下降的过程称为催化剂失活。造成催化剂失活的原因很多，一般可分为物理失活和化学失活两类。

1. 物理失活

使催化剂的活性表面积减小的物理过程造成的活性下降叫物理失活。

① 活性组分的晶粒长大使活性表面积下降；

② 反应原料携带的杂质沉积于催化剂表面堵塞孔道，使反应物接触不到部分内表面。

以上两种情况都能造成催化剂的物理失活。

2. 化学失活

反应物中某些毒物或反应产物在催化剂上的化学吸附使催化剂失活称为化学失活。能够通过再生处理而恢复活性的叫暂时性失活。例如催化裂化，中间产物吸附在催化剂上继续反应而结焦，一方面占了活性吸附位，另一方面又可能堵塞孔道，但通过烧焦再生可以恢复活性。如果失活后不能再恢复活性，叫永久性失活。例如砷的有机物对 Pt、Pd 催化剂的中毒作用。其原因为毒物与构成活性吸附位的物质发生反应转变成无活性的物质，使催化剂失去了催化作用。

石油化工中比较常见的催化剂失活，是由于催化剂在使用过程中逐渐在表面上沉积了一层含炭化合物，减少了可利用的表面积。防止炭沉积的工业方法很多，例如可用碱处理以去除催化剂上那些引起炭沉积的酸中心；用热处理来消除那些过细的孔隙；在临氢条件下作业，抑制造成炭沉积的脱氢作用等。

对于催化剂的研究，必须包括失活方面的研究。例如找出毒物的种类和浓度限度；明确写明使用时对原料和操作条件的要求；对于操作、管理催化反应过程的技术人员，必须清楚了解所使用的催化剂的各种性质和要求，严格保证原料和操作条件符合要求。

表 5－4　工业上重要的非均相催化过程

反应	催化剂和反应器型式(除指明者外皆为连续操作)
脱氢：丁烷⟶丁烯＋丁二烯	$Cr_2O_3 \cdot Al_2O_3$(固定床)
丁烯⟶丁二烯	Fe_2O_3以 Cr_2O_3和 K_2CO_3或 $Ca_8Ni(PO_4)_6$为助剂 (固定床，连续，加入水蒸气)
$C_6H_5C_2H_5 \longrightarrow C_6H_5CH{=}CH_2$(苯乙烯)$+H_2$	Fe_2O_3以 Cr_2O_3和 K_2CO_3为助剂(固定床)
CH_4 或其他烃$+H_2O \longrightarrow CO+H_2$	承载的 Ni(固定床)
$(CH_3)_2CHOH \longrightarrow CH_3COCH_3+H_2$ $CH_3CH(OH)C_2H_5 \longrightarrow CH_3COC_2H_5+H_2$	ZnO
加氢：食用油脂加氢	骨架(Raney)Ni 或承载的 Ni(悬浮反应器，间歇或连续)
各种精细化学品的加氢	载于炭上的 Pd(悬浮反应器，间歇或连续)(其他承载的金属也可采用)
$C_6H_6+3H_2 \longrightarrow C_6H_{12}$	承载的 *Ni* 或贵金属(固定床)
$N_2+3H_2 \longrightarrow 2NH_3$	Fe 以 Al_2O_3，K_2O，CaO 和 MgO 为助剂(绝热固定床)
$C_2H_2 \longrightarrow C_2H_4$ (选择性加氢，精制裂解生产的 C_2H_4)	Al_2O_3承载的 Pd 或承载的 Ni(绝热固定床)
氧化：$SO_2+\frac{1}{2}O_2 \longrightarrow SO_2$	V_2O_5加 K_2SO_4载于 SiO_2(绝热固定床)
$2NH_3+\frac{5}{2}O_2 \longrightarrow 2NO+3H_2O$	90% Pt－10% Rb 网，气化条件
NH_3+CH_4+空气$\longrightarrow HCN$ (Andrussow 工艺)	90% Pt－10% Rb 网，在净还原条件下
萘或邻二甲苯＋空气⟶苯二甲酸酐	承载的 V_2O_5(多管式固定床)(国内采用带内部构件的流化床)
$C_2H_4+\frac{1}{2}O_2 \longrightarrow (CH_2)_2O$(环氧乙烷)	承载的 Ag
$CH_3OH+O_2 \longrightarrow CH_2O+H_2$ 和/或 H_2O	Ag 或 $Fe_2O_3 \cdot MoO_3$

反　　应	催化剂和反应器型式(除指明者外皆为连续操作)
$C_3H_6 + O_2 \longrightarrow CH_2=CHCHO$ 和/或 $CH_2=CHCOOH$	Cu_2O 或多金属气化物
$C_2H_6 + NH_3 + \frac{3}{2}O_2 \longrightarrow CH_2=CHCN + 3H_2O$	复合钼酸金属盐或多金属氧化物(流化床)
CO，烃的完全氧化(为了控制污染，例如汽车尾气)	Pt 或 Pt－Pd，颗粒或整体的载体
$C_2H_4 + \frac{1}{2}O_2 + CH_3COOH \longrightarrow CH_3COOCH=CH_2$	Pd 载于耐酸载体(气相，多管固定床)
$C_4H_8 + \frac{1}{2}O_2 \longrightarrow C_4H_6 + H_2O$	Promoted Ferrite Spinels
酸催化反应：催化裂化	分子筛(流化床)
加氢裂化	金属(例如 Pd)载于分子筛(固定床，绝热)
异构化	金属载于酸化了的 Al_2O_3(固定床)，分子筛
催化重整	Pt，Pt－Pb 或 Pt－Ir 载于酸化了的 Al_2O_3(绝热，固定床或移动床)
叠合	H_3PO_4 载于白土(clay)(固定床)
水合，例如丙烯生产异丙醇	无机酸或酸性离子交换树脂(固定床)
合成气反应：$CO + 2H_2 \longrightarrow CH_3OH$	ZnO 以 Cr_2O_3 为助剂，或 Cu，ZnO 以 Cr_2O_3 或 Al_2O_3 为助剂(绝热，固定床或多管固定床)
$CO + 3H_2 \longrightarrow CH_4 + H_2O$ (甲烷化)	承载的 Ni(固定床)
$CO + H_2 \longrightarrow$ 烷烃等，(费－托合成)	Fe 加助剂(流化床)
其他：氧氯化(例如 $C_2H_4 + 2HCl + \frac{1}{2}O_2 \longrightarrow C_2H_4Cl_2 + H_2O$)	$CuCl_2/Al_2O_3$ 以 KCl 为助剂
加氢脱硫	CO·Mo/Al_2O_3 或 Ni－Mo/Al_2O_3(绝热，固定床)
$SO_2 + 2H_2S \longrightarrow 3S + 2H_2O$(claus 工艺)	Al_2O_3(固定床)
$H_2O + CO \longrightarrow CO_2 + H_2$(一氧化碳变换)	Fe_3O_4 以 Cr_2O_3 为助剂(绝热固定床)；另一种，低温段，Cu·ZnO 载于 Al_2O_3 或 SiO_2

习　题

1. 试推导 BET 等温吸附方程式。
2. 某催化剂在－195.8℃下以 N_2 吸附法测得其吸附量如下：

压力 P/kPa	0.78	3.33	18.7	30.7	38.0	42.7	57.3	67.3
吸附量 V(标准状态)/cm^3	67	127	170	197	215	230	277	335

已知 N_2 在该温度下的蒸气压为 1atm，求催化剂的比表面积。

3. 在 Pd－Al_2O_3 催化剂上用乙烯合成醋酸乙烯的反应为：

$$C_2H_4 + CH_3COOH + \frac{1}{2}O_2 \rightleftharpoons CH_3COOC_2H_3 + H_2O$$

A　　B　　C　　　　R　　　　S

如反应机理设想为：

$$A + \sigma \rightleftharpoons A\sigma$$

$$B + \sigma \rightleftharpoons B\sigma$$

$$A\sigma + B\sigma \rightleftharpoons D\sigma + \sigma$$

$$C + 2\sigma \rightleftharpoons 2C_{1/2}\sigma$$

$$D\sigma + C_{1/2}\sigma \rightarrow R\sigma + S\sigma$$

$$R\sigma \rightleftharpoons R + \sigma$$

$$S\sigma \rightleftharpoons S + \sigma$$

试写出反应速率式。

4. CO 与 Cl_2 在活性炭表面上催化合成光气的反应是一不可逆反应，设反应为表面反应控制，CO 在活性炭表面上的吸附与 Cl_2 及 $COCl_2$ 相比要弱得多，试写出反应机理，再推导反应速率式。

$$CO + Cl_2 \longrightarrow COCl_2$$

5. 乙炔在氯化氢在 $HgCl_2$ – 活性炭催化剂上合成氯乙烯的反应：

$$C_2H_2 + HCl \rightleftharpoons C_2H_3Cl$$

A　　B　　　C

其动力学方程式可有如下几种形式：

(1) $(-r_A) = \dfrac{k(p_Ap_B - p_C/K)}{(1 + K_Ap_A + K_Bp_B + K_Cp_C)^2}$

(2) $(-r_A) = \dfrac{kK_AK_Bp_Ap_B}{(1 + K_Bp_B + K_Cp_C)(1 + K_Ap_A)}$

(3) $(-r_A) = \dfrac{kK_Ap_Ap_B}{(1 + K_Ap_A + K_Bp_B)}$

(4) $(-r_A) = \dfrac{kK_Bp_Ap_B}{(1 + K_Bp_B + K_Cp_C)}$

试说出各式所代表的反应机理和控制步骤。

6. 异丙苯在催化剂上裂解而生成苯，如催化剂为微球状，$d_P = 0.40$cm，$\rho_P = 1.06$g/cm^3，$\varepsilon_P = 0.52$，$S_q = 350$m^2/g，求在 500℃、1atm 时，异丙苯的微孔中有效系数。设微孔的形状因子 $\tau = 4$，异丙苯 – 苯的分子扩散系数为 0.155cm^2/s。

7. 某催化反应在 400℃的厚度为 0.35cm 的片状催化剂中进行，片状催化剂两面都与反应气体接触。反应速率表达式为：

$$(-r_A) = 25.2p_A^2 \text{mol/(h·gcat)}$$

A 为选择组分，p 的单位为 atm。已知 $\rho_P = 0.85$g/cm^3，$p_{A,S} = 0.2$atm，$D_e = 0.025$cm^2/s。

求催化剂的有效系数。

8. 兹有直径为0.2cm、高0.2cm及直径为0.8cm、高0.8cm的两种催化剂粒子分别在等温管中进行测试，填充体积为150cm^3，床层孔隙率均为0.35，形状因子$\tau=2$。反应为一级不可逆，对直径为0.2cm催化剂，达到的转化率为66%，而对直径为0.8cm的催化剂则为30%，如气体密度不变，试求这两种床层催化剂有效系数分别是多少。

9. 在常压及473K下进行反应的研究，在微分反应管内放置0.1g Ni/硅藻土催化剂，含3% C_2H_4和95% H_2的原料混合气以0.01mol/s的流量经过预反应管后进入微分反应器，测得微分反应器前后C_2H_4的转化率χ_{A0}和χ_{A1}值如下表所示，求其动力学方程式。

$$\underset{A}{C_2H_4}+\underset{B}{H_2}\rightleftharpoons\underset{C}{C_2H_6}$$

χ_{A0}	0.123	0.303	0.491	0.726	0.854
χ_{A1}	0.170	0.343	0.520	0.742	0.861

第六章　气固相固定床反应器

6.1　概　　述

反应物料呈气态通过由静止的催化剂颗粒构成的床层进行反应的装置，称为气固相固定床催化反应器，简称固定床反应器。

固定床反应器在化学工业中应用十分广泛，如乙烯氧化制环氧乙烷、乙苯脱氢制苯乙烯、乙烯水合制乙醇等反应都在固定床反应器中进行。在制药工业中主要用于药物中间体及其原料的生产上。例如，乙腈催化还原制备乙胺，4－甲基吡啶在 V_2O_5 催化下制备异烟酸，乙炔在 KOH/CaO 催化下与乙醇加成制备乙烯基乙醚(EVE)等，都采用固定床反应器。许多强放热反应，如丙烯氨氧化制丙烯腈、萘(或邻二甲苯)氧化制苯酐同时兼有固定床反应器和流化床反应器两类装置。

固定床反应器之所以成为气固相催化反应器的主要型式，是和它具有下述优点分不开的，除床层极薄和流速很低外，床层内的流体轴向流动可看成是理想置换流动(平推流)，因而化学反应速度较快，一般说来，为完成同样的生产任务，所需要的催化剂用量和反应器体积较小；气体的停留时间可以严格控制，反应温度分布可以适当调节，因而有利于提高化学反应的转化率和选择性；固定床中催化剂不易磨损，寿命较长；可在高温高压下操作。

固定床反应器的主要缺点在于传热性能较差。化学反应总是伴随着热效应，温度对反应速度影响很大，反应过程要求及时移走或供给热量，但在固定床内，由于使用的催化剂颗粒较大(一般直径为 3～5mm)，催化剂载体往往是热的不良导体，操作时催化剂颗粒又是静止不动的，这样就造成床层的导热性能不好，床层温度不均匀，造成传热和温度控制上的困难。固定床反应器从结构到操作控制所作的改进，大多数是为了解决这个问题。此外，固定床反应器还有一些缺点，诸如固定床反应器中不能使用细粒催化剂(以致不能充分利用催化剂的内表面)，催化剂的再生、更换均不方便。

6.2　固定床反应器类型

固定床反应器的结构型式，主要是为了适应不同的传热要求和传热方式，具体可分为绝热式反应器和换热式反应器等。

6.2.1　绝热式反应器

绝热式反应器又可分为单段绝热式和多段绝热式反应器。

单段绝热式反应器一般为高径比不大的圆筒体，内部无换热构件，只在圆筒体下部装有栅板等构件，其上面均匀堆置催化剂。反应气体预热到适当温度，从圆筒体上部通入，经过气体预分布装置，均匀通过床层进行反应，反应后气体经下部引出，如图6－1所示。绝热式反应器结构简单、造价便宜，反应器内体积能得到充分利用，但只适用于反应热效应较小、反应温度允许波动范围较宽、单程转化率较低的场合，如乙苯脱氢制苯乙烯、乙烯水合制乙醇，工业上采用单段绝热式反应器。

为了保持绝热式反应器结构简单等优点，又能在一定程度上调节反应温度，绝热式反应器由单段绝热式又发展为多段绝热式，即在段间进行反应物料的换热。根据换热要求，可以在反应器外另设换热器，也可以在反应器段间设置换热构件、在段间用喷水或补充原料气的直接换热方法，称之为冷激式。多段绝热式反应器的各种换热方式的反应器示意图如图6－2所示。如环己醇脱氢制环己酮，换热要求不高，故采用段间设换热构件的多段绝热式反应器。一氧化碳和氢合成甲醇采用多段绝热式反应器时，在段间通原料气进行急冷。

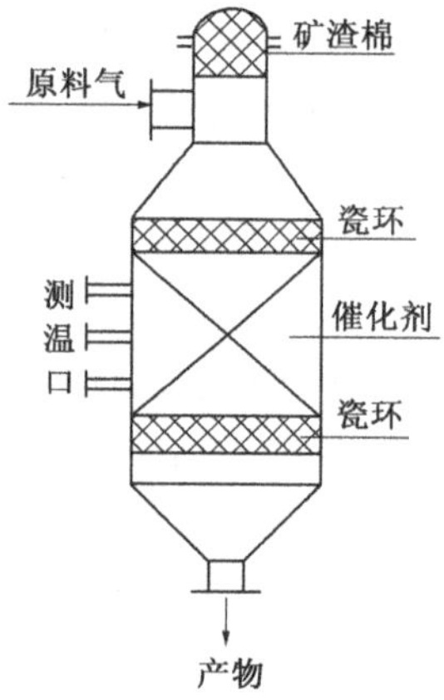

图6－1　绝热式反应器

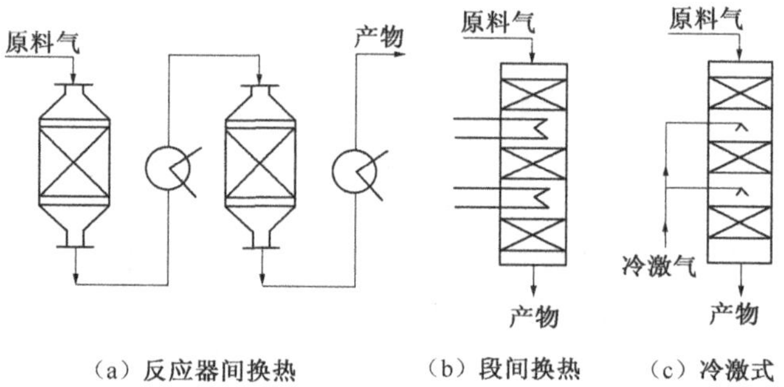

图6－2　多段绝热式反应器

6.2.2　换热式反应器

当反应热效应较大时，为了维持适宜的温度条件，必须利用换热介质来移走或供给热量。按换热介质的不同，又可分为对外换热式和自身换热式。

① 对外换热。以各种载热体为换热介质，称为对外换热式。化工生产中应用最多的是换热条件较好的列管式反应器，其结构类似管壳式热交换器。通常在管内填充催化剂，反应气体自上而下通过催化剂床层进行反应，管间通载热体。管径一般为20～50mm。列管管径的选择与反应热效应有关。热效应愈大，为使径向温度比较均匀，就应采用较小的管径，根据生产规模，列管数可从数百根到数千根，甚至达万根以上。为使气体在各管内分布均匀，以达到反应所需停留时间和温度条件，催化剂的填充十分重要，必须做到填充均匀，各管阻力力求相等。为了减少流动压降，催化剂粒径不宜过小，一般在2～6mm左右。载热体可以根据反应温度范围进行选择，常用的有：冷却水、加压水（100～300℃）、导热油（联苯和二苯醚混合物，200～350℃）、熔盐（如硝酸钠、硝酸钾和亚硝酸钠混合物，300～500℃）、烟道气（600～700℃）等。载热体温度与反应温度之差不宜太大，以免造成靠近管壁的催化剂过冷或过热。过冷时，催化剂不能充分发挥作用；过热时，可能使催化剂失活。载热体必须循环，以增强传热效果。采用不同载热体和载热体循环方式的列管式固定床反应器如图6－

3 所示。图 6－3(a)为沸腾式，其特点是整个反应器内载热体温度基本恒定。例如，乙炔与氯化氢合成氯乙烯，采用沸腾水为载热体，反应热使沸腾水部分汽化，分离出蒸汽后，冷凝液补加部分软水循环使用。图 6－3(b)为内部循环式，例如，生产丙烯腈和苯酐的反应器，以熔盐为载热体，用旋桨式搅拌器强制熔盐循环，并使熔盐吸收的热量传递给水冷换热构件，这种结构比较复杂。图 6－3(c)为外部循环式，例如乙烯氧化制环氧乙烷，以导热油为载热体，用泵进行外部强制循环。

② 自身换热式。在反应器内，以原料气为换热介质，通过管壁与反应物料换热，以维持反应温度的反应器称为自身换热式。一般都用于热效应不太大的高压反应，既能做到热量自给，又不需要设高压换热设备，主要用于合成氨和甲醇的生产。

固定床反应器除了上述几种主要型式外，近年来，为了能采用细粒催化剂，提高催化剂的有效系数，并减少压降，又发展了径向反应器。工业上甲苯歧化制苯和二甲苯就采用径向反应器，其流体流动状况如图 6－4 所示。

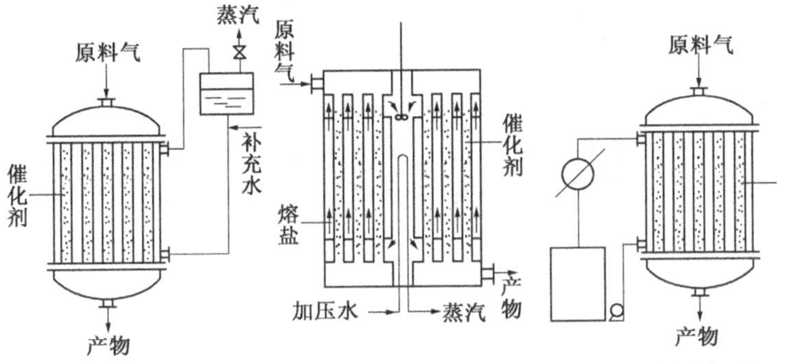

(a) 沸腾式　　(b) 内部循环式　　(c) 外部循环式

图 6－3　列管式固定床反应器

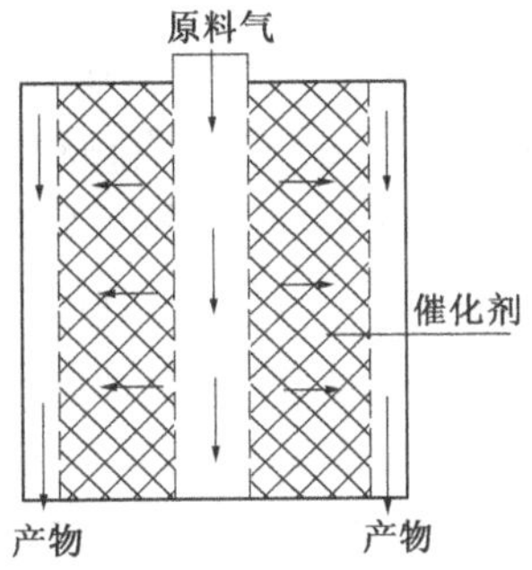

图 6－4　径向流动固定床反应器

6.3 固定床反应器内的流体流动

由于催化剂填充在流体流动的管道中，催化剂的性质、形状、分布、反应器的结构影响流体的流动状态，固定床反应器内的流体流动直接影响传热和传质过程，最终影响反应过程。因此，首先应了解固定床反应器内流体流动的特征。由于固定床内流体是通过催化剂颗粒构成的床层而流动，还必须了解与流动有关的催化剂床层的性质。

6.3.1 催化剂颗粒直径和形状系数

催化剂颗粒可为各种形状，如球形、圆柱形、片状、环状、无规则形状等。催化剂的粒径大小，对于球形颗粒可以方便地用直径表示；对于非球形颗粒，习惯上常用与球形颗粒作对比的相当直径表示。通常有三种相当直径：

① 体积相当直径 d_v　即采用体积相同的球形颗粒直径来表示非球形颗粒直径。

$$d_v = (6V_p/\pi)^{1/3} \tag{6-1}$$

式中，V_p 为非球形颗粒的体积，m^3。

② 面积相当直径 d_a　即采用外表面积相同的球形颗粒直径来表示非球形颗粒直径。

$$d_a = (S_e/\pi)^{\frac{1}{2}} \tag{6-2}$$

式中，S_e为非球形颗粒的外表面积，m^2。

③ 比表面相当直径 d_s　即采用比表面积相同的球形颗粒直径来表示非球形颗粒的直径。非球形颗粒的比表面积为：

$$S_V = S_P/V_P$$

比表面积等于 S_V 的球形颗粒有如下关系式：

$$S_V = \pi d_s^2 / \left(\frac{1}{6}\pi d_s^3\right) = 6/d_s$$

所以

$$d_s = 6/S_V = 6V_P/S_P \tag{6-3}$$

在固定床的流体力学研究中，非球形颗粒直径常常采用体积相当直径，在传热传质的研究中，常常采用面积相当直径。

球形颗粒的外表面积与体积相同的非球形颗粒外表面积之比，称为形状系数 φ_S。

$$\varphi_S = S_S/S_P \tag{6-4}$$

式中，S_S 为球形颗粒外表面积，m^2。

显然，$\varphi_S \leqslant 1$。其中球形颗粒 $\varphi_S = 1$，非球形颗粒 $\varphi_S < 1$。颗粒越不规则，则，其 φ_S 就比 1 更小。φ_S 值说明颗粒与球的差异程度。表 6－1 列出了一些颗粒的形状系数。形状系数也可按式(6－4)计算。颗粒体积可由实验测定或从其质量及密度计算。颗粒外表面积由颗粒形状而定。形状规则的颗粒，可从其高度和直径来求取；不规则的颗粒外表面积难以直接测量，可利用测定该种颗粒所组成的床层的压降来计算形状系数。

表 6－1　非球形颗粒的形状系数

物　料	形　状	φ_S	物　料	形　状	φ_S
鞍形填料		0.3	硬　砂	尖片状	0.43
拉西环		0.3	各种形状		
砂		0.75	平　均	尖角形	0.65
砂	圆　形	0.85	碎玻璃屑	尖角形	0.65
砂	有角状	0.73			

三种相当直径用 φ_S 联系起来，有如下关系：

$$d_S = \varphi_S d_V = (\varphi_S)^{3/2} d_a \tag{6-5}$$

当催化剂床层由大小不一的颗粒组成时，可用调和平均法计算其平均直径 $\bar{d}$：

$$\frac{1}{\bar{d}} = \frac{x_1}{d_1} + \frac{x_2}{d_2} + \cdots + \frac{x_n}{d_n} = \sum_{i=1}^{n} \frac{x_i}{d_i} \tag{6-6}$$

式中，d_1，d_2，…，d_n 为各种颗粒的粒径，m；x_1，x_2，…，x_n 为各种粒径颗粒所占的质量分数。

6.3.2　床层空隙率

空隙率是催化剂床层的重要特性之一，对流动、传热和传质都有较大的影响，它是影响床层压力降的主要因素。空隙率是指颗粒间自由体积与整个床层体积之比，其计算公式为：

$$\varepsilon_B = 1 - \frac{\rho_B}{\rho_S} \tag{6-7}$$

式中，ε_B 为床层空隙率；ρ_B 为催化剂床层堆积密度，即单位体积催化剂床层具有的质量，kg/m^3；ρ_S 为催化剂的表观密度，即单位体积催化剂颗粒具有的质量，kg/m^3。

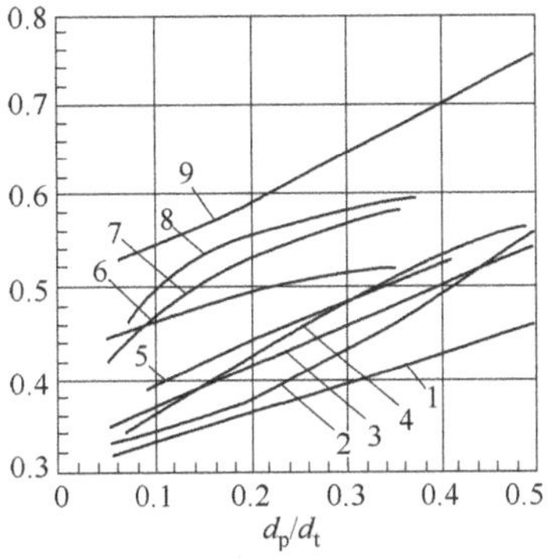

图 6－5　固定床的空隙率

球形：1—非均一尺寸，光滑；3—均一尺寸；
5—黏土圆柱形；2—均一尺寸，光滑；4—刚玉；
9—6.3mm 陶质拉西环不规则形；
6—熔融磁铁；7—熔融刚玉；8—铝砂；

空隙率的大小与催化剂颗粒的形状、粒度分布、颗粒表面粗糙度、颗粒直径与床层直径之比以及颗粒充填方法等有关。大小均一光滑的球形颗粒有规则排列堆积时，最大空隙率为 0.476(立方格排列)，最小空隙率为 0.259(菱形格排列)。湍流时，后者造成的压降较前者大 20 倍。大小均一的非球形颗粒床层，空隙率主要决定于颗粒的形状系数和充填方法。形状系数愈大，充填愈紧，空隙率愈小。粒径大小不一的床层，粒度愈不均匀，空隙愈小；颗粒愈光滑，空隙愈小。不同颗粒直径 d_p 与床层直径 d_t 之比对空隙率的影响见图 6－5，d_p/d_t 愈大，空隙率愈大。实验结果说明：床层径向空隙率分布也不均匀。除壁面处空隙率最大外，在离壁(1～2) d_p 处，空隙率较大，而床层中部空隙率较小。反应器壁对空隙率分布的这种影响及由此造成对流动、传热和传质的影响，称为壁效应。

6.3.3　流体在固定床中的流动特性

流体在固定床中的流动情况较之在空管中的流动要复杂得多。固定床中流体是在颗粒间的空隙中流动，颗粒间空隙形成的孔道是弯曲、相互交错的，孔道数和孔道截面沿流向也在不断改变。空隙率是孔道特性的一个主要反映。在床层径向，空隙率分布的不均匀性，造成流速的不均匀性，如图 6－6 所示。图 6－6 为空气在固定床中等温流动时的径向流速分布曲线，可以看出，床层中部空隙率分布较均匀，流速也较均匀。离壁(1～2) d_p 处，由于空隙较大，流速达最大值。d_p/d_t 愈大，则流速分布愈不均匀，故一般要求管径比粒径大 8 倍以上。流速的不均，造成物料停留时间和传热情况不均一，最终影响反应的结果。但是由于固定床内流动的复杂性，至今难以用数学解析式来描述流速分布，设计计算中常采用床层平均流速的概念。

此外，流体在固定床中流动时，由于本身的湍流，对催化剂颗粒的撞击、绕流，以及孔道的不断缩小和扩大，造成流体的不断分散和混合。这种混合扩散现象在固定床内并非各向同性，因而通常把它分成径向混合和轴向混合两个方面进行研究。径向混合可以简单地理解为：由于流体在流动过程中不断撞击到颗粒上，发生流股的分裂而造成，如图 6－7 所示。轴向混合可简单地理解为流体沿轴向依次流过一个由颗粒间空隙形成的串联着的“小槽”，在进口处由于孔道收缩，流速增大，进到“小槽”后，由于突然扩大而减速，形成混合。

因此，固定床中的流体流动，可以用简单的扩散模型进行模拟，即认为流动由两部分合成：一部分为流体以平均流速沿轴向作理想置换式的流动；另一部分为流体的径向和轴向的混合扩散，包括分子扩散(层流时为主)和涡流扩散(湍流时为主)。根据不同的混合扩散程度，将两个部分叠加。

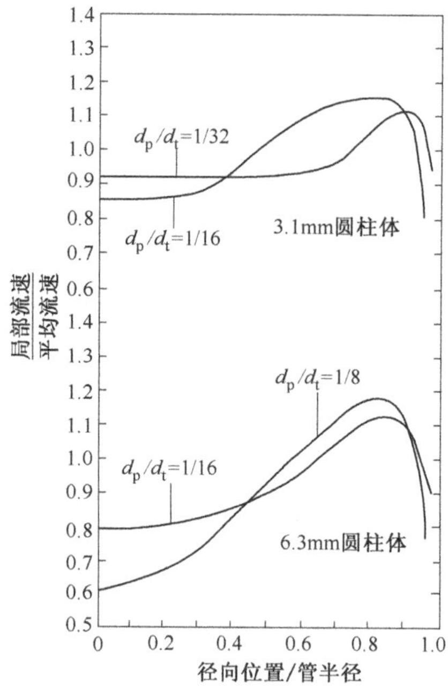

图 6-6　固定床的流速分布

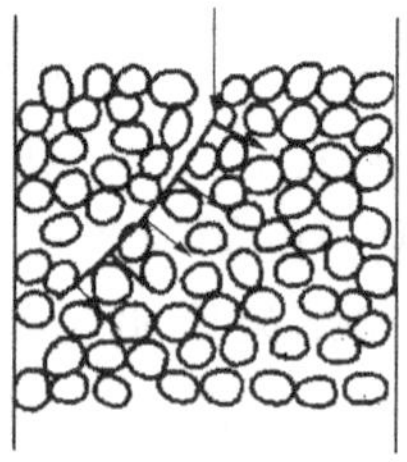

图 6-7　固定床内径向混合示意图

6.3.4　流体流过固定床层的压力降

流体流过固定床层的压力降，主要是由于流体与颗粒表面间的摩擦阻力和流体在孔道中的收缩、扩大和再分布等局部阻力引起。当流动状态为层流时，以摩擦阻力为主；当流动状态为湍流时，以局部阻力为主。计算压力降的公式很多，常用的是根据流体在空管中流动的压力降公式而导出的欧根方程。

流体在空圆管中等温流动时，可导出固定床中的压力降表达式为：

$$\Delta p_t = f'\frac{Z(1-\varepsilon_B)}{\varepsilon_B^3}\frac{\rho u^2}{d_S} \tag{6-8}$$

式中，f'为系数；Z 为管的长度，m；u 为流体的流速，m/s。

由欧根的半经验方程计算，可得：$f' = \dfrac{150}{Re_M} + 1.75$

式中，Re_M 为修正雷诺数，$Re_M = \dfrac{d_S\rho u}{\mu}\left(\dfrac{1}{1-\varepsilon}\right)$代入上述关系式，得固定床压力降计算公式：

$$\frac{\Delta P_t}{Z} = 150\,\frac{(1-\varepsilon)^2}{\varepsilon^3}\frac{\mu u}{d_S^2} + 1.75\,\frac{\rho u^2}{d_S}\frac{(1-\varepsilon_B)}{\varepsilon_B^3} \tag{6-9}$$

式中，μ 为流体黏度，Pa·s。

式(6-9)中右侧第一项表示摩擦损失，第二项表示局部阻力损失。当$Re_M<10$ 时为层流，计算压降时可略去第二项。$Re_M>1000$ 时为充分湍流，计算压降时可略去第一项。从式(6-9)可以看出：增大流体空床平均流速、减小颗粒直径以及减小床层空隙率都会使床层压降增大，其中尤以空隙率的影响最为显著。

【例 6-1】　一多管式苯气相催化加氢反应器，有 ϕ46mm×3mm 的反应管 230 根，管内催化剂填装高度为 3.6m。催化剂颗粒为 d_S = 5mm 的光滑圆球，催化剂堆积密度为 1.06g/cm^3。进料气组成及流量如表 6-2 所示。

表 6-2 组成及流量

组　分	C_2H_6	H_2	C_6H_{12}	N_2
流量/(kg/h)	320	51.8	10.9	108

管外用水冷却，床层平均温度为416K。入口压力为1.013×10^5Pa(表压)，反应混合物气体平均黏度$\mu_f=0.0483$kg/m·h，混合气体平均密度$\rho_f=1.031$kg/m^3，催化剂床层$\varepsilon_B=0.35$。试计算反应气体混合物流经该床层时的压力降。

【解】反应混合物质量流量：

$$G=320+51.8+10.9+106=488.7(\text{kg/h})$$

表观流速：

$$u_0=\frac{488.7}{1.031\times3600\times0.785\times(0.04)^2\times320}=0.456(\text{m/s})$$

Re_M计算：

$$Re_M=\frac{0.005\times1.031\times0.456\times3600}{0.0483}\times\left(\frac{1}{1-0.35}\right)=269.5$$

压力降计算：

$$\Delta p_t=\left(\frac{150}{Re_M}+1.75\right)\frac{Z(1-\varepsilon)}{\varepsilon^3}\frac{\rho u^2}{d_S}$$

$$=\left(\frac{150}{269.5}+1.75\right)\times\frac{3.6\times(1-0.35)}{(0.35)^3}\times\frac{1.031\times(0.456)^2}{0.005}$$

$$=5397.4(\text{Pa})$$

在固定床催化反应器中，为了保证反应正常进行，必须使流经床层的气体反应物沿径向均匀分布，否则有可能导致床层中温差过大，不但会影响收率，严重时甚至会因局部飞温而引起重大事故。

6.4 固定床反应器内的传热

由于固定床内的催化反应主要是在催化剂的内表面进行的，因此，固定床反应器内的传热过程(以换热式反应器进行放热反应为例)包括：①反应热由催化剂颗粒内部向外表面传递；②反应热由催化剂外表面向流体主体传递；③反应热少部分由反应后的流体沿轴向带走，主要部分由径向通过催化剂和流体构成的床层传递至反应器壁，由载热体带走。上述的每一传热过程都包含着传导、对流和辐射三种传热方式。对于这样复杂的传热过程，根据不同情况和要求，可以做不同程度的简化处理。如多数情况下，可以把催化剂颗粒看成是等温体，而不考虑颗粒内的传热阻力。除了快速强放热反应外，也可以忽略催化剂表面和流体之间的温度差，而不能忽视床层内的传热阻力。为了确定反应器的换热面积和了解床层内的温度分布，必须进行床层内部和床层与器壁之间的传热计算。针对不同的要求也有不同的方法，如为了计算反应器的换热面积，可以不计算床层内径向传热，而采用包括床层传热阻力的床层对壁总给热系数计算。为了了解床层径向温度分布，必须采用床层有效导热系数和表观壁膜给热系数相结合计算床层径向传热。各种传热计算中必需的热传递系数可由实验测定，或采用由传热机理分析加以实验验证所确定的计算公式来进行计算。现在分别讨论各种传热计算中采用的传热系数。

6.4.1 催化剂颗粒与流体间的传热

（1）催化剂颗粒与流体之间的给热系数

如上所述，在高放热反应过程中，催化剂外表面与反应流体主体之间可有很显著的温差。若事先不予以估计，势必对催化剂造成很大的威胁，同时也影响反应过程的选择性。流体与粒子间的给热系数 $\alpha_p(W \cdot m^{-2} \cdot K^{-1})$ 是计算该传热过程的一个重要参数

给热系数与流体的流动特性和物理性质及床层特性有关。较方便的处理方法是把它整理成 J 因子同 Re_p 数的关联式，固定床中流体与颗粒外表面间换热 J 因子（J_H）的关联式如下：

$$\varepsilon J_H = \varepsilon \frac{\alpha_p}{GC_p}\left(\frac{C_p \mu_f}{\lambda_f}\right)^{2/3} = 2.876 Re_p^{-1} + 0.3023 Re_p^{-0.35}$$

式中，Re_p 为（$d_a G/\mu_f$）适用范围 10～1500；G 为流体的质量流率；λ_f 为流体的导热系数。

计算式中所用流体的物性数据均取颗粒外表面温度和流体主体温度的算术平均值。上式末包括辐射传热效应，所以使用温度应低于 673K。

（2）催化剂颗粒与流体间的温差计算

取得了给热系数 α_p 后，运用传热通式，建立颗粒外表面与流体之间的传热方程。

$$Q = \alpha_p S_e \varphi (T_S - T_G)$$

式中，Q 为单位体积床层的传热速率（$W \cdot m^{-3}$）；S_e 为单位体积床层催化剂颗粒的外表面积，m^{-1}；T_s，T_G 分别为颗拉外表面温度和流体温度（K）；φ 为颗粒外表面积校正系数。球形 $\varphi = 1$，圆柱体、无定形体 $\varphi = 0.9$，片状 $\varphi = 0.8$。

当反应器内反应过程达到稳定状态时，可建立如下热衡算式：

$$Q = \rho_b(-r_A)(-\Delta H_A) = \alpha_p S_e \varphi (T_s - T_G) = \alpha_p S_e \varphi \Delta T$$

经整理得：

$$\Delta T = \frac{\rho_b(-r_A)(-\Delta H_A)}{S_e \varphi \alpha_p} = \frac{\rho_b(-r_A)(-\Delta H_A) Pr^{2/3}}{S_e \varphi C_p G J_H}$$

式中，$(-r_A)$ 为单位质量催化剂上反应组分 A 的消失速率，kmol/(kg · h)；ρ_b 为催化剂装填密度，kg/m^3；$(-\Delta H_A)$ 为反应热效应，kJ/mol；Pr 为流体 Prandtl 数。

上式可用来计算反应流体与催化剂颗粒外表面之间的温差值。

【例 6-2】 邻二甲苯空气氧化制苯酐，采用列管式固定床催化反应器。列管内径为 25mm，邻二甲苯分压为 759.75Pa，反应流体混合物温度为 653K，反应速率（$-r_A$）为 1.015×10^{-3}kmol/(kgcat · h)，反应热效应（$-\Delta H_A$）为 1.285 × 106kJ/kmol。催化剂床层密度 $\rho_b = 1300 kg/m^3$，催化剂颗粒 $d_p = 5mm$，床层空隙率 $\varepsilon = 0.36$。反应流体混合物的平均黏度 $\mu_f = 0.033 \times 10^{-3} Pa \cdot s$，平均密度 $\rho_f = 0.53 kg/m^3$，平均热容 $C_p = 10.70 kJ/(kg \cdot K)$，平均导热系数 $\lambda_f = 0.0520 kW/(m \cdot K)$，流体表观质量流率 $G = 9200 kg/(m^2 \cdot h)$。计算流体与催化剂颗粒外表面之间的温差。

【解】
$$Re_p = \frac{d_p G}{\mu_f} = \frac{0.005 \times 9200}{3600 \times 0.033 \times 10^{-3}} = 387.21$$

$$J_H = \frac{2.876/Re_p + 0.3023/Re_p^{0.35}}{\varepsilon} = \frac{(2.876/387.21) + (0.3023/387.21^{0.35})}{0.36} = 0.1249$$

由式 $S_e = 6(1-\varepsilon)/d_p = 6\times(1-0.36)/0.005 = 768(\mathrm{m^2/m^3})$

$$\alpha_p = \frac{J_H \cdot G \cdot C_p}{\left(\dfrac{C_p \cdot \mu_f}{\lambda_f}\right)^{2/3}} = \frac{0.1249\times9200\times10.70}{\left(\dfrac{10.70\times3.6\times0.033}{3.6\times0.0520}\right)^{2/3}} = 442.303[\mathrm{kW/(m^2\cdot K)}]$$

由式(6－9)得

$$\Delta T = \frac{1300\times1.015\times10^{-3}\times1.285\times10^6}{3.6\times768\times1\times442.303} = 1.39(\mathrm{K})$$

6.4.2 固体催化剂床层中的热传递

(1) 床层径向热传递过程分析

在换热式反应器中，床层与外界换热是由径向通过器壁进行的。当流体流经固体催化剂床层时，在床层径向的热传递包括以下六个过程：①流体间的辐射和传导传热；②颗粒接触处传导传热；③颗粒表面流体膜内的传导传热；④颗粒间的辐射传热；⑤颗粒内部的传导传热；⑥流体内的对流和混合扩散传热。如图6－8所示。

这六个热传递过程中，若床层温度较低，则辐射传热过程可忽略。由以上分析可知，流体通过固定床时的径向热传递是通过多种方式进行的。

通常处理固定床传热问题常用以下两种方式：①测定整个固定床层对反应器内壁的总给热系数 α_t；②分别测定床层内的径向有效导热系数 α_{er} 和管壁处的表观壁膜给热系数 α_m。它们分别用于拟均相的一维及二维的反应器模型中。如果只要确定固定床反应器所需传热面积及床层截面平均温度时，可采用第一种方法来处理，若同时还需预测床层横截面上的径向温度分布时，则要采用第二种方法来处理。

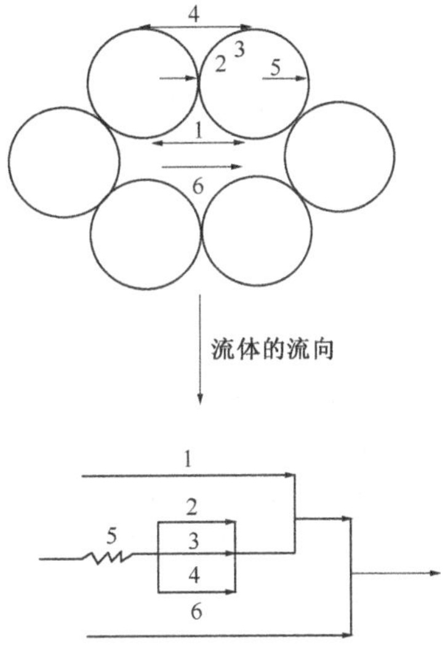

图6－8 固定床径向传热方式

(2) 床层对壁总给热系数

如把床层看成一个整体，不区别催化剂和流体。假设床层在径向不存在温度梯度，平均温度为 T_m 即不分别考虑催化剂内部、催化剂与流体之间和床层径向传热阻力。假设径向传热阻力全部集中在器壁处，传热推动力以某一截面上的平均温度 T_m 与该截面上的管内壁温度 T_w 之差来表示，传热方程式为

$$dq = \alpha_t dA_i(T_m - T_w) = \alpha_t \pi d_t dZ(T_m - T_w) \tag{6-10}$$

式中，dq 为传热速率，kJ/h；α_t 为床层对壁总给热系数，$\mathrm{kJ/(h\cdot K\cdot m^2)}$；$A_i$ 为管内壁面积，$\mathrm{m^2}$；d_t 为管内径，m；Z 为管长度方向距离，m；T_m 为床层平均温度，K；T_w 为管内壁温度，K。

以上类似均相反应器中的传热过程，但因固定床内充填催化剂，促进了流体内的涡流扩散。这使靠近管壁处的层流膜减薄，并使流体内的径向传热加快。故在同样的气速下，固定床床层对壁总给热系数 α_t 较管内无填充物时的给热系数要大好几倍，如实验测出：

d_p/d_t	0.05	0.10	0.15	0.20	0.25	0.30
α_t/α	5.5	7.0	7.8	7.5	7.0	6.6

在 $d_p/d_t=0.15$ 处，出现了 α_t/α 的最大值，估计是因为：颗粒尺寸开始变小时，有利于促进涡流扩散，故 α_t/α 增大。但到某一粒度后，颗粒继续变小，每个涡流所影响的范围也变小，而传热所需通过的包围颗粒的层流膜数都增多了。这些不利于传热因素的增长，抵消并超过了上述有利因素的结果，使 α_t/α 降低。

常用的简便的计算 α_t 的实验关联式为利瓦提出。

$$\text{床层被加热时}\quad \frac{\alpha_t d_t}{\lambda_f}=0.813\left(\frac{d_p G}{\mu}\right)^{0.9}\exp\left(-6\frac{d_p}{d_t}\right) \tag{6-11}$$

$$\text{床层被冷却时}\quad \frac{\alpha_t d_t}{\lambda_f}=3.5\left(\frac{d_p G}{\mu}\right)^{0.7}\exp\left(-4.6\frac{d_p}{d_t}\right) \tag{6-12}$$

式中，λ_f 为流体导热系数，kJ/(m · h · K)；G 为表观质量流速，kg/(m^2 · h)；μ 为流体黏度，Pa · s。

【例 6-3】 邻二甲苯氧化制苯酐为放热反应，采用列管式固定床反应器。列管内径 d_t 为 25mm，催化剂粒径 d_p 为 5mm，流体导热系数 λ_f 为 0.1877kJ/(m · h · K)，黏度 μ 为 0.033×10^{-3}Pa · s，密度 ρ 为 0.53kg/m^3，表观质量流速 G 为 9200kg/(m^2 · h)。试计算床层对壁总给热系数 α_t。

【解】因放热反应，需要移走热量，床层被冷却，故采用式(6-12)计算，即

$$Re=\frac{d_p G}{\mu}=\frac{0.005\times9200}{3600\times0.033\times10^{-3}}=387.21$$

$$\alpha_t=\frac{3.5(387.21)^{0.7}\exp\left(-4.6\frac{0.005}{0.025}\right)\times0.1877}{0.025}=678.58\text{kJ/(m}^2\cdot\text{h}\cdot\text{K)}$$

【例 6-4】 在列管式固定床催化反应器内，用空气氧化苯制顺丁烯二酸酐。已知反应温度为 653K，反应压力 1.27×10^5 Pa，空气密度 ρ_f0.68kg/m^3，空气导热系数 0.04686kW/(m · K)，空气黏度 417.6Pa · s，Pr 数 0.677，所用催化剂颗粒粒径为 0.006m，反应管径 0.024m，管长 2.6m，每根管装催化剂 0.955kg，催化剂负荷 50g(苯) · kg(催)/h，空气中苯含量为 30g/m^3(标)。求在此条件时管内总给热系数值。

【解】每根反应管每小时处理苯量 $0.955\times50=47.7$(g/h)

每根管内空气流量 $47.7/30=1.6$(m^3(标)/h)。

由于反应气体中苯的含量很低，所以流体的物性可用空气来代替。

流体质量流率

$$G=\frac{1.6\times1.92}{0.785\times(0.024)^2}=4570[\text{kg/(m}^3\cdot\text{h)}]$$

$$Re=\frac{4570\times0.006\times3600}{417.6}=236$$

$$d_p/D_R=0.006/0.024=0.25$$

$$\alpha_t=\frac{2.03\times(236)^{0.8}\exp(-1.5)\times0.1678}{0.024}=252[\text{kJ/(m}^2\cdot\text{h}\cdot\text{K)}]$$

应注意到取用不同形式的 α_t，计算式所得结果有时会相差甚殊，因此在具体运用中要适当选取。

(3) 床层有效导热系数和表观壁膜给热系数

换热式反应器中需要计算其床层内径向温度分布时，通常将床层内的催化剂和流体看成

一个整体，二者具有相同的温度，但考虑了床层径向的温度梯度。假设床层在径向的传热速率与具有导热系数为 λ_{er} 的固体导热速率相等，把 λ_{er} 称为床层的径向有效导热系数。由实验得知，λ_{er} 随径向位置而变，在靠近管壁处，由于空隙率大于中心部位，减少了该处的径向混合，使有效导热系数在靠近壁处显著降低。因而在讨论床层径向传热时，有两种处理方法，一种是采用平均的 λ_{er} 值来表示床层径向导热能力；另一种是考虑床层中部 λ_{er} 为一定值，而在靠壁处引入一个表观壁膜给热系数 α_w，以考虑靠壁处导热性能的降低。因此，床层与外界进行热交换时，在床层内径向有一温度分布，到床层边壁处温度分布有一突然的改变。至今已有不少研究者对床内有效导热系数和表观壁膜给热系数做了大量理论和实验研究(理论式和经验式，具体计算过程可参考文献)。

6.5 气固相固定床反应器内的传质

6.5.1 气－固相催化反应的历程

在气固相催化反应中，反应组分必须达到催化剂的表面才能反应。固体催化剂颗粒是多孔性物质，其内部有着丰富的微孔，从而造成极大的内表面积，化学反应主要是在内表面上进行。气－固相催化反应的历程如图 6－9 所示。以反应 A R 为例，其反应历程为：

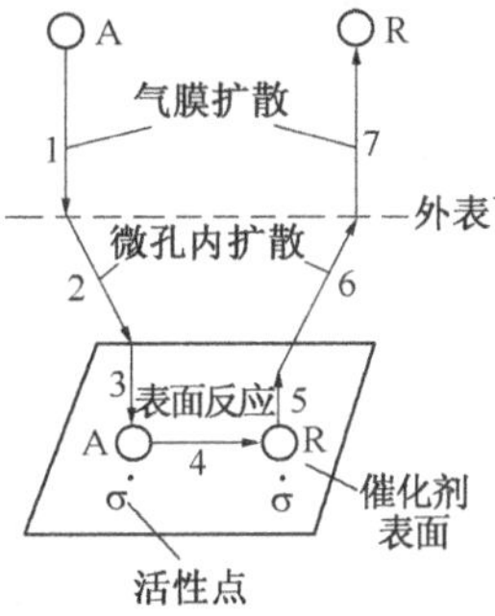

图 6－9 气固催化反应的历程

① 反应组分 A 从气相主体向催化剂的外表面传递(气膜扩散)；

② 组分 A 通过微孔向催化剂内部扩散(微孔内扩散)；

③ 组分 A 达到催化剂内表面被吸附成为活化状态；

④ 吸附的组分 A 在内表面发生反应，生成产物 R；

⑤ 产物 R 从内表面脱附；

⑥ 产物 R 通过微孔向外表面扩散；

⑦ 产物 R 由外表面扩散到气流主体。

上述步骤中，①、⑦为外扩散过程，扩散速度主要与流体流动有关；②、⑥为内扩散过程，主要受微孔大小控制；③、⑤为表面吸附和脱附；④为表面过程。③、④和⑤总称表面动力学过程，其速度与反应组分的性质、催化剂的活性、温度和压力有关。

气固相催化反应的总速度与上述 7 个步骤的速度有关，并决定于其中最慢的一步，这最慢的一步称为控制步骤。按照控制步骤不同，气固催化反应可以分为动力学控制(包括吸附控制、表面反应控制和脱附控制)、内扩散控制和外扩散控制。

6.5.2 流体与催化剂颗粒外表面间的传质

流体与催化剂外表面间的传质过程以下式表示

$$N_A = k_{CA} S_e \phi (C_{GA} - C_{SA}) \tag{6-13}$$

式中，N_A 为组分 A 的传递速度，kmol/(h · m³)；k_{CA} 为浓度差为推动力的外扩散传质系数，m/h；C_{GA} 为组分 A 在流体主体中的浓度，kmol/m³；C_{SA} 为组分 A 在催化剂外表面处的浓度，kmol/m³。S_e 为单位体积床层中颗粒外表面积，m²；ϕ 为颗粒外表面积校正系数。

对于气体，浓度可以用分压来代替，其计算式如下：

$$N_A = k_{GA} S_e \phi (p_{GA} - p_{SA}) \tag{6-14}$$

式中，k_{GA}为以分压差为推动力的外扩散传质系数，kmol/(h·m²·h)；p_{GA}为组分 A 在气相主体中的分压，Pa；p_{SA}为组分 A 在催化剂外表面处的分压，Pa。

如气体可当作理想气体，则

$$k_{GA} = k_{CA}/(RT)$$

外扩散传质系数的大小，反映了主流体中的涡流扩散阻力和颗粒外表面层流膜中的分子扩散阻力的大小。它与扩散组分的性质、流体的性质、颗粒表面形状和流动状态等因素有关，增大流速可以显著地提高外扩散传质系数。外扩散传质系数在床层内随位置而变，通常是对整个床层取同一平均值。

外扩散传质系数 k_C 和 k_G 常以传质因子 j_D 表示。

$$j_D = \frac{Sh}{ReSc^{\frac{1}{3}}} = \frac{k_C \rho}{G}\left(\frac{\mu}{\rho D}\right)^{\frac{2}{3}} = \frac{k_G p_t}{G_M}\left(\frac{\mu}{\rho D}\right)^{\frac{2}{3}} \tag{6-15}$$

式中，Sh 为舍伍德数，$Sh = \frac{k_C d_p}{D}$；Sc 为施密特数，$Sc = \frac{\mu}{\rho D}$；D 为分子扩散系数，m²/h；G 为质量流量，kg/(m²/h)；G_M 为物质的摩尔流量，kmol/(m²·h)；p_t 为系统总压，Pa；μ 为流体黏度，kg/(m·h)；ρ 为流体密度，kg/m³。

上式只适用于二元等分子逆流扩散系统。对于反应过程有分子数变化的多元系统，如：

$$aA + bB \longrightarrow lL + mM$$

存在惰性组分 U 时，组分 A 扩散时的 j_D 为

$$j_D = \frac{k_{CA}\rho y_{fA}}{G}\left(\frac{\mu}{\rho D_{Am}}\right)^{\frac{2}{3}} = \frac{k_{GA} p_{fA}}{G_M}\left(\frac{\mu}{\rho D_{Am}}\right)^{\frac{2}{3}}$$

式中，p_{fA}为组分 A 的压力因子；$y_{fA} = \frac{p_{fA}}{p}$；$D_{Am}$为多元系统中组分 A 的有效扩散系数，m²/h。

p_{fA}和 D_{Am}分别按下列二式计算：

$$p_{fA} = \frac{(p_t + \delta_A p_{GA}) - (p_t + \delta_A p_{SA})}{\ln \dfrac{P_t + \delta_A p_{GA}}{P_t + \delta_A p_{SA}}} \tag{6-16}$$

$$D_{Am} = \frac{1 + \delta_A \bar{y}_A}{\dfrac{\bar{y}_B - \left(\dfrac{b}{a}\right)\bar{y}_A}{D_{AB}} + \dfrac{\bar{y}_L + \left(\dfrac{1}{a}\right)\bar{y}_A}{D_{AL}} + \dfrac{\bar{y}_M + \left(\dfrac{m}{a}\right)\bar{y}_A}{D_{AM}} + \dfrac{\bar{y}_J}{D_{AJ}}} \tag{6-17}$$

式中，δ_A 为膨胀因子，$\delta_A = \frac{l + m - a - b}{a}$；$\bar{y}$ 为组分在气固界面处有效膜中的平均物质的量分数。如 $\bar{y} = \frac{y_{GA} + y_{SA}}{2}$，即 A 在流体中的催化剂表面上物质的量的平均值；D_{AB}，D_{AL}，D_{AM}，D_{AU}分别为 AB、AL、AM、AU 各二元系统中的分子扩散系数。

在外扩散传质方面，已进行了大量的实验，提出了各种关联式，如吉田、豪根等人提出：

$$j_D = 0.84\, Re^{-0.51} \qquad 0.05 < Re < 50 \tag{6-18}$$

$$j_D = 0.57\,Re^{-0.41} \qquad 50 < Re < 1000 \tag{6-19}$$

式中，$Re = G/S_e\phi\mu = d_S G/6(1-\varepsilon)\phi\mu$

近年来，皮特罗维克和托多斯提出下列关联式，被认为比较准确。

$$\varepsilon j_D = \frac{0.357}{Re^{0.359}} \tag{6-20}$$

式中，$Re = \dfrac{dpG}{\mu}$，适用范围 $3 < Re < 2000$。

利用 j_D 值可以计算反应过程流体主体与催化剂外表面间的分压差。反应器内稳定状态时，反应速度与外扩散速度相等，故

$$\rho_B(-r_A) = k_{GA}S_e\phi(p_{GA}-p_{SA}) = k_{CA}S_e\phi(c_{GA}-c_{SA})$$

所以

$$\Delta p = \frac{\rho_B(-r_A)}{k_{GA}S_e\phi} = \frac{\rho_B(-r_A)p_{fA}}{S_e\phi G_M j_D}\left(\frac{\mu}{\rho D_{Am}}\right)^{\frac{2}{3}} \tag{6-21}$$

或

$$\Delta c = \frac{\rho_B(-r_A)}{k_{CA}S_e\phi} = \frac{\rho_B(-r_A)\rho}{S_e\phi G_M j_D}\left(\frac{\mu}{\rho D_{Am}}\right)^{\frac{2}{3}} \tag{6-22}$$

工业反应器一般都在较高流速下操作，外扩散的影响通常可以消除。利用式(6-21)对一些常见的气固催化反应进行计算得知，除表面反应速度极快情况外，流体主体与催化剂外表面间分压差很小，一般可以忽略不计。

实验表明：$j_D/j_H = 0.7 \sim 1.0$。这说明了传热和传质的相似性。根据上述关系可以进行流体与催化剂外表面间传质系数和给热系数的换算。此外也可以建立起流体与催化剂外表面之间温度差与浓度差的关系式。在稳定状态下

$$k_{CA}S_e\phi(C_{GA}-C_{SA})(-\Delta_r H)_A = \alpha_p S_e\phi(T_S - T_G)$$

$$T_S - T_G = \frac{k_{CA}(-\Delta H_R)_A}{\alpha_p}(C_{GA}-C_{SA}) = \frac{(-\Delta H_R)_A j_D}{\rho C_p y_{fA} j_H}\left(\frac{Pr}{Sc}\right)^{\frac{2}{3}}(C_{GA}-C_{SA}) \tag{6-23}$$

取 $j_D/j_H \approx 1$，对大多数气体，$Pr/Sc \approx 1$，代入得：

$$T_S - T_G = \frac{(-\Delta_r H)_A}{\rho C_p y_{fA}}(C_{GA}-C_{SA}) \tag{6-24}$$

等分子逆流扩散时，$y_{fA} = 1$。

由上式看出，当流体与催化剂外表面间浓度差很小时，也可能存在显著的温度差。

【例 6-5】 根据【例 6-2】的反应及相应的数据，求该系统的分压差。补充数据：$D = 0.212\text{m}^2/\text{h}$，平均分子量为 30。

【解】

$$G_M = 9200/30 = 306.67\text{kmol}/(\text{m}^2/\text{h})$$

由式

$$j_D = \frac{0.357}{\varepsilon Re^{0.359}} = \frac{0.357}{0.36 \times (387.21)^{0.359}} = 0.1168$$

$$\Delta P = \frac{1300 \times 1.015 \times 1.033 \times 10^5}{768 \times 1 \times 306.67 \times 0.1168}\left(\frac{0.033 \times 3.6}{0.53 \times 0.212}\right)^{\frac{2}{3}} = 5.14(\text{Pa})$$

则 $P_s = 759.75 - 5.14 = 754.61(\text{Pa})$

6.5.3 催化剂颗粒内部的传质

催化剂颗粒内部的传质及其对反应的影响，在理论基础课程中已进行了详细的讨论，由讨论得知：

① 由于催化剂颗粒内部微孔的不规则性和扩散要受到孔壁影响等因素，使催化剂微孔内的扩散过程十分复杂，通常以有效扩散系数 D_e 描述。D_e 除由实验测定外，也可用下式估算：

$$D_e = D_C \frac{\varepsilon_P}{\zeta} \tag{6-25}$$

式中，D_e 为催化剂颗粒内有效扩散系数，m^2/h；D_C 为考虑了微孔内努森扩散和容积扩散的综合扩散系数，m^2/h；ε_P 为催化剂颗粒内空隙率；ζ 为微孔形状因子，$\zeta = 1 \sim 6$。

② 催化剂微孔内的扩散过程对反应速度有很大的影响，反应物进入微孔后，边扩散边反应，如扩散速度小于表面反应速度，沿扩散方向，反应物浓度逐渐降低，以致反应速度也随之下降。采用催化剂有效系数 η 对此进行定量的说明，即

$$\eta = \frac{\text{催化剂颗粒实际反应速率}}{\text{催化剂内表面与外表面温度、浓度相同时的反应速度}} = \frac{r_P}{r_S} \tag{6-26}$$

催化剂有效系数 η 可通过实验测定。首先测得颗粒实际反应速度 r_P，然后将颗粒逐次压碎，使内表面暴露为外表面，在同上条件下测定反应速度，当颗粒变小而反应速度不变时，测得的就是消除了内扩散影响的反应速度 r_S，r_P 与 r_S 之比值即为 η。

通过建立和求解催化剂颗粒内部的物料衡算式、反应动力学方程式和热量衡算式可以得到颗粒内部为等温和非等温时的催化剂有效系数计算公式。公式表明：各种不同形状的催化剂进行不同级数的反应，其有效系数均为一无因次数群——西勒模数的函数。如对于催化剂颗粒的两种极端几何外形——球形和片状，其西勒模数分别为

球形
$$\Phi_S = R\sqrt{\frac{k_V C_S^{n-1}}{D_e}} \tag{6-27}$$

片状
$$\Phi_L = L\sqrt{\frac{k_V C_S^{n-1}}{D_e}} \tag{6-28}$$

式中，Φ_S、Φ_L 为球形、片状催化剂的西勒模数；R、L 分别为球形、片状催化剂的特性长度；R 为球半径；L 为片状催化剂仅一个面暴露于反应物中时的厚度，m；k_V 为反应速度常数，$m^{3m-3} \cdot kmol^{1-n}/s$；$C_S$ 为组分在催化剂外表面处的浓度，$kmol/m^3$；n 为反应级数。

如把特性长度定义为催化剂颗粒的体积 V_P 和其外表面积 A_P 之比，即 V_P/A_P，则任意形状催化剂的西勒模数为

$$\Phi_P = \frac{V_P}{A_P}\sqrt{\frac{k_V C_S^{n-1}}{D_e}} \quad (n = 0, 1, 2) \tag{6-29}$$

对于球形催化剂，$V_P/A_P = R/3$，故 $\Phi_P = \frac{1}{3}\Phi_S$

对于片状催化剂，$V_P/A_P = L$，故 $\Phi_P = \Phi_L$

球形和片状催化剂进行不同级数反应时的 $\eta \sim \Phi_P$ 关系曲线如图 6-10 所示。由图看出，除零级反应外，Φ_P 很小时，$\eta \approx 1$；$\Phi_P > 3$，$\eta \approx \frac{1}{\Phi_P}$。这是容易理解的，因为 Φ_P 值小，就表示催化剂粒径小，化学反应速度慢，内扩散速度快，此时内扩散对反应速度无影响，故 $\eta \approx 1$。反之，当 Φ_P 值大时，催化剂粒径大，化学反应速度快，内扩散速度慢，内扩散的影响就不容忽视，这时 $\eta \ll 1$。其他形状的催化剂可认为处于球形和片状之间，故此结论具有普遍意义。

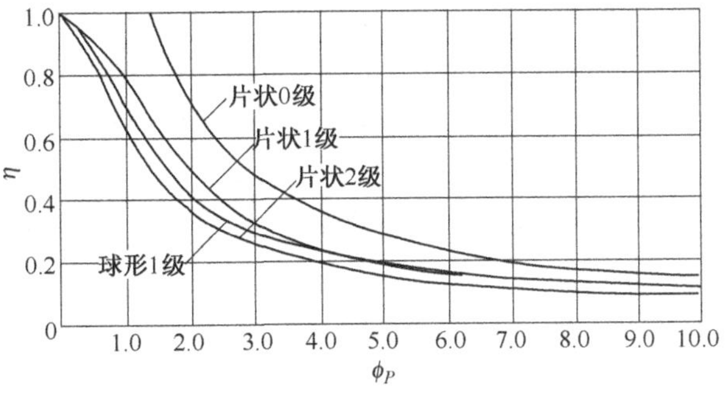

图 6－10　不同形状催化剂不同级数反应时的有效系数

内扩散不仅影响反应速度，而且影响复杂反应的选择性。如平行反应中，对于反应速度快、级数高的一个反应，内扩散阻力的存在将降低其选择性。又如串联反应以中间产物为目的产物时，深入到微孔中去的扩散将增加中间产物进一步反应的机会而降低其选择性。

固定床反应器内常用的是直径 3～5mm 的大颗粒催化剂，一般难以消除内扩散的影响。实际生产中采用的催化剂，其有效系数值可为 0.01～1。因而工业生产上必须充分估计内扩散的影响，采取措施尽可能减少其影响。在反应器的设计中，则应采用估计了内扩散影响的总反应速度方程式。

在催化剂颗粒内部等温的情况下，对于大多数气－固催化反应，可用一个简单的标准来判断内扩散的影响，即当

$$R\sqrt{\frac{k_V C_S^{n-1}}{D_e}} < 1 \quad 或 \quad R^2\frac{k_V}{D_e} < 1 \tag{6-30}$$

时，内扩散的影响可以忽略不计。其依据是由图 6－10 看出，当 $\Phi_P \frac{1}{3}$时，$\eta > 0.9$，而$\Phi_P = \frac{\Phi_S}{3}$，故 $\Phi_S < 1$ 时，$\eta > 0.9$。由于 k_V 不易测得，此判断标准又常以实测的反应速度表示。如一级不可逆反应

$$r_p = r_S\eta = k_V C_S \eta$$

将 $k_V = \Phi_S^2 D_e / R^2$ 代入上式，得：

$$r_P = \Phi_S^2 D_e C_S \eta / R^2$$

即

$$\frac{R^2 r_p}{D_e c_S} = \Phi_S^2 \eta$$

由前已知，当 $\Phi_S < 1$ 时 $\eta \approx 1$，故内扩散影响可以忽略时，必存在下式：

$$R^2\frac{r_p}{D_e C_S} < 1 \tag{6-31}$$

反之，当内扩散影响不容忽略时，必存在下式：

$$R^2\frac{r_p}{D_e C_S} > 1 \tag{6-32}$$

上式虽从一级不可逆反应推出，但由图 6－10 可知，无论一级或更高级反应，当 $\Phi_P < \frac{1}{3}$时，曲线均趋一致，故此式可作为大多数气－固催化反应是否受内扩散控制的判别式。

判明了内扩散的影响，就可以选用工业上适宜的催化剂颗粒尺寸。当必须采用细颗粒

时，可以考虑改用径向反应器或改用流化床反应器。此外也有从改变催化剂结构入手的，如制造双孔分布型催化剂，把具有小孔但消除了内扩散影响的细粒挤压成型为大孔的粗粒，既提供了足够的表面积，又减少了扩散阻力。还有把活性组分只浸渍或喷涂在颗粒外层的表面薄层催化剂等。

【例 6 -6】 采用直径 d_P 为 2.4mm 的催化剂颗粒进行反应物 A 的一级分解反应。已测得反应速度 r_{PA} 为 100kmol/(h · m³)，气相中 A 的浓度 C_{GA} 为 0.02kmol/m³。并已知催化剂颗粒内部有效扩散系数 D_e 为 5×10^{-5}m²/h，外扩散传质系数 k_{CA} 为 300m/h。试判断外扩散和内扩散的影响。

【解】(1) 判断外扩散的影响

$$k_{CA}A_P(C_{GA}-C_{SA})=k_{V测}V_PC_{GA}$$

$$\frac{k_{V测}V_P}{k_{CA}A_P}=\frac{C_{GA}-C_{SA}}{C_{GA}}$$

如外扩散很快，则 $C_{GA}\approx C_{SA}$，故 $\frac{k_{V测}V_P}{k_{CA}A_P}\approx0$。如外扩散很慢，则 $C_{SA}\approx0$，故 $\frac{k_{V测}V_P}{k_{CA}A_P}\approx1$。按上所述进行判断。

$$\frac{k_{V测}V_P}{k_{CA}A_P}=\frac{\left(\frac{r_{PA}}{C_{GA}}\right)(\pi d_P^3/6)}{k_{CA}(\pi d_P^2)}=\frac{r_{PA}d_P}{6k_{CA}C_{GA}}=\frac{100\times0.0024}{300\times0.02\times6}=\frac{1}{150}\approx0$$

故外扩散速度很快，可不考虑其影响。

(2) 判断内扩散的影响　把已知数据代入判别式(6 -32)。由上已知 $C_{GA}\approx C_{SA}$

$$\frac{R^2r_{PA}}{D_eC_{SA}}=\frac{(0.0012)^2\times100}{5\times10^{-5}\times0.02}=144>1$$

故知内扩散影响强烈，不可忽略。

6.5.4 床层内的混合扩散

如同均相反应器中非理想流动的扩散模型一样，固定床内的混合扩散，也可仿照费克定律，用有效扩散系数来描述，即：

$$N_A=-D_e\frac{dC_A}{dZ}$$

式中，N_A 为因混合扩散引起的组分 A 的传递速率，kmol/(m² · h)；D_e 为床层内混合扩散的有效扩散系数，m²/h；Z 为流动方向距离，m。

有效扩散系数常以传质皮克来数 Pe 表示。

$$Pe=ReSc=\frac{d_Pu\rho}{\mu}\cdot\frac{\mu}{\rho De}=\frac{d_Pu}{De}=\frac{\text{质量的对流传递}}{\text{质量的混合扩散传递}}\qquad(6-33)$$

径向和轴向的有效扩散系数分别为 D_{er} 和 D_{eL}，相应的 Pe 数为 Pe_r 和 Pe_L。

$$Pe_r=\frac{d_Pu}{D_{er}}\qquad Pe_L=\frac{d_Pu}{D_{eL}}$$

式中，u 为床层总截面上的平均流速，m/s；Pe_r 和 Pe_L 在固定床中随位置而变化，通常取床层平均值。Pe_r 和 Pe_L 是 Re 的函数。实验指出，当 $Re=\frac{d_PG}{\mu}>40$，流动处于湍流时，无论是气体或液体，$Pe_r \approx 10$，不再随 Re 数据的改变而改变；当 $Re = \frac{d_P G}{\mu} > 10$ 时，气体的 Pe_L 趋于不变，$Pe_L \approx 2$，液体的 Pe_L 约为0.3～1；当 $Re > 1000$ 时，液体的 $Pe_L \approx 2$。由 Pe_r 和 Pe_L 值就可计算 De_r 和 De_L 的值。研究表明，在工业反应器通常流速下，当反应器长度和催化剂粒径之比大于100倍时，轴向混合的影响可以忽略不计，一般反应器都能满足这个条件，故固定床反应器通常不考虑轴向混合的影响。

6.6　总反应速度方程式

在固定床反应器的设计中，为了直接计算得到催化剂的用量，反应速率常以催化剂质量或催化剂床层体积为基准来表示，即：

$$(-r_A) = -\frac{1}{W}\frac{dN_A}{dt} \text{kmol/kg(催化剂)} \cdot \text{h}$$

$$(-r'_A) = -\frac{1}{V_R}\frac{dN_A}{dt} \text{kmol/kg(催化剂)} \cdot \text{h}$$

$$(-r'_A) = \rho_B r_A$$

式中，W 为催化剂质量，kg；V_R 为催化剂床层体积，m^3；ρ_B 为催化剂床层堆积密度，kg/m^3。r_A 为以单位质量催化剂为基准计算的反应物消耗速率，kmol/(kg · h)；r'_A为以单位体积催化剂床层为基准计算的反应物消耗速率，kmol/(kg · h)。

固定床反应器设计中采用的反应速度方程式，除了包括实验室内排除了内外扩散影响测得的真正的表面化学反应速度方程式外，还需要结合工业操作条件下的传热、传质速度方程式。它是一个总反应速度方程式。

以颗粒内部和流体与颗粒外表面间的温度差均可忽略时的一级可逆反应

$$A \rightleftharpoons B$$

为例，我们可以方便地建立总反应速度方程式。反应器内操作稳定时，外扩散速度应等于实际化学反应速度，并都与总反应速度相等。

$$\rho_B(-r_A) = k_{CA} S_e \phi (C_{GA} - C_{SA}) = k_S S_i (C_{SA} - C_{SA}^*) \eta$$

式中，k_S 为以单位催化剂内表面积为基准的表面化学反应速度常数，m/h；S_i 为单位体积床层中催化剂的内表面积，m^{-1}；C_{SA}^* 为操作温度、压力下，催化剂表面上组分A的化学反应平衡浓度，$kmol/m^3$。

因为催化剂的外表面积相对于内表面积是很小的，故上式忽略了外表面积上发生的反应。由上式可以得到

$$\rho_B(-r_A) = \frac{C_{SA} - C_{SA}^*}{\frac{1}{k_{CA} S_e \phi} + \frac{1}{k_S S_i \eta}} \tag{6-34}$$

式(6－34)就是考虑了内、外扩散影响的一级可逆反应总反应速度方程式。

由上式可知，如果

$$\frac{1}{k_{CA} S_e \phi} \gg \frac{1}{k_S S_i \eta}$$

则外扩散阻力很大，总反应速度方程式就成为外扩散控制反应速度方程式。

$$\rho_B(-r_A)=k_{CA}S_e\phi(C_{GA}-C_{SA}^*) \tag{6-35}$$

如果

$$\frac{1}{k_{CA}S_e\phi}\ll\frac{1}{k_S S_i\eta}$$

外扩散影响可忽略不计，则总反应速度方程式就成为

$$\rho_B(-r_A)=k_S S_i(C_{SA}-C_{SA}^*)\eta \tag{6-36}$$

如内扩散影响可以忽略，$\eta=1$，则总反应速度方程式就成为动力学控制反应速度方程式。

$$\rho_B(-r_A)=k_S S_i(C_{SA}-C_{SA}^*) \tag{6-37}$$

如 $\eta\ll1$，式(6－37)可称为内扩散控制反应速度方程式。

各种总反应速度方程，催化剂颗粒内外浓度分布如图6－11所示。

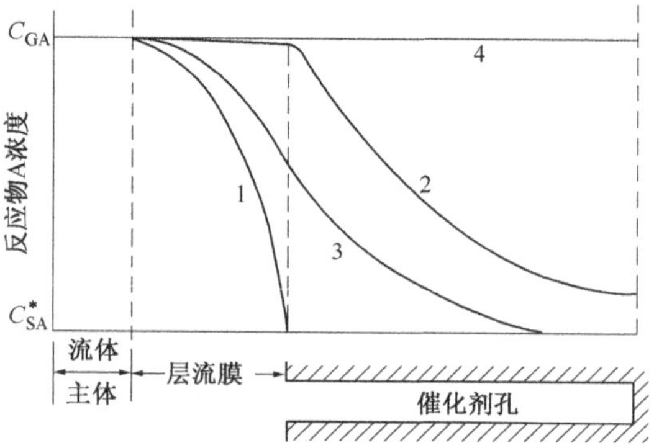

图6－11　各种反应速率下反应物浓度的分布

1—外扩散控制；2—内扩散控制；3—内外扩散共同控制；4—动力学控制

当颗粒内部和颗粒外表面与流体之间的温度差可忽略时，建立总反应速度方程式比较复杂，需要用试差法。这时反应速度又是温度的函数。

$$\rho_B(-r_A)=f(C_{SA},\ T_S)\eta \tag{6-38}$$

催化剂有效系数 η 是齐勒模数 Φ_p、阿累尼乌斯参数 γ $\left(\gamma=\dfrac{E}{RT_S}\right)$、热效参数 β $\left(\beta=\dfrac{(-\Delta H_r)D_eC_S}{\lambda_{eff}T_S}，\lambda_{eff}\text{为粒内有效导热系数}\right)$的函数，即：

$$\eta=(\phi_p,\ \gamma,\ \beta)$$

故须先假设 T_S 和 C_{SA}，由 Φ_p、γ、β 值确定 η，由式(6－37)计算出 r_A，而后用流体与颗粒间的给热系数 α_p 和外扩散传质系数 k_{CA}，由流体主体温度 T_G 和浓度 C_{GA}，计算出相应的 T_S 和 C_{SA}。如与原假设的 T_S 和 C_{SA} 值一致，则式(6－38)计算的结果就是总反应速度；如不一致，则应重新假设 T_S、C_{SA} 值，重复上述计算至一致为止。

必须注意的是：工业反应器内由于存在温度和浓度分布，整个床层随位置不同，可能分别属于不同的控制步骤。如进口处，由于反应物浓度高，反应速度快，可能出现外扩散控制，床层中部可能为内扩散和动力学共同控制，出口处可能为动力学控制等。因而设计反应器时必须搞清控制步骤，才能选用符合实际情况的总反应速度方程式。

在实践中，也常采用如下方法建立总反应速度方程式，首先在实验室反应器内排除内、外扩散影响，测得真实化学反应速度方程式。然后在中间试验反应器内，在排除外扩散影响下，改变反应温度、浓度和粒度，测定相应的反应速度，与真实化学反应速度对比，求得不

同情况时的催化剂有效系数，并整理出催化剂有效系数函数式即是总反应速度方程式，可供设计使用。此外也有从中间试验反应器中直接测定把扩散和动力学因素结合在一起的总反应速度方程式，供设计使用的。

6.7 固定床反应器设计

固定床反应器设计主要有经验法和数学模型法。

6.7.1 经验法

经验法是采用实验室、中试装置或工厂现有生产装置中测得的一些最佳条件如空速或催化剂空时收率等数据作为设计计算依据。空速和催化剂空时收率定义分别为

$$\text{空速} = \frac{\text{原料气体标准体积流量}}{\text{催化剂床层体积}}$$

$$\text{催化剂空时速率} = \frac{\text{主要产品}}{\text{催化剂用量}}$$

设计的前提是新设计的反应器也能保持与提供数据的装置相同操作条件，如催化剂性质、粒度、原料组成、气体流速、温度和压力等。由于规模的改变，要做到全部相同是困难的，尤其是温度条件。故这种方法虽然能在缺乏动力学等数据的情况下简便地估算出催化剂体积，但因对整个反应体系的反应动力学、传热和传质等特性缺乏真正的了解，因而是比较原始、不精确的，不能实现高倍数的放大。

6.7.2 数学模型法

数学模型法是20世纪60年代迅速发展起来的先进方法，它建立在对反应器内部过程的本质和规律有一定认识的基础上，用数学方程式来比较真实地描述实际过程——即建立过程的数学模型。运用电子计算机可以进行高倍数放大的设计计算。当然，数学模型的可靠性和基础物性数据测定的准确性是正确设计的关键。在讨论固定床反应器内流体流动、传热和传质过程的基础上，可以建立固定床反应器内传递过程的数学模型，结合反应动力学的数学模型，就得到了描述固定床反应器内全部过程的数学模型。目前，固定床反应器的数学模型被认为是反应器中比较成熟、可靠的模型。它不仅用于设计，也用于检验现有反应器的操作性能，以探求技术改造的途径和实现最佳控制。

描述固定床反应器的模型按其传递过程的不同，可分为拟均相和非均相两大类。拟均相模型不考虑流体与催化剂间的差别，即不考虑流体与催化剂间的传热和传质阻力，认为 $T_G = T_S$，$C_G = C_S$，把流体和催化剂看成一个整体。非均相模型则考虑了流体与催化剂外表面间的温度梯度和浓度梯度，须对流体催化剂分别列出物料和热量衡算式。两大类中按复杂程度的不同，又进一步分类。拟均相模型中包括理想流动一维基础模型，考虑了轴向混合的一维模型和考虑径向混合的二维模型。非均向模型中包括只考虑流体与催化剂外表面间温度梯度和浓度梯度的一维模型，同时考虑颗粒内部温度和浓度梯度的一维模型，和考虑径向混合的二维模型，如表6-3所示。

表 6-3 固定床反应器数学模型分类

A 拟均相 $T_G = T_S$ $C_G = C_S$			B 非均相 $T_G \neq T_S$ $C_G \neq C_S$	
一维	AⅠ	理想流动基础模型	BⅠ	AⅠ+流体与催化剂外表面间温度、浓度梯度
	AⅡ	AⅠ+轴向混合	BⅡ	BⅠ+催化剂内部温度、浓度梯度
二维	AⅢ	AⅢ+径向混合	BⅢ	BⅢ+径向混合

6.7.2.1 拟均相一维基本模型

拟均相一维基本模型有以下假设：①将流体与催化剂粒子视为均相物系；②反应流体以理想置换的流动方式通过催化剂床层；③床层中只在轴向存在温度、浓度、压力分布，径向无温度、浓度、压力分布。

（1）基本方程

拟均相一维基本模型包括物料衡算方程、热量衡算方程、动量衡算方程和反应动力学方程(表观动力学方程)。联解此四组衡算方程即可求得达到规定转化率所需的催化剂体积或床层高度以及轴向温度、浓度和压力分布。

① 物料衡算式：若对组分 A 作衡算，得：

$$F'_{A0}\mathrm{d}x_A = (-r'_A)\mathrm{d}V_R \tag{6-39}$$

或

$$F'_{A0}\mathrm{d}x_A = \rho_b(-r_A)A_R\mathrm{d}z$$

式中，F'_{A0}为组分 A 的进料摩尔流量，kmol/h；A_R为催化剂床层面积，m^2；z 为催化剂床层轴向位置，m；x_A为组分 A 的转化率。

② 热量衡算式：

$$F'_{A0}\mathrm{d}x_A(-\Delta H_A) = F'_t\overline{M}\,\overline{C_p}\mathrm{d}t + n\pi d_R u(T_m - T_w)\mathrm{d}z \tag{6-40}$$

式中，F'_t为反应混合物的摩尔总流量；$-\Delta H_A$为反应热效应，kJ/kmol；$\overline{M}$ 为反应混合物的平均相对分子质量；$\overline{C}_p$ 为反应混合物平均比热容，kJ/(kmol · K)；n 为反应器中的管子数；d_R为管径，m；u 为催化剂床层与管外载热介质间的总传热系数，kW/(m^2 · K)；T_m为催化剂床层截面上的平均温度，K；T_w为管外换热介质温度，K。

③ 动力学方程：

$$(-r_A) = f(x_A,\ T)\text{或}(-r_A) = f(C_A,\ T) \tag{6-41}$$

式中，C_A为反应物 A 的浓度，kmol/m^3；T 为反应温度，K。

按具体情况，可将上述方程进行简化，可分别得到等温反应器、非等温反应器的设计方程。

（2）等温反应器

反应管内床层在轴向和径向均无温度梯度，在反应热效应很小、反应管径较细、管内外传热良好的情况下，常可认为反应器符合等温条件。单独使用物料衡算式即可计算等温反应器的反应结果，热量衡算式则用于核算传热量。又若床层高度大于催化剂颗粒直径的 100 倍时，则物料在床内的流动可忽略轴向返混的影响。以反应 A P 为例，等温反应器模型可简化为：

$$-u_0\frac{\mathrm{d}C_A}{\mathrm{d}z} = \rho_b(-r_A) \tag{6-42}$$

于是床层高度：

$$z = \int_0^z \mathrm{d}z = \frac{u_0}{\rho_b}\int_{C_A}^{C_{A0}} \frac{\mathrm{d}C_A}{(-r_A)} \tag{6-43}$$

因此，只要有了速率方程式，选定了管径，用解析法或数值法就可求得达到一定出口浓度(或转化率)时所需的床层高度。在实际工业反应器中，等温反应器是不常有的。所以等温固定床催化反应器计算只能对事实上的不等温反应器作一粗略估计。

(3) 绝热反应器计算

所谓绝热反应器是指在反应过程中反应床层系统不与外界发生热交换。式(6－40)可化简得：

$$F_t'\overline{M}\,\overline{C_p}\mathrm{d}T = F_{A0}(-\Delta H_A)\mathrm{d}x_A \tag{6-44}$$

积分后得

$$T_2 - T_1 = \frac{F_{A0}(-\Delta H_A)}{F_t'\overline{M}\,\overline{C_p}}(x_{A2} - x_{A1}) = A(x_{A2} - x_{A1}) \tag{6-45}$$

式中
$$A = \frac{F_{A0}(-\Delta H_A)}{F_t'\overline{M}\,\overline{C_p}} = \frac{F_{t0}y_{A0}(-\Delta H_A)}{F_t'\overline{M}\,\overline{C_p}}$$

当 $x_{A2} - x_{A1} = 1$ 时，则 $T_2 - T_1 = \Lambda$。这时的Λ成为绝热温升，即在绝热情况下，当反应组分 A 完全反应时反应混合物温度上升的数值。式中使用了组分的平均性质，故式(6－45)为一直线方程。绝热过程中每一瞬时的反应温度 T 和反应转化率 x_A之间的关系可表示为：

$$T - T_1 = \Lambda(x_A - x_{A1}) \tag{6-46}$$

由式 6－46 可见，对于一给定的反应系统，绝热温升值Λ决定于反应物组成的含量 $F_{t0}y_{A0}$和反应热效应$(-\Delta H_A)$的大小，其中 y_{A0}属可调节参数，$(-\Delta H_A)$则决定于反应系统的特性。对于一些反应热效应很大的系统，其绝热温升Λ可达数百 K。若不采取措施往往会使反应终了的温度超出催化剂所能承受的温度范围。为此，有时采用降低进口初始浓度的办法来调节反应器出口温度或采用在每段床层之间进行换热的多段绝热反应系统来完成预定任务。

绝热床反应器有下列特点：①床层直径远大于催化剂颗粒的直径；②床高与催化剂颗粒直径之比一般都大于 100；③床层与外界无热交换。因此，绝热床可以不考虑轴向返温和径向的温度分布、浓度分布。常可采用一维理想流动基础模型计算。

从以上分析可知，绝热反应器的计算需要物料衔算式：

$$F_{A0}\mathrm{d}x_A = (-r_A')\mathrm{d}V_R \tag{6-47}$$

热量衡算式可以写成：
$$F_t'\overline{M}\,\overline{C_p}\mathrm{d}T = F_{A0}(-\Delta H_A)\mathrm{d}x_A \tag{6-48}$$

反应速率式：
$$(-r_A) = f(C_A,\ T) \tag{6-49}$$

此三方程联合求解(当阻力降对反应有较明显影响时，还需加进动量衡算式)，即可求得所需的反应器床层体积和浓度、温度分布。通常可采用 Runge－Kutta 法求解。

拟均相一维理想流动基础模型，对于热效应较小，反应速度较低、床层内气体流速较大、管径较小的场合，计算结果与实验测定较为一致。在热效应和反应速度较大时，径向的温度梯度和浓度梯度就不能忽视。这时如仍采用一维模型就不能预计反应器内温度和浓度的径向分布，不能正确判明热点位置和热点温度值。但是由于一维理想流动基础模型简单，能较快地算出反应器的大体尺寸，估计参数变化所造成的影响，现常用于反应器的初步设计和电子计算机的在线计算和过程控制。

【例 6－7】 在固定床绝热反应器内进行乙苯催化脱氢生产苯乙烯反应。操作条件如下：乙苯进料量 4080kg/h，水蒸气加入量 8160kg/h，进料温度 923K，进口压力 2.4014×10^5Pa。

第一段绝热床数据：床直径 $D_t=1.95m$，催化剂床层高 $z_b=1.61m$，催化剂颗粒直径 $d_p=0.005m$，床层空隙率 $\varepsilon_b=0.455$，床层密度 $\rho_b=1300kg/m^3$。

独立的主副反应如下：

（1）$C_8H_5C_2H_5 \longrightarrow C_6H_5C_2H_3+H_2$

（2）$C_6H_5C_2H_5 \longrightarrow C_6H_6+C_2H_4$

（3）$C_6H_5C_2H_5 \longrightarrow C_6H_5CH_3+CH_4$

（4）$\frac{1}{2}C_2H_4+H_2O \longrightarrow CO+2H_2$

（5）$CH_4+H_2O \longrightarrow CO+3H_2$

（6）$CO+H_2O \longrightarrow CO_2+H_2$

平衡常数 K_p 为 4.053×10^4Pa。

各反应的速率方程式和速率常数参数如表 6－4。

表 6－4　反应式中的速率方程及速率常数参数

反应式号	反应速率方程式	速率常数参数	
		A_j/[kmol/(kg·s)]	E_j/R/K
(1)	$r_1=k_1(p_1-p_2p_{10}/K_p)$	1.51286	10925
(2)	$r_2=k_2p_2$	5.6197×10^6	25000
(3)	$r_3=k_3p_1p_{10}$	1.3446	11000
(4)	$r_4=k_4p_5p_7$	9.3016×10^{-1}	12500
(5)	$r_5=k_5p_6p_7$	5.3163×10^{-2}	7900
(6)	$r_6=k_6(P_t/T^3)p_7p_8$	1.6769×10^6	8850

速率常数式为 $k_j=A_j\exp(-E_j/R/T)$

物化参数如下：

反应焓用线性方程 $(-\Delta H_j)=a_j+b_jT$ 计算，式中 a_j、b_j 由表 6－5 给出。

表 6－5　反应焓方程中的系数

反　　应	a_j/(kcal/kmol)	b_j/[kcal/(kmol·K)]	反　　应	a_j/(kcal/kmol)	b_j/[kcal/(kmol·K)]
(1)	－28843	－1.09	(4)	19602	－2.11
(2)	－25992	1.90	(5)	50640	－3.96
(3)	12702	3.15	(6)	10802	－2.50

各组分的摩尔热容 C_i 是以 T 的三次函数公式计算，各系数在表 6－6 中给出。

$$C_{pi}=A_i+B_iT+C_iT^2+D_iT^3\ [\text{kcal/(kmol·K)}]$$

在反应温度下，反应物混合气在反应器中黏度取为 3×10^{-5}Pa·s。试计算乙苯转化为苯乙烯，苯和甲苯的转化率沿床高的分布及床内温度分布。

表 6－6　算式中的系数表

物质及编号 i	A_i	B_i	C_i	D_i	相对分子质量 M_i
1. 乙苯	－10.294	1.689×10^{-1}	-1.149×10^{-4}	3.107×10^{-8}	106.168
2. 苯乙烯	－6.747	1.471×10^{-1}	-9.609×10^{-5}	2.373×10^{-8}	104.151
3. 苯	－8.101	1.133×10^{-1}	-7.206×10^{-5}	1.703×10^{-8}	78.114

续表

物质及编号 i	A_i	B_i	C_i	D_i	相对分子质量 M_i
4. 甲苯	-5.817	1.224×10^{-1}	-6.605×10^{-5}	1.173×10^{-8}	92.141
5. 乙烯	0.909	3.740×10^{-2}	-1.994×10^{-5}	4.192×10^{-8}	28.054
6. 甲烷	4.598	1.245×10^{-2}	2.860×10^{-5}	-2.703×10^{-9}	16.043
7. 水	7.701	4.595×10^{-4}	2.521×10^{-6}	-0.859×10^{-9}	18.015
8. 一氧化碳	7.373	-0.307×10^{-2}	6.662×10^{-5}	-3.037×10^{-9}	28.010
9. 二氧化碳	4.728	1.754×10^{-2}	-1.338×10^{-5}	4.097×10^{-9}	44.010
10. 氢气	6.483	2.215×10^{-2}	-3.298×10^{-6}	1.826×10^{-9}	2.016

【解】假设流动为活塞流。以床高为自变量，选各组分的摩尔流率 F_i 为因变量，六个独立反应式中共有十个组分，则各组分的流率为进料组分流率。

$$F_{1,0}=4080/106.168=38.430\text{kmol/h}$$

$$F_{7,0}=8160/18.016=452.956\text{kmol/h}$$

入口处其他各组分流率皆为零。

若以 x_1，x_2，x_3分别表示乙苯在前三个反应式中转化率，而以 x_4，x_5、x_6分别表示水蒸气在后三个反应式中的转化率，则各组分的摩尔流率为：

$$F_1=38.430(1-x_1-x_2-x_3)$$

$$F_2=38.430x_1$$

$$F_3=38.430x_2$$

$$F_4=38.430x_3$$

$$F_5=38.430x_2-0.5\times452.956x_4$$

$$F_6=38.430x_3-452.956x_5$$

$$F_7=452.956(1-x_4-x_5-x_6)$$

$$F_8=452.956(x_4+x_5-x_6)$$

$$F_9=452.956x_6$$

$$F_{10}=38.430(x_1-x_3)+452.956(2x_4+3x_5+x_6)$$

总流率 $F_T=\sum F_i$

各组分的分压 $p_i=(F_i/F_T)P_i$

将 p_i和 k_j式代入各速率式 r_j中，即可得以下各速率表达式。

$$r_1=A_1\exp(-E_1/R/T)(p_1-p_2p_{10}/0.4)$$

$$r_2=A_2\exp(-E_2/R/T)p_1$$

$$r_3=A_3\exp(-E_3/R/T)p_1p_{10}$$

$$r_4=A_4\exp(-E_4/R/T)p_5p_7$$

$$r_5=A_5\exp(-E_5/R/T)p_6p_7$$

$$r_6=A_6\exp(-E_6/R/T)(p_t/T^3)p_7p_8$$

物料衡算式：

对于(1)、(2)、(3)反应式，得下式

$$\frac{\mathrm{d}x_i}{\mathrm{d}z}=3600\,\gamma_b\,r_js/F_{1,0}$$

式中，$s=\frac{\pi}{4}D_t^2=2.9865\text{m}^2$，把 γ_b，$F_{1,0}$值代入上式，经整理后得

$$\frac{\mathrm{d}x_i}{\mathrm{d}z}=3.63696\times10^5 \qquad (1)(2)(3)$$

对于(4)、(5)、(6)反应式，得下式：

$$\frac{\mathrm{d}x_i}{\mathrm{d}z}=3600s\gamma_b r_j/F_{7,0}$$

同样将 s、γ_b、$F_{7,0}$值代入上式得：

$$\frac{\mathrm{d}x_i}{\mathrm{d}z}=3.0857\times10^4 r_j \qquad (4)(5)(6)$$

能量衡算式：

$$\frac{\mathrm{d}T}{\mathrm{d}z}=3600S\gamma_b\sum[(-\Delta H_j)(r_j)]/\sum F_iC_{pi}$$

$$=1.3977\times10^7\sum[(-\Delta H_j)(r_j)]/\sum F_iC_{pi} \qquad (7)$$

床层压力降：

$$\frac{\mathrm{d}T}{\mathrm{d}z}=-\left[\frac{180(1-\varepsilon_b)}{Re_p}+1.8\left(\frac{1-\varepsilon_b}{\varepsilon_b^3}\right)\left(\frac{u^2\gamma_f}{gd_p}\right)\right]$$

其中 $u=V_t/3600/S=V_t/10751.4$

$$\gamma_f=W_f/V_t=12240/V_t$$

$$Re=\frac{d_p u\gamma_f}{\mu_f g}=166.67u\gamma_f$$

在低压下，V_t按理想气体来处理：

$$V_t=22.4F_t(T/273)(1/p_t)=40.3189(T/p_t)$$

将以上各值代入床层压力降计算式，经整理得：

$$\frac{\mathrm{d}p_t}{\mathrm{d}z}=-2.3777\times10^{-7}F_tT/p_t \qquad (8)$$

运用变步长 R－K 法解算以上式(1)～式(8)，结果如图 6－12 所示。

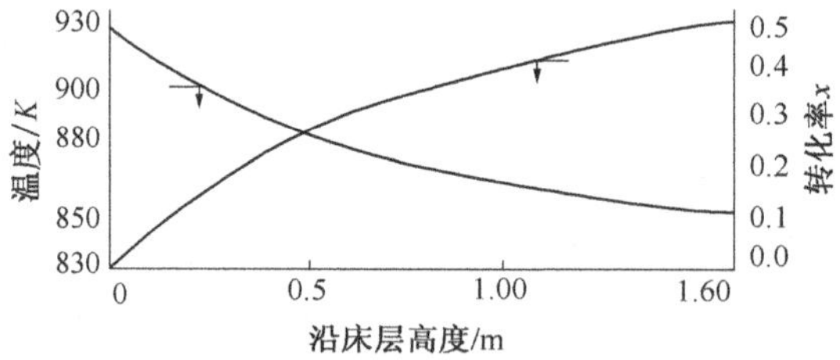

图 6－12　乙苯转化率、反应温度沿床层的分布

除了上述的单段绝热反应床外，多段绝热式反应器是可逆放热催化反应较广泛应用的一类反应器。多段绝热床分为段间间接换热和段间直接换热两种，直接换热式又称激冷式，其中可用原料气激冷和非原料气激冷。

间接换热式：图 6－13 表示三段间接换热式绝热催化反应器及其操作状况，图中 *AB* 是第一段绝热操作线，表示反应过程中着眼组分的转化率与温度的关系，*CD* 及 *EF* 分别是第二及第三段的绝热操作线。冷却线 *BC*、*DE* 与温度轴线平行，表示间接换热过程只有温度变化并无气体组成变化。*FG* 是离开第三段床层的热气体在床外换热器中加热冷原料气的换热过程，*G* 点的温度由整个反应装置系统的热量衡算决定。

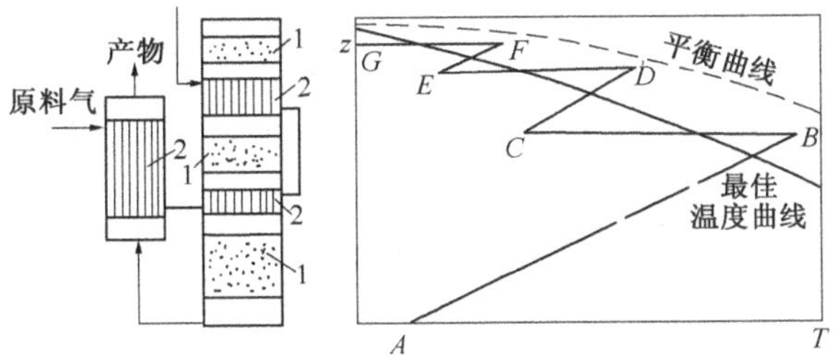

图 6 - 13　三段中间间接换热式催化反应器及其操作状况

1—催化床；2—换热器

直接换热式(激冷式)：多段直接换热式分原料气激冷和非原料气激冷。图 6 - 14 表示了三段原料气激冷式催化反应器及操作状况。图中 *AB*、*CD*、*FF* 分别代表第一、第二、第三段的绝热操作线。*BC*、*DE* 为段间冷却线。它们都不与温度轴平行，表明冷却过程中气体的组成发生了变化，但这并不是因为冷却过程中发生了化学反应，而是由于反应后的热气体与激冷的新鲜原料气混合，从而改变了反应混合物之间的比例，降低了反应物的转化率。从激冷式反应器的各段进口加入的激冷气，其组成一般与第一段进口气体相同。当组成变化不太大时，各段的绝热操作线 *AB*、*CD*、*EF* 的斜率可认为大致相等。

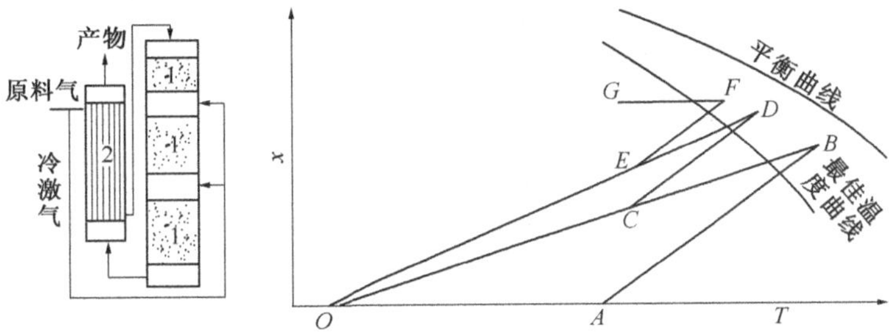

图 6 - 14　三段原料气激冷式催化反应器及其操作状况

1—催化床；2—换热器

激冷后平衡曲线不变，最佳温度曲线亦不变。用原料气激冷后，下段进口气体中反应组分的转化率就较上段出口气体中反应组分的转化率有所降低。这相当于段间有部分返混，因此，要求达到相同的最终转化率，采用原料气激冷所需的催化剂床层体积就要比段间间接换热式多，转化率越高，因激冷所造成的返混影响就越大。

图 6 - 15 表示三段非原料气激冷式绝热反应器及其操作状况。非原料气激冷式所用激冷气的组成与原料气不同，其中不含主要反应组分。所以，各段进口气体的初始组成是不同的，激冷后，主要反应组分的分率降低。因此，它向着同一温度下提高平衡转化率的方向移动，最佳温度曲线也随之改变。

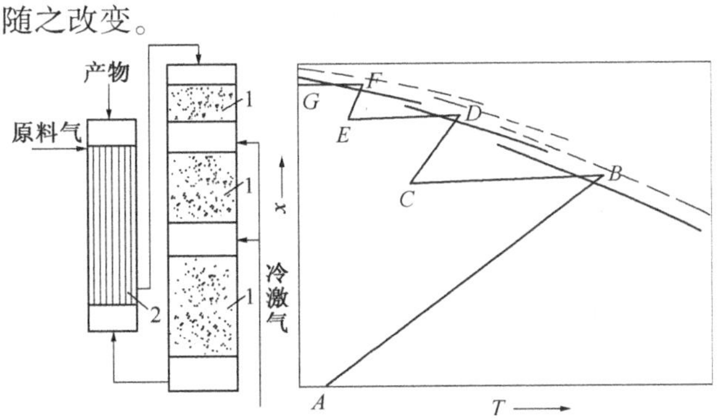

图 6 - 15　三段非原料气激冷式催化反应器及其操作状况

1—催化床；2—换热器

选用多段绝热催化反应器时，究竟采用段间间接换热还是激冷式，用原料气激冷还是非原料气激冷，要根据具体的反应情况而定。一般在高压下操作的反应器考虑到设备制造，催化剂的装卸及检修方便，大多采用激冷式。从以上各图可见，多段绝热式反应器的操作，采用段数越多，反应越接近于最佳温度下进行，最终转化率越高。由于反应平衡的限制，也应采用多段。但段数过多，造成设备结构复杂，操作也不便，所以，一般最多采用6~7段。

（4）非等温非绝热列管式催化反应器计算

工业生产中等温反应器是不多见的，绝热反应器的应用也受到上述有关条件的限制。工业反应器操作中更一般和常遇到的是既非等温又非绝热的一类反应器。为了维持所要求的反应条件，它必须与外界有一定的热量交换。此类反应器的计算方程有：

物料衡算式

$$F'_{A0}\,dx_A = \rho_b(-r_A)A_R\,dz \tag{6-50}$$

若以单位截面积计，上述方程改写为：

$$F_{A0}\,dx_A = \rho_b(-r_A)\,dz \tag{6-50a}$$

式中，F'_{A0}为反应物A的进料量，kmol/h；F_{A0}为单位床层截面上A组分摩尔流率，kmol/(m^2/h)；A_R为反应器床层截面积，m^2。

热衡算式　按照上述同样方法处理式(6-40)，得到以单位截面积计的热衡算方程为

$$F_{A0}(-\Delta H_A)\,dx_A = F_t M C_p\,dT + \frac{4u}{D}(T_m - T_w)\,dz \tag{6-51}$$

表观速率方程式

$$(-r_A) = f(x_A,\ T)\text{或}f(C_A,\ T)$$

联解以上三个方程，可求得反应物沿反应管轴向的转化率及反应温度的分布。对于流体通过反应床层时产生的压力降不大的反应器，则在计算中使用平均操作压力不会给计算结果带来大的误差。若压力降大时，则要在上述方程组中再增加一项动量衡算式（或压力降计算式）一起联合求解。由于方程组的非线性，通常采用数值法解算。在运用时方程组常整理成以下形式：

$$\frac{dx_A}{dz} = \rho_b\frac{(-r_A)M}{Gy_{A0}} \tag{6-50b}$$

$$\frac{dT}{dz} = \frac{\rho_b(-r_A)(-\Delta H_A)}{Gy_{A0}} - \frac{4u}{GC_pD_t}(T_m - T_w) \tag{6-51a}$$

$$(-r_A) = f(x_A,\ T)$$

对于等容或近似等容过程，上述方程组还可写成：

$$-u_0\frac{dC_A}{dz} = \rho_b(-r_A) \tag{6-50c}$$

$$\frac{dT}{dz} = \frac{\rho_b(-r_A)(-\Delta H_A)}{u_0\rho_f C_p} - \frac{4u}{u_0\rho_f C_p D_t}(T_m - T_w) \tag{6-51b}$$

$$(-r_A) = f(C_A,\ T)$$

以上仅是二种常用的方程形式，另外还可根据项目的具体条件导出具体的应用方程形式，但原则仍是三个衡算式联合求解。

（5）拟均相一维理想流动基础模型设计举例

醋酸、乙烯、氧气在催化剂存在下氧化生成醋酸乙烯，采用固定床拟均相一维理想流动模型进行设计计算。

① 设计任务　设计一年产33kt醋酸乙烯的固定床列管式反应器。醋酸、乙烯、氧气在以钯、金为主要活性组分的催化剂上进行催化氧化反应生产醋酸乙烯(以下称VAc)，主副反应式主要为：

$$C_2H_4 + \frac{1}{2}O_2 + CH_3COOH \longrightarrow CH_3COOCHCH_2 + H_2O + 146.5kJ/mol \quad (A)$$

$$C_2H_4 + 3O_2 \longrightarrow 2H_2O + 2CO_2 + 1339.7kJ/mol \quad (B)$$

其他副反应量相对很少，为简化计算起见，在本例中不计入。由于反应的单程转化率较低，生成物中含有大量未经转化的反应物。所以反应系统采用物料再循环方式。反应管外用加压水冷却移走反应热。工艺流程见图6－16所示。

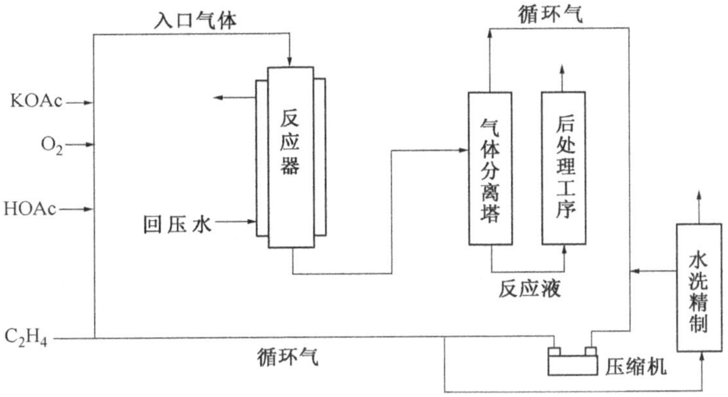

图6－16　醋酸乙烯合成工艺流程图

新鲜乙烯在压缩机出口处和循环气体混合，一起进入醋酸蒸发器中，并在一定温度条件下被醋酸饱和，使反应器入口的混合气体中醋酸含量达20%左右的体积分率。新鲜氧气在气体混合器中与醋酸混合气体相混合，使入口混合气中O_2含量占4%～6%的体积分率。此混合气体经换热器预热再通过助催化剂加料器加入补充的醋酸钾后进入反应器，经催化反应合成VAc。从反应器下部导出的气相反应产物在气液分离后送至后处理，循环气经压缩机大部分循环回反应器。为了维持反应气体组成的平衡需释放一部分CO_2、CO等气体。

现计算该反应器中催化剂的装填高度及沿管轴向的温度、浓度(转化率)以及选择率分布。

② 反应器的设计条件

a. VAc产量33000t/a；

b. 催化剂装填量30m。空速为1050m^3(气)/(m^3·h)(标准状态)；

c. 反应管数4760根(ϕ38.1×2.6×8000不锈钢)；

d. 乙烯单程转化率约11%；

e. 氧气单程转化率约55%；

f. 选择率89%～94%(指乙烯)；

g. 反应压力(平均)为8.8838×10^5Pa；

h. 反应温度428～458K，反应器的加压水进口温度低于反应物入口温度5～10K；

i. 反应器入口原料气组成(体积百分率)：

O_2	HOAc	N_2	CO_2	C_2H_4	KOAc
5.0	20.5	8.7	20.0	45.80	47(ppm/HOAe)

③ 已知参数及数据

a. 反应表观速率式(指 O_2的反应速率)

$$(-r_A) = A_0 \exp(-E/R/T) P_{O_2} \tag{6-52}$$

式中，$(-r_A)$为氧气反应表观速率，kmol/(m^3_{cat} · h)；A_0 为频率因子 46.8；E 为活化能，50240kJ/kmol；T 为温度，K；P_{O_2}为氧气分压，Pa。

b. 氧气分压计算

$$P_{O_2} = P \frac{y_{A0}(1 - x_A)}{1 - y_{A0} x_A \left(\frac{S}{6 - 5S}\right)} \tag{6-53}$$

式中，P 为系统总压，Pa；y_{A0}为入口氧气的摩尔分率；x_A 为氧气转化率；S 为以乙烯为基准计算的选择率。

c. 催化剂的选择率与反应热

实验测定选择率与反应温度之间有如下关系：

$$S = -3.9586 + 0.0567(T - 273) - 0.0001637(T - 273)^2 \tag{6-54}$$

只考虑两个反应时，以 O_2为基准计算反应热可得到下式：

$$(-\Delta H_A) = (1339.7 - 1193.2S)\frac{2 \times 10^3}{6 - 5S}(\text{kJ/kmol } O_2) \tag{6-55}$$

d. VAC 产率(sty)

$$sty = 2.066\left(\frac{2S}{6 - 5S}\right)(-r_A) \tag{6-56}$$

e. 催化剂

d_p =0.005m，平均孔径 10nm，床层空隙率 0.4，堆积密度 0.6 ±0.1。

f. 物性参数及传递参数。

反应气体平均密度 8.24kg/m^3，反应气体平均热容 2.721kJ/(kg · K)，反应气体平均黏度 0.07kg/(m · h)，反应气体平均相对分子质量 38，反应气体平均导热系数 0.1256kJ/(m · K · h)，加压水给热系数 1256kJ/(m^2 · K · h)。

④ 设计计算

a. 压力降估算

由已知空速计算入口气体量

$$V_0 = \frac{1050 \times 30 \times 458 \times 1.013 \times 10^5}{273 \times 8.8838 \times 10^5} 6025.93(m^2/h)$$

反应器截面积：

$$A_R = \frac{\pi}{4}(0.0329)^2 \times 4760 = 4.046(m^2)$$

入口线速：

$$u_0 = \frac{6025.93}{4.046} = 1489(m^2/h)$$

Re_p计算：

$$Re_p = \frac{Gd_p}{\mu_f} = \frac{8.24 \times 1489 \times 0.005}{0.07} = 876.4$$

填料床阻力：

$$\Delta P=\left[\frac{180(1-\varepsilon)}{Re_{\mathrm{p}}}+1.8\right]\frac{\rho_{\mathrm{f}}u_0^2(1-\varepsilon)}{d_{\mathrm{p}}\varepsilon^3}Z$$

$$=\left[\frac{180(1-0.4)}{876.4}+1.8\right]\frac{8.24(1489)^2(1-0.4)}{0.005\ (0.4)^3 3600}\times 7.4$$

$$=0.376\times 10^5\mathrm{Pa}$$

所以入口压力为$(8.884+0.188)\times 10^5=9.07\times 10^5\mathrm{Pa}$，它的阻力降占总压的2.5%左右，在作初步计算时，以一平均操作压力用于模型中仍是合理的。

b. 相间温度及浓度差的估算

现以入口处的条件作检验如下：

气－固相间温差计算：

$$Re_{\mathrm{p}}=\frac{12269\times 0.005}{0.07}=876$$

由式 $\varepsilon J_{\mathrm{H}}=\dfrac{2.876}{Re_{\mathrm{p}}}+\dfrac{0.3023}{Re_{\mathrm{p}}^{0.35}}=\dfrac{2.876}{876}+\dfrac{0.3023}{(876)^{0.35}}=0.0315$

$$J_{\mathrm{H}}=0.0788$$

$$\alpha_{\mathrm{P}}=J_{\mathrm{H}}GC_{\mathrm{p}}\left(\frac{C_{\mathrm{p}}\mu_{\mathrm{f}}}{\lambda_{\mathrm{f}}}\right)^{-2/3}=0.0788\times 12269\times 2.721\times\left(\frac{0.65\times 0.07}{0.03}\right)^{-2/3}$$

$$=1990[\mathrm{kJ/(m^2\cdot K\cdot h)}]$$

$$=552.778[\mathrm{kW/(m^2\cdot K)}]$$

每消耗1kmol O_2放出的热量为（设C_2H_4的选择性为93%）：

$$(-\Delta H_{\mathrm{A}})=(320-285\times 0.93)\frac{2}{6-5\times 0.93}\times 4.186\times 10^3$$

$$=3.639\times 10^5(\mathrm{kJ/kmol\ O_2})$$

计算得到在入口条件下的反应速率为$2.394\mathrm{kmol\ O_2/m^3_{bed}\cdot h}$)。

每一立方米催化剂床层的外表面积为：

$$S_{\mathrm{e}}=6(1-0.4)/0.005=720(\mathrm{m^2/m^3})$$

则气－固相间的温差为：

$$\Delta T=\frac{Q}{S_{\mathrm{e}}\alpha_{\mathrm{p}}S}=\frac{8.7118\times 10^5}{720\times 1991\times 1}=0.6(\mathrm{K})$$

所以相之间的温差可以忽略，故 $T_{\mathrm{a}}=T_{\mathrm{s}}$。

气－固相间浓度（分压）差计算：

依据传质与传热类似的关系，可得

$$\Delta T=\frac{(-\Delta H_{\mathrm{A}})}{\rho_{\mathrm{f}}C_{\mathrm{p}}}\Delta C$$

$$\Delta C=\frac{8.42\times 2.72\times 0.6}{3.639\times 10^5}=3.8\times 10^{-5}(\mathrm{kmol/m^3})$$

而 $\Delta P=\Delta CRT=3.8\times 10^{-5}\times 8.3167\times 10^3\times 458=144.7(\mathrm{Pa})$，入口气相中的氧分压为$9.11\times 10^5\times 0.050=45.6\times 10^3(\mathrm{Pa})$。所以 ΔP 占主体流总氧分压的0.31%，故可认为$P_{\mathrm{G,O_2}}=P_{\mathrm{S,O_2}}$。可见，相同温度与浓度梯度均很小，在设计中不必予以特殊考虑。

从设计提供的数据可知，床层高度大于$100d_{\mathrm{p}}$所以轴向返混也可忽略。

c. 计算进料温度、壁温对床层温度、O_2 转化率、选择率沿管长的分布。

按空速数据计算 O_2 的摩尔流量为：

$$F'_{A0}=\frac{1050\times30\times0.5}{22.4}=70.31(\text{kmol/h})$$

反应器截面积 $A_R=4.044\text{m}^2$

催化剂床层对管壁给热系数计算：

$$\begin{aligned}\alpha_p&=2.03Re_p^{0.8}\exp\left(\frac{-6d_p}{D_R}\right)\frac{\lambda_F}{D_t}\\&=2.03\ (876)^{0.8}\exp\left(\frac{-6\times0.005}{0.0229}\right)\frac{0.03}{0.0329}\\&=498[\text{kJ/(m}^2\cdot\text{K}\cdot\text{h)}]=138.333[\text{kW/(m}^2\cdot\text{K)}]\end{aligned}$$

总传热系数计算：

由题给出加压水传热系数为 $1256.2\text{kJ/(m}^2\cdot\text{K}\cdot\text{h)}$

总传热系数 $u=\dfrac{1}{\dfrac{1}{498}+\dfrac{1}{1256.2}}=356.5[\text{kJ/(m}^2\cdot\text{K}\cdot\text{h)}]=99.028[\text{kW/(m}^2\cdot\text{K)}]$

物料衡算式：

$$\Delta z_n=F'_{A0}\Delta x_A/(-r_A)A_R \tag{A}$$

热衡算式：

$$T_{n+1}=T_n+\frac{F'_{A0}\Delta x_A(-\Delta H_A)}{GC_p}-\frac{Au\Delta z_n}{GC_p}(T-T_w) \tag{B}$$

反应速率式：

$$(-r_A)=A_0\exp(50240/R/T)p_{O_2} \tag{C}$$

选择率计算式：

$$S=-3.9586+0.0567(T-273)-0.0001637(T-273)^2 \tag{D}$$

反应热效应式：

$$(-\Delta H_A)=\frac{2\times(320-285S)}{(6-5S)}\times4.186\times10^3 \tag{E}$$

用迭代法联解以上 A、B、C、D 四方程，即可得到反应温度、转化率、选择率沿催化剂床层的变化，计算步骤见下页框图。

从图 6-17、图 6-18、图 6-19 可看出，由于反应过程的热效应不大，因此，床层中温度分布还是比较均匀的。但是反应的选择率则随着床层温度的增高而下降。这是由于进一步氧化的副反应增加所致。生产量随着反应温度的增加而有所提高，考虑到催化剂活性随着操作时间的增长有所下降的事实，所以在实际生产中反应温度要随着操作时间的增长而逐渐提高，以补偿催化剂活性下降。最终以控制反应选择率不低于 89% 为限度。

本例中所用的速率方程没有包含失活动力学的关系。所以计算结果只是反映了正常操作条件时的结果，并未反映出开车初期的反应工况。工业反应器的管长为 8m，其中催化剂充填高度为 7.4m。计算所需催化剂充填高度 5.5m，有 25% 左右的安全裕度。

用以上方法还可以讨论管径、反应压力、进料组成等参数改变对反应结果的影响。本例计算的目的不仅仅是取得一些数字结果，更重要的是使读者掌握设计计算的基本方法并学会对结果进行分析，从中找出规律性的东西。对于上述反应过程具有显著影响的参数可能是壁温、催化剂活性变化、进料组成等。因此，对有疑点处在设计中要有足够的安全系数。目前，有关传递过程的参数数据精确度较差，所以有时往往还要结合单管试验，以简化设计计算并且可提高设计的可靠性。

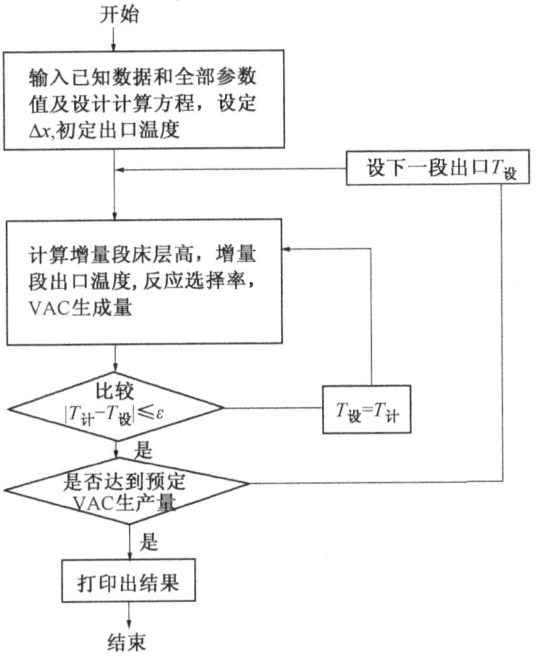

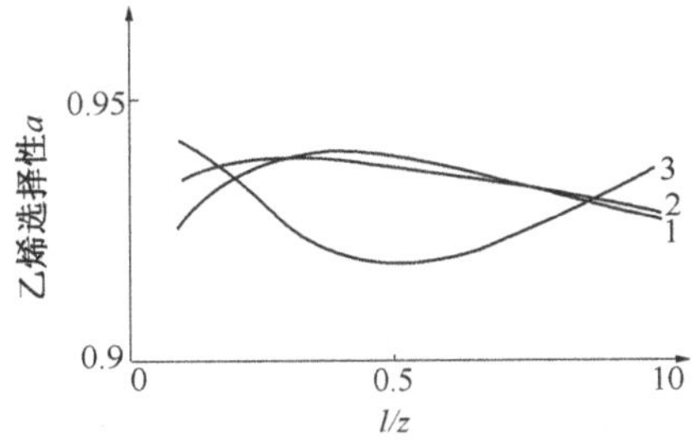

图 6－18　不同进料温度时反应选择率分布

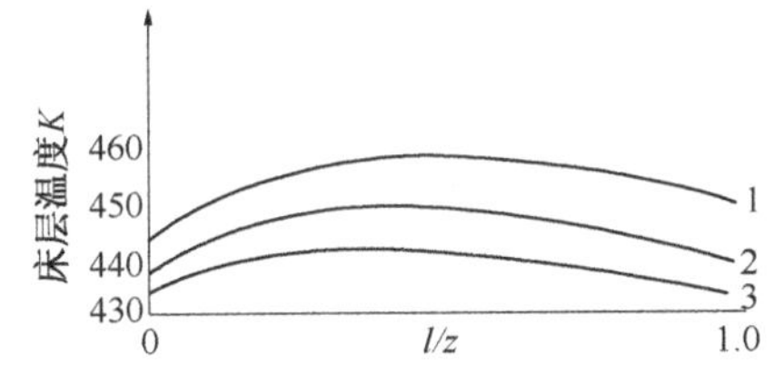

图 6－17　不同进料温度时床层的温度分布

曲线 1—入口温度 433K；

曲线 2—入口温度 438K；曲线 3—入口温度 443K

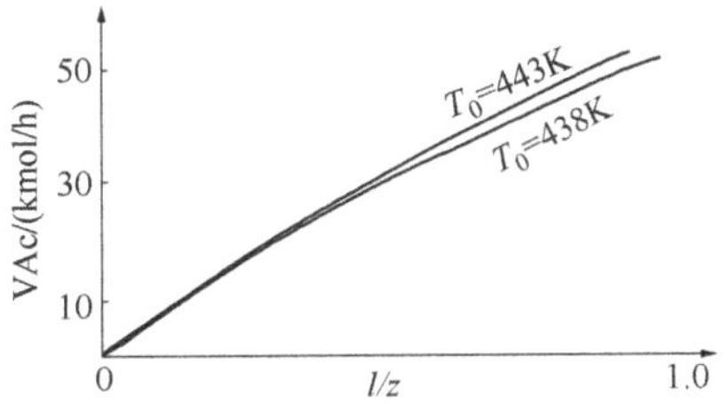

图 6－19　不同进料温度时 VAC 产量分布

（6）参数敏感性

敏感性的含义如下，即操作变量的微小变化会导致反应器工况的巨大改变。虽然不是反应器达到了不稳定，但如果由于某一操作变量的微小变化，将引起反应器工况出现不能允许的变化，这种反应器仍将很难控制。这对于强放热反应是非常重要的一个工程问题。有人作了不同操作参数［如壁温、反应物进口温度、进口浓度（分压）］的变化对反应器工况变化的各种计算结果，如图 6－20～图 6－22 所示。由图 6－20 可看出，壁温 T_w 有微小的增加，会使反应器内某一部位的温度急剧上升，就是说引成了一个热点。这样，该反应器就表现出对参数 T_w 值的敏感性。图中壁温 T_w，在 300K 时，热点温度比入口温度高出不到 30K，而 T_w 从 300K 升至 310K 时，反应器中热点温度就高出入口温度达 70K 之多。可见，当 T_w 上升到稍大于某一临界值（即 300～310K 之间的某一温度点）时，反应器内热点温度将发生一剧烈的变化。这时的 T_w 对该反应器系统是一个敏感性参数。图 6－21、图 6－22 表示邻二甲苯氧化制邻苯二甲酸酐的反应过程中不同进料温度和进料浓度的影响。该反应系统进口温度从

623K 升至 630K 时，热点温度与入口温度相差约 20K，而进口温度从 630K 再上升 1.5K 时，则热点温度与入口温度差剧升到 30K。若再上升 1.5K 时，则热点温度与入口温度差升高到超过 40K，又再上升 5K，则反应系统就出现飞温。因此，该反应系统的进料温度的临界值为 630K。进料温度超过临界值时，即成为该系统的一个敏感性参数。应当说明，进料温度并非引发飞温的仅有参数。由图 6－22 可看到，在相同的进料温度 $T=625\text{K}$ 时，当进口反应混合物中的邻二甲苯分压 P_0 从 0.017 提高到 0.018 时，温度出现剧烈的变化，若再升高到 0.0182 时，则温度上升非常急剧。此种情况下，该反应的进料分压临界值为 0.017，超过该值，则进料分压是该反应系统的一敏感性参数。还有催化剂床层内的传热参数的变化也会成为一个敏感性参数。

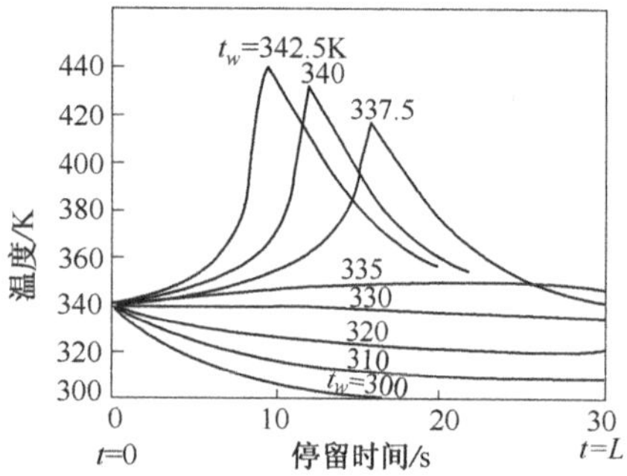

图 6－20　壁温影响的敏感性

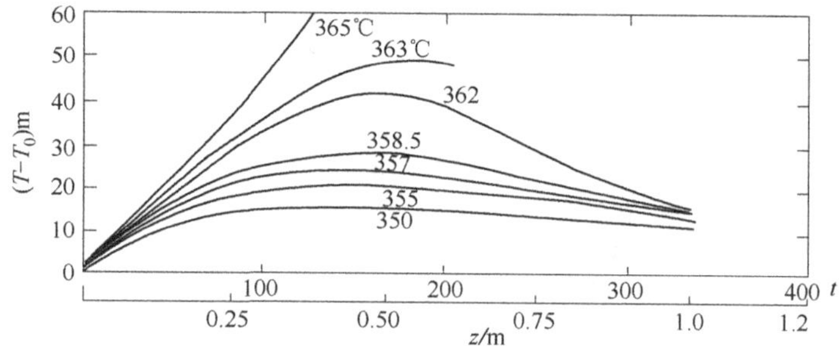

图 6－21　邻二甲苯氧化，一维模型预计进口温度影响

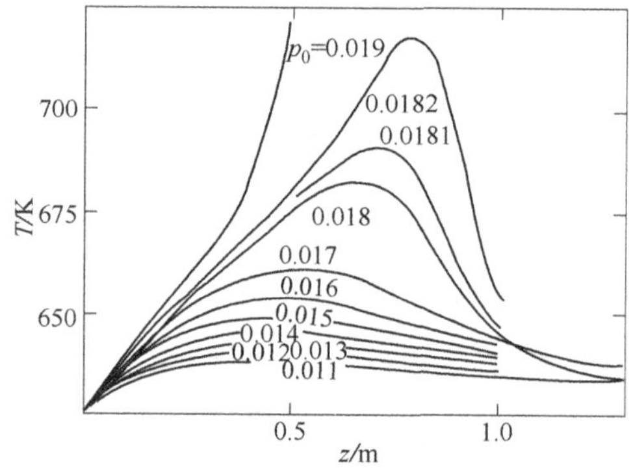

图 6－22　进口分压对应的温度分布曲线

对于一个具体的反应系统，以上讨论的各参数不一定都是敏感性的。但对于一个强放热反应系统，在设计计算中应考虑对可能成为敏感性的参数作分析计算，以确定（或估计）一个工业反应器的大致适宜操作范围。

参数敏感性问题，由于它的实际重要性，各国学者发表了很多分析研究论文，但试验的研究结果却很少。

6.7.2.2　拟均相二维数学模型

拟均相一维理想流动基础模型忽略了床内径向存在的温度和浓度梯度。在石化生产中有不少化学反应的热效应较大，而催化剂床层本身的导热率往往是不大的，因此，事实上床层径向的温差往往是相当可观的。对于这类反应一维理想流动基础模型就显得过分简化而使计算预计值与真实情况差别太大。这时应在模型中考虑床层截面上径向的温度和浓度分布的影响，由此导致提出拟均相二维模型。

物料衡算式：在稳定状态下设想固定床层中划出一环状体积微元，见图6－23。对此微元体积进行反应物 A 的物料衡算。设流体通过该微元体的流速为 u_0，轴向和径向有效扩散系数分别为 D_{ez}、D_{er}，有效导热系数分别为 λ_{ez}、λ_{er} 以及 C_p，各参数值不随位置而变化。

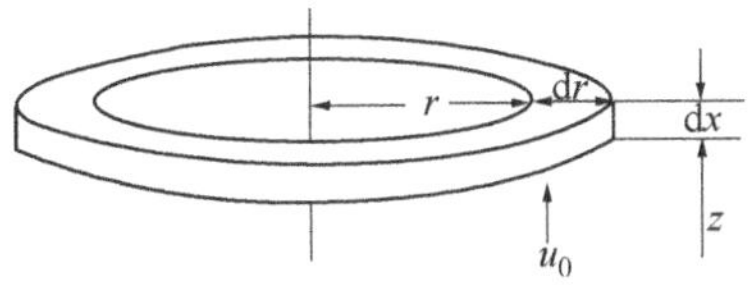

图6－23　固定床中环状微元体积

反应物 A 进入微元体的量有

对流进入量　$2\pi r\mathrm{d}ru_0C_A$

轴向扩散进入量　$-2\pi r\mathrm{d}rD_{ez}\dfrac{\partial C_A}{\partial z}$

径向扩散进入量　$-2\pi r\mathrm{d}zD_{er}\dfrac{\partial C_A}{\partial r}$

反应物 A 出微元体的量有

对流出微元体量　$2\pi r\mathrm{d}ru_0\left(C_A+\dfrac{\partial C_A}{\partial z}\mathrm{d}z\right)$

轴向扩散出微元体量　$-2\pi r\mathrm{d}rD_{ez}\dfrac{\partial}{\partial z}\left(C_A+\dfrac{\partial C_A}{\partial z}\mathrm{d}z\right)$

径向扩散出微元体量　$-2\pi(r+\mathrm{d}r)\mathrm{d}zD_{er}\dfrac{\partial}{\partial r}\left(C_A+\dfrac{\partial C_A}{\partial r}\mathrm{d}r\right)$

微元体内反应物 A 的消耗量　$2\pi r\mathrm{d}r\mathrm{d}z\rho_p(-r_A)$

由物料衡算关系式得到(略去了高阶项次)

$$-u_0\frac{\partial C_A}{\partial z}+\frac{1}{r}D_{er}\frac{\partial C_A}{\partial r}+D_{ez}\frac{\partial^2 C_A}{\partial z^2}+D_{er}\frac{\partial^2 C_A}{\partial z^2}=\rho_b(-r_A)\tag{6-57}$$

热量衡算式：用类似方法建立热量衡算关系式如下：

$$-\lambda_{ez}\frac{\partial^2 T}{\partial z^2}-\lambda_{er}\left(\frac{\partial^2 T}{\partial r^2}+\frac{1}{r}\frac{\partial T}{\partial r}\right)+\rho_f\bar{C}_Pu_0\frac{\partial T}{\partial z}=\rho_b(-r_A)(-\Delta H_A)\tag{6-58}$$

以上二式为二维拟均相固定床催化反应器的物料、热量衡算式。在计算中可按具体任务和要求加以运用。通常由于反应器内流体的轴向对流量大，因此，轴向的扩散量和导热量常可不计及以简化计算，可得到以下常用的方程组形式：

$$-u_0\frac{\partial C_A}{\partial z}=D_{er}\left(\frac{\partial^2 C_A}{\partial r^2}+\frac{1}{r}\frac{\partial C_A}{\partial r}\right)-\rho_b(-r_A)\tag{6-59}$$

$$\rho_f\bar{C}_Pu_0\frac{\partial T}{\partial z}=\lambda_{er}\left(\frac{\partial^2 T}{\partial r^2}+\frac{1}{r}\frac{\partial T}{\partial r}\right)+\rho_b(-r_A)(-\Delta H_A)\tag{6-60}$$

方程组的边界条件：

当　$z=0$，$0\leqslant r\leqslant R$；$C_A=C_{A0}$，$T=T_0$

$R=0$，$0<z<L$；$\dfrac{\partial C_A}{\partial r}=\dfrac{\partial T}{\partial r}=0$

$r=R$，$0<z<L$；$\dfrac{\partial C_A}{\partial r}=0$，$-\lambda_{er}\left(\dfrac{\partial T}{\partial r}\right)=\alpha_w(T-T_w)$

任一区段截面上的平均浓度和温度的计算如下；

$$\bar{x}_A=\frac{2\int_0^R C_Ar\mathrm{d}r}{R^2}\tag{6-61}$$

$$\bar{T}=\frac{2\int_0^R C_A Trdr}{\bar{C}_p R^2} \tag{6-62}$$

用拟均相二维模型来描述高放热反应的非等温非绝热固定床催化反应器要比一维基本模型正确合理，但计算繁复，必需在计算机上数值求解。

习 题

1. 若气体通过固定床的线速度按空床计算时为 0.2m/s，则真正的线速度应为多少？已知所充填的固体颗粒的堆密度为 $1.2g/cm^3$，颗粒密度为 $1.8g/cm^3$。

2. 为了测定形状不规则的合成氨用铁催化剂的形状系数，将其充填在内径为 98mm 的容器中，填充高度为 1m。然后连续地以流量为 $1m^3/h$ 的空气通过床层，相应测得床层的压力降为 101.3Pa，实验操作温度为 298K。试计算该催化剂颗粒的形状系数。

已知催化剂颗粒的等体积相当直径为 4mm，堆密度为 $1.45g/cm^3$，颗粒密度为 $2.6g/cm^3$。

3. 由直径为 3mm 的多孔球形催化剂组成的等温固定床，在其中进行一级不可逆反应，基于催化剂颗粒体积计算的反应速率常数为 0.8s，有效扩散系数为 $0.013cm^2/s$。当床层高度为 2m 时，可达到所要求的转化率。为了减小床层的压力降，改用直径为 6mm 的球形催化剂，其余条件均保持不变，流体在床层中的流动均为层流。试计算：(1)催化剂床层高度；(2)床层压力降减小的百分率。

4. 拟设计一多段间接换热式二氧化硫催化氧化反应器，每小时处理原料气 $35000m^3$(标准状况下)，组成为 SO_2 7.5%、O_2 10.5% 及 N_2 82%。采用直径 5mm、高 10mm 的圆柱形钒催化剂共 $80m^3$。试决定反应器的直径和高度，使床层的压力降小于 4052Pa。

为简化起见，取平均操作压力为 0.1216MPa，平均操作温度为 733K。混合气体的黏度等于 $3.4\times10^{-5}Pa\cdot s$，密度按空气计算。

5. 物质 A 在一催化剂上进行分解反应，已知如下数据：$(-r'_A)=10^5[mol/(h\cdot m^3)]$，$\rho_{AG}=20(mol/m^3)$，$(-\Delta H_A)=167.4[kJ/molA(放热)]$，球形催化剂 $d_p=2.4mm$，$\alpha_p=46.52[W/(m^2\cdot K)]$。计算粒子周围外表面气膜中的温差。

6. 乙炔水合生产丙酮的反应式为 $2C_2H_2+3H_2O\longrightarrow CH_3COCH_3+CO_2+2H_2$ 在 $ZnO-Fe_2O_3$ 催化剂上乙炔水合反应的速率方程为：

$$(-r_A)=7.06\times10^7\exp[-7413/T]c_A kmol/(h\cdot m^3床层)$$

式中 c_A 为乙炔的浓度。拟在绝热固定床反应器中处理含 3% C_2H_2(摩尔)的气体 $1000m^3/h$，要求乙炔转化率 68%。若入口气体温度为 380℃，假定扩散影响可忽略，试计算所需催化剂量。反应热效应为 -178kJ/mol，气体的平均恒压热容按 $36.4J/(mol\cdot K)$ 计算。

7. 有一列管反应器，共有 900 根 $\phi27\times2.5mm$ 的列管，每根管长 $L=5.7m$。已知混合气进料量为 39.6kmol/h，反应温度 $T=523K$，反应压力 $P=9.8\times10^5Pa$，反应混合物气体的 $\rho=7.17kg/m^3$，$\mu=2.6\times10^{-5}Pa\cdot s$，$\lambda=0.0354W/(m\cdot K)$，催化剂为球形 $d=3mm$。计算其床层对壁总给热系数。

8. 在氧化铝催化剂上进行乙腈的合成反应：

$$C_2H_2 + NH_3 \longrightarrow CH_3CN + H_2,\ \Delta H_r = -92.2\text{kJ/mol}$$

设原料气的物质的量比为 $C_2H_2 : NH_3 : H_2 = 1 : 2.2 : 1$，采用三段绝热式反应器，段间间接冷却，使每段出口温度均为 550℃，而每段入口温度亦均相同，已知反应速率式可近似地表示为：

$$(-r_A) = k(1 - x_A)\text{kmol/(h·kg)},\ k = 3.08 \times 10^4 \exp(-7960/T)$$

式中乙炔的转化率 x_A。流体的平均热容为 $\overline{C}_p = 128\text{J/(mol·K)}$，如要求乙炔转化率达 92%，并且日产乙腈 10t，问需催化剂量多少？

9. 在充填 10m^3 催化剂的绝热固定床反应器中进行甲苯氢解反应以生产苯：

$$C_6H_5CH_3 + H_2 \longrightarrow C_6H_6 + CH_4$$

原料气的物质的量组成为 3.85% C_6H_6，3.18% $C_6H_5CH_3$，23% CH_4，69.97% H_2；温度为 863K，操作压力为 6.08MPa。若采用的空速为 $1000\text{m}^3/(\text{h}\cdot\text{m}^3)$ 催化剂，试计算反应器出口的气体组成。该反应的速率方程为

$$(-r_A) = 5.73 \times 10^6 \exp(-17800/T) C_A C_B^{0.5}$$

式中 C_A 和 C_B 分别为甲苯和氢的浓度，mol/L；甲苯转化速率 r_A 的单位为 $\text{kmol/(m}^3\cdot\text{s)}$。反应热效应为 -49974J/mol。为简化计，反应气体可按理想气体处理，平均定压热容为常数，等于 42.3J/(mol·K)。

10. 反应物 A 和 B 以 65.9mol/h 的流量加进一内径为 3cm 的管式反应器，器内装有颗粒催化剂进行催化反应。操作压力为 1.013×10^5Pa(绝)，物料进反应器时的温度为 427.5K。反应管浸在一油浴内，油浴温度维持和进料同一温度，反应床层与油浴间的总传热系数 u 为 $0.0116\text{W/(cm}^2\cdot\text{K)}$，A 进入反应器时的浓度为 $5 \times 10^{-7}\text{mol/cm}^3$，B 大大过量，反应混合物平均摩尔热容为 28.89J/(mol·K)。反应过程总分子数的变化可不计及，反应热效应为 $(-\Delta H_A) = 636812\text{J/mol(A)}$。其反应速率式为：

$$(-r_A) = 2.45 \times 10^4 \exp(-2958/T) C_A^{0.578}$$

试计算当 A 转化率达 80% 时的反应管催化剂床层长度以及床层内沿管子轴向的反应物转化率分布和温度分布曲线。

第七章　流态化反应过程与反应器

7.1 概　　述

流动的液体或气体通过固体颗粒层时，在适当的流速下，固体颗粒呈悬浮状运动而具有类似流体的性质，如图 7－1 所示，这种现象称为颗粒流态化。在自然界中，颗粒流态化现象非常普遍，如：强风带来的沙尘暴，河水搬运泥沙，海水搬运沙粒等。在工业流化床中，处于流化状态的颗粒群在床层中会随流体做剧烈运动，使流体与颗粒间的传热和传质效率获得显著提升。颗粒群还可从流化床中被大量移出和引入，使一些偶合过程如：反应－再生、吸热－放热、正－逆反应等得以实现。此外，在流化过程中，随着流体流速的变化，流体与颗体间空隙率也发生相应变化并引起颗粒曳力系数的改变，使流化床在很宽的流速范围内均能形成较浓密的床层。因此，流化床的操作弹性很大，具有很高的单位设备生产能力。基于上述优点，流化床作为一种重要的流固相间物理操作（如：干燥、掺混分级、吸附、包涂等）和化学操作（如：气固反应沉积、气固催化反应等）技术，在化工、石油加工、能源、环境保护、食品加工、药品生产等诸多领域得到了广泛的应用。

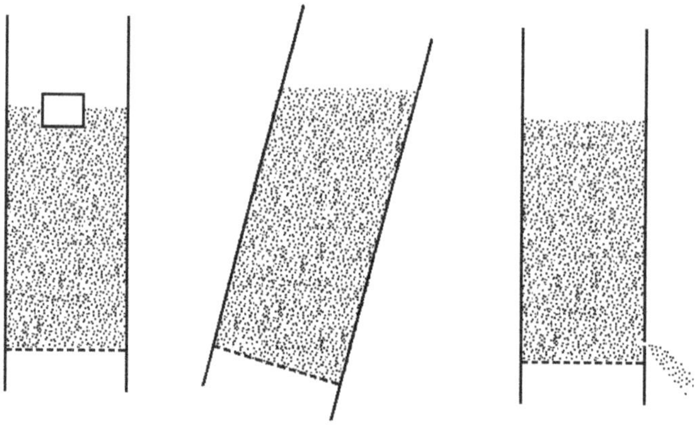

图 7－1　流态化现象

但是，在流化床反应器中，流体和固体运动十分复杂，这为流态化过程的工程放大带来了很大的难度，目前仍主要以实验放大的经验方法为主。在流态化过程中存在颗粒磨损现象，并且细颗粒容易被气流夹带流失，在用贵金属作催化剂时，需要配置很强的气－固分离装置。此外，由于流化床中的颗粒作剧烈的全混运动，使气体严重偏离活塞流，在要求气体转化率较高时，对反应影响显著。流化床反应器的上述缺点正是固定床反应器的突出优点。

本章将针对流态化过程的基本原理和特性，以及流化床反应器的基本结构和有关计算作些简要介绍。

7.2 流态化基础知识

7.2.1 流态化基本特征和流化质量

流体自下而上通过固体颗粒床层时，随着流体流速的增大，床层的状况会不断发生变化。当流体流速较小时，固体颗粒静止不动，即为前章所述的固定床；流速升高到某一数值时，床层会膨胀变松，空隙率增大，部分颗粒可以在床层空隙中游动，此时处于膨胀床状态；若流速进一步增大，流体与颗粒间的摩擦力等于固体颗粒重量时，固体颗粒即悬浮在流体中，此即流态化的开始，相对应的流体流速称为临界流化速度，用 u_{mf} 表示。流体流速大于临界流化速度后，床层空隙率进一步增大，此时床层可能会出现两种形态：一种形态是颗粒在床层中均匀分散，流体基本上是以平推流形式通过床层，这种流化形态称为散式流态化，液固流态化一般属于散式流态化；另一种形态是聚式流态化，通常属于气固相间的流化形态，气体与固体颗粒所形成的气固流化床在完全流化时会出现不均匀的分散，床层内粒子成团湍动，部分“多余的”气体则生成气泡。因此，床层中会出现两种聚集状态，一种是作为连续相的气固均匀混合态，称为乳化相；另一种是作为分散相的气体以鼓泡形式穿过床层，称为气泡相。此种情况称为聚式流态化或鼓泡流态化。流体流速再继续增大至某一数值，固体颗粒将被流体带出，相应的流速称为颗粒带出速度，用 u_t 表示。图 7－2 示出了气固流态化中的各种流型。

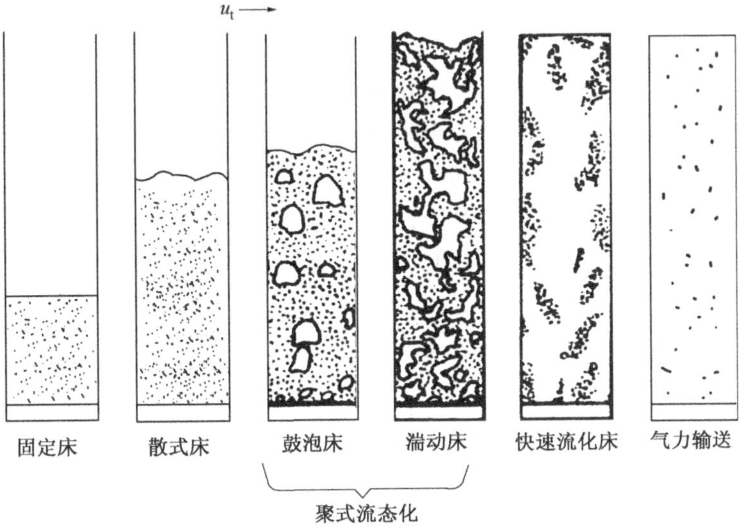

图 7－2 气固流态化中各种流型的特征示意图

当气流的空塔气速高于临界流化速度但低于颗粒带出速度时，颗粒在气流作用下悬浮于床层中，所形成的流固混合物称为浓相段。在浓相段中上升的气泡在界面上破裂，气泡内的颗粒以及受气泡夹带的乳化相中的颗粒被抛向界面上方的空间，由于界面上方的气速明显降低，难以维持颗粒的悬浮态，因此颗粒上升到一段距离后，又返回至浓相段，流化床必须留有这样一段气体与颗粒相分离的空间，这段空间称为稀相段。整个流化床就是由浓相段和稀相段组合而成的。

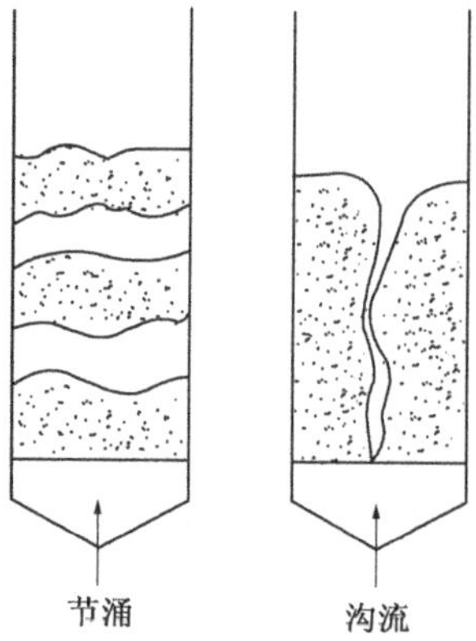

图 7－3　聚式流化床中出现节涌和沟流现象的示意图

聚式流化床中有时会出现腾涌(又称节涌)或沟流现象。腾涌是在流化床的内径较小而床高与床径比较大时，气泡在上升过程中因聚并而增大，气泡可能会占据整个床层截面，数个直径与设备相当的大气泡将床层分为若干节，气节崩裂时床层剧烈波动，使操作难以正常进行。沟流一般是由于流体分布板设计或安装过程中出现了问题，使流体通过分布板进入浓相段时没有形成气泡而是气流，如图 7－3 所示。腾涌和沟流都会导致气体与颗粒间相互作用明显减少，导致气固相间传质、传热与反应效果显著降低，属于不正常的流化现象。正常的流化现象是床层压降接近初始流化时的压降，由于气泡的原因，床层的压降会出现脉动，若脉动幅度小且频率高，表明床内连续产生了很多的小气泡，说明流化均匀性非常好。

7.2.2　流化颗粒的分类

气固流化床中颗粒粒度、颗粒表观密度对流化特性有显著的影响。根据不同的颗粒粒度及固体颗粒的密度，可将流化颗粒分为 A、B、C、D 四类。

A 类颗粒称为可充气颗粒，粒度范围 30～100μm 之间，表观密度小于 1400kg/m^3。A 类颗粒的初始鼓泡速度明显高于临界流化速度，床层到达鼓泡点前会出现明显的膨胀，因此，形成鼓泡床后，乳化相的空隙率明显超过临界流化时的空隙率。另外，A 类颗粒的乳化相中气固返混严重，气泡相与乳化相之间的气体交换较快。

B 类颗粒称为鼓泡颗粒，沙粒、硅粉等是典型的代表，粒度范围在 100～600μm 之间，表观密度在 1400～4000kg/m^3之间。B 类颗粒的初始鼓泡速度与临界流化速度相等。当气速超过临界流化速度时，床层内即出现气泡相和乳化相。乳化相的膨胀率与临界流化时的空隙率基本相等，乳化相中气固返混较小。气泡相和乳化相之间气体交换速度较低。

C 类颗粒称为黏性颗粒，平均粒度 $<$20μm，随着粒径变小，颗粒间相互黏滞力变大，颗粒之间极易聚团。因其具有较强的黏聚性，很容易产生沟流，因此，很难被流化。一般认为这类颗粒不适用于流化操作，但也有 C 类颗粒被流化成功的例子。

D 类颗粒称为喷动颗粒，平均粒度 $>$0.6mm，该类颗粒流化时易产生非常大的气泡或节涌，使操作难以稳定进行，像玉米、谷类均属这类颗粒，D 类颗粒一般适用于喷动床操作。

7.3　气固密相流化床的结构

气固流化床结构一般由床体、气体分布器、旋风分离器、换热器和床内构件组成，见图 7－4 所示。

(1) 床体

床体由浓相段、稀相段和扩大段三部分组成，流化床中浓相段以上的空域被称为稀相段。气泡从浓相段顶部逸出时，气泡内部夹带的一些细小颗粒产生弹射作用，离开浓相段进入稀相段中。一部分小颗粒受重力作用又返回到浓相段中，另一部分会被气流带入旋风分离器。

扩大段位于流化床顶部，其内径大于流化床主体部分。扩大段能显著降低气速，使稀相段内绝大部分的颗粒发生沉降返回浓相段中，有助于降低稀相段内颗粒的浓度，减少稀相段内副反应的发生。

(2) 气体分布器

气体分布器在床层底部用于支撑流化颗粒，流化气体在通过气体分布器时能比较均匀地分布到整个床层截面当中，其结构对流化床内的流动、传热和传质有较大影响。

(3) 旋风分离器

旋风分离器用于分离流化床出口气流中的颗粒，可被设置在流化床内部，也可被设置在外部，多个旋风分离器串联使用能增强分离效果。旋风分离器分离出来的细小颗粒通过一根连接其底部的管路返回床层中，这根管路被称为料腿，料腿的末端一般直接伸入到床层中，末端通常配置翼阀之类的反窜气装置，以降低料腿内向上倒窜气流的流速。

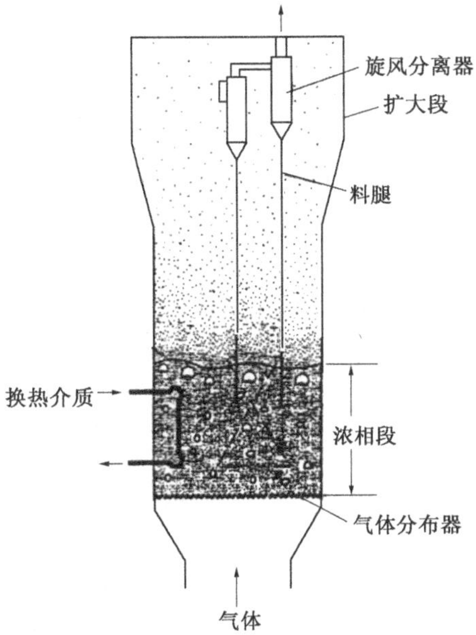

图 7-4　气固流化床结构及主要组成部分

(4) 内构件

内构件一般包括水平挡板、斜向挡板、换热管束等一些构件。内构件的作用是：限制和破碎气泡、强化气-固相接触、减少返混以提高反应过程的转化率。对于 B 类和 D 类颗粒系统，内构件功效较明显，对于细颗粒床层一般作用较小。流化床的换热系统以管式居多，可以是直管、蛇形管等，在床层内整齐排列。换热介质一般根据床内温度的不同选用不同的流体换热介质。

7.4　流化床工艺计算

7.4.1　床层压降

流过固定床的流体压降会随着流体流速的增加而增大。流体压降与流速之间的关系可近似看成是线性关系，用经典的 Ergun 公式表达如下：

$$\frac{\Delta p}{H}=150\underbrace{\frac{(1-\varepsilon_B)^2}{\varepsilon_B^3}\frac{\mu u}{d_s^2}}_{\text{黏度损失}}+1.75\underbrace{\frac{(1-\varepsilon_B)}{\varepsilon_B^3}\frac{\rho_f u^2}{d_s}}_{\text{动能损失}} \tag{7-1}$$

式中，H 为床层高度，m；Δp 为床层上下两端压降，Pa；ε_B 为床层空隙率；μ 为流体黏度，kg/(m · s)；u 为流体表观速度，m/s；d_s 为固体颗粒比表面当量直径，m；ρ_f 为流体密度，kg/m^3。

当流体流速增大到临界流化速度后，压降与流速之间不再遵循 Ergun 公式，而是压降到达某一最大值 Δp_{max}后，略有降低，然后趋近于一个固定值，即流化床层的静压 Δp。如果忽略流态化颗粒与床壁之间的摩擦力，根据静力分析，床层压降 Δp 与床层截面积 A_c 的乘积应全部转化为流体对颗粒的曳力 F_d，即：

$$\Delta p \cdot A_c = F_d = W_b = H_{mf} \cdot A_c[(1-\varepsilon_{mf})\rho_p g+\varepsilon_{mf}\rho_f g]$$

式中，H_{mf}为流化床床层高度，m；ε_{mf}为流化床床层空隙率；ρ_p 为颗粒密度，kg/m³。

对上式简化，可得临界流化条件是：

$$\Delta p=\frac{W_b}{A_c}=H_{mf}[(1-\varepsilon_{mf})\rho_p+\varepsilon_{mf}\rho_f]g \tag{7-2}$$

当流体流速从临界流化速度继续增大至颗粒带出速度后，由于大量颗粒被流体带出，使流化床的床层压降 Δp 迅速降至零。床层压降与气流表观流速之间的关系变化如图 7－5 所示。对于已经处于完全流化状态的床层，当逐渐降低流体流速时，压降沿下行线变化，这是由于流速减少到临界流化速度后，床层仍处于疏松填充状态，因此与密实填充的初始床层相比，其压降略有些偏低。

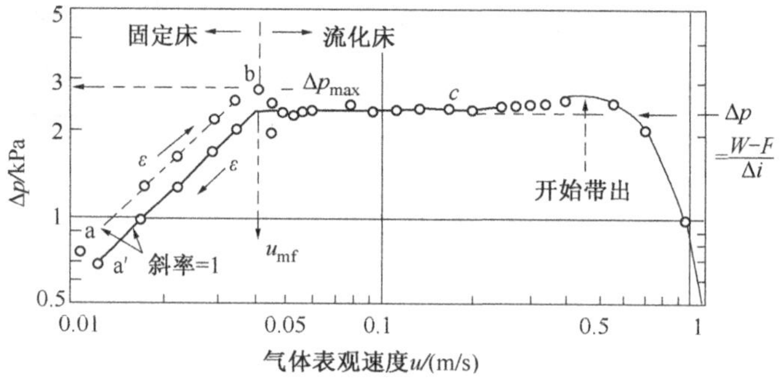

图 7－5　流化床床层压降与气体表观流速之间的关系

7.4.2　临界流化速度与带出速度

（1）临界流化速度 u_{mf}

临界流化速度是一个分界点，低于此速度时的床层是固定床，高于此速度时床层达到完全流化。因此，在临界流化这一点描述流速与压降关系，即可用固定床压降公式(7－1)，也可用完全流化态下的压降公式(7－2)。将此二式联立求解，可得到临界流化速度 u_{mf}的表达式：

$$\frac{1.75}{\varphi\varepsilon_{mf}^3}Re_p^2+\frac{150(1-\varepsilon_{mf})}{\varphi^2\varepsilon_{mf}^3}Re_p=\frac{d_p^3\rho_f(\rho_p-\rho_f)g}{\mu^2} \tag{7-3}$$

式中，$Re_p=\frac{d_p u_{mf}\rho_f}{\mu}$；$\varphi$ 为形状系数(可参阅表 6－1)；$d_p=1/\sum(x_i/d_{pi})$；x_i 是指直径为 d_{pi}的颗粒占全部颗粒的质量分数。对雷诺数较低的小颗粒情况，Ergun 公式中黏度损失项占主导，动能损失项可以忽略；对雷诺数较高的大颗粒情况，仅需考虑动能损失项。因此，可以推导出在特别高和特别低的雷诺数情况下临界流化速度的简化方程：

$$Re_p=\frac{1}{150}\left(\frac{\varphi^2\varepsilon_{mf}^3}{1-\varepsilon_{mf}}\right)\frac{d_p^3\rho_f(\rho_p-\rho_f)g}{\mu^2}\quad Re_p<20 \tag{7-4}$$

$$Re_p^2=\frac{\varphi\varepsilon_{mf}^3}{1.75}\frac{d_p^3\rho_f(\rho_p-\rho_f)g}{\mu^2}\quad Re_p>1000 \tag{7-5}$$

（2）带出速度 u_t

流体速度大于固体颗粒的沉降速度时，颗粒即被带出床层。因此，带出速度在数值上等于颗粒在流体中的沉降速度。固体颗粒在流体中沉降时受到三个力的作用，即重力、浮力以及流体和颗粒之间作相对运动所产生的摩擦力。颗粒在匀速沉降时三个力达到平衡，故：

$$\frac{\pi}{6}d_p^3\rho_p g = C_D\frac{\pi}{4}d_p^2\frac{u^2\rho_f}{2} + \frac{\pi}{6}d_p^3\rho_f g \tag{7-6}$$

上式可整理成：

$$C_D Re_p^2 = \frac{4}{3}Ar \tag{7-7}$$

式中：

$$Ar = \frac{d_p^3\rho_f g(\rho_p - \rho_f)}{\mu^2}\text{（阿基米德数）}$$

式中，C_D 为曳力系数，当$Re_p < 2$ 时，$C_D = \frac{24}{Re}$；当 $2 < Re_p < 500$ 时，$C_D = \frac{10}{Re^{0.5}}$；当$500 < Re_p$ 时，$C_D = 0.43$。以上逸出速度 u_t 的计算是针对单颗粒的，在流化床中由于颗粒之间相互影响和制约，逸出速度的计算值还需要加以校正，校正值 $u_t' = Fu_t$。当 $Re < 10$ 时，$F \approx 1$；当 $Re > 10$ 时，$Re - F$ 关系如图 7－6 所示。流态化气速操作范围一般用带出速度与最小流化速度之间的比值来表示，对于细颗粒，当$Re_p < 0.4$ 时，u_t/u_{mf}可达 90 倍；但对于粗颗粒，当 $Re_p > 1000$ 时，u_t/u_{mf}仅为 9 倍。通常将流化床最佳操作气速 u_{opt}与最小流化气速 u_{mf}之间的比值称为流化数。

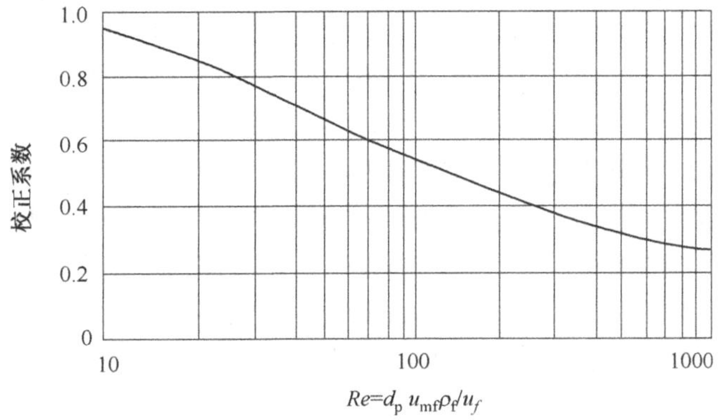

图 7－6　逸出速度校正系数与雷诺数之间的关系曲线（$Re > 10$）

【例 7－1】　某流化床反应器所用催化剂平均粒径 $d_p = 4\times10^{-4}$m，密度 $\rho_s = 1690\text{kg/m}^3$，$\varepsilon_{mf} = 0.551$，反应气体密度 $\rho_g = 1.412\text{kg/m}^3$，黏度 $\mu = 1.368\times10^{-5}\text{Pa}\cdot\text{s}$，颗粒形状系数可取 $\varphi = 0.5$，试计算临界流化速度与带出速度。

【解】对于小直径颗粒，根据式（7－4）可得：

$$u_{mf} = \frac{1}{150}\left(\frac{\varphi^2\varepsilon_{mf}^3}{1-\varepsilon_{mf}}\right)\frac{d_p^2(\rho_p - \rho_f)g}{\mu}$$

此式适用于$Re_p < 20$。将题给数据代入式中计算出：

$$u_{mf} = \frac{(0.5\times4\times10^{-4})^2\times0.551^3\times1690\times9.81}{150\times(1-0.551)\times1.368\times10^{-5}} = 0.12\text{m/s}$$

核算Re_p：

$$Re_p = \frac{d_p u_{mf}\rho_g}{\mu} = \frac{4\times10^{-4}\times0.12\times1.412}{1.368\times10^{-5}} = 4.954 < 20$$

根据临界流化速度下的Re_p 值，可以判断带出速度下属于过渡型，$C_D = \frac{10}{Re^{0.5}}$，

先求出 $Ar=\frac{d_p^3\rho_f g(\rho_p-\rho_f)}{\mu^2}=\frac{(4\times10^{-4})^3\times1.412\times9.81\times1690}{(1.368\times10^{-5})^2}=10952$

将 Ar 值代入式(7－7)可得：

$$Re_p=129>10$$

因此可计算出 $u_t=3.125\mathrm{m/s}$

根据 $Re-F$ 关系图估出 $F\approx0.53$

计算出修正的带出速度 $u_t'=1.66\mathrm{m/s}$

7.5 流化床中的传热

气固流化床具有良好的气固接触、均匀的温度分布以及极大的相接触表面等特点，适用于各种具有很强热效应的工艺过程，在能源、化工、冶金(如：焙烧、煤燃烧、催化裂化)等重要领域都有广泛的应用。弄清气固流化床的传热规律是流化反应器设计、反应条件的选择、反应进程控制的关键。

鼓泡流化床的传热包括四个方面：①从床层到内浸表面的传热；②气体与颗粒之间传热；③颗粒内部传热；④颗粒间的传热。由于存在强烈的颗粒返混，一般来讲，床内颗粒的温度是均匀的，而且由于颗粒尺寸较小，颗粒内的温度也是比较均匀的。气体与颗粒之间的传热一般出现在流化床内气体分布板上方1～2cm范围内。因此，流化床内主要的传热是在床层与内浸表面之间。在流化床中，床层与内浸表面之间的传热过程包括颗粒对流传热、气体对流传热和辐射传热。辐射传热只有当温度高于600℃时才变得非常重要。在一般情况下，由于流化床中颗粒浓度很高，颗粒的热容又远比气体的热容高得多，因此，床层与传热表面之间的传热是以颗粒对流传热为主。只有当气体流速很高、颗粒浓度很低时气体对流传热才变得比较重要。影响床层与传热表面间的传热系数的主要因素有流化床操作条件、流动特性和颗粒性质等。

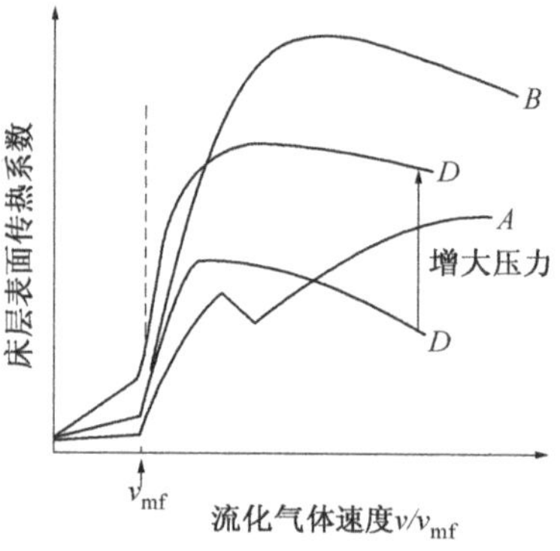

图7－7　气体速度与床层表面传热系数之间的关系

1. 操作气速的影响

操作气速对传热的影响见图7－7。如B类颗粒，当流化床开始产生气泡时，传热系数显著升高，因为气泡的产生提高了床内气体与颗粒之间的混合，加快了床层中的颗粒与传热表面颗粒之间的交换速率以及颗粒在传热面上的更新速率。但当气速增大到一定程度后，床层密度越来越小，使传热系数开始降低。

2. 操作温度的影响

床层与传热表面之间的传热系数会随床内温度的升高而增大。在高温时，该传热系数因辐射传热速率的提高而显著增大。当温度不太高时，由于气体导热系数会随温度升高而增大，使颗粒传热系数也随之增加，但气体对流传热系数则由于气体密度随温度升高而降低而呈下降趋势。因此，对于颗粒对流传热占主导地位的小颗粒、高浓度的流化床，传热系数会随温度升高而增大得十分明显。而对于大颗粒、浓度较稀的流化床，因不能忽略气体对流传热的影响，传热系数的增长趋势并不明显。

3. 操作压力的影响

提高流化床层中气体的压力能提高对流传热系数。压力的变化直接影响到气体的密度，当气体密度增大时，气体的对流传热也会随之增大，因此，在气体对流传热不可忽略的情况下，压力对传热有较大影响。此外，操作压力的提高有利于气膜热阻的减小，进而起到提高传热系数的作用。

4. 颗粒特性的影响

颗粒尺寸对流化床中床层与传热表面之间的传热有显著的影响。由于颗粒与壁面的传热主要是通过点接触及其间的气体传热，减小颗粒尺寸将增加接触点并加大颗粒对壁面气体的传热面，所以传热系数会随之增加。

从总体上看，床层与传热表面之间的传热很大程度上是由鼓泡床内气体、颗粒的流动特性所决定的。由于气泡分布的不均匀性以及气泡不断的聚合和破碎使得床内传热也具有区域性变化。例如：床层与床壁面之间的传热系数要比床中心浸润面之间的传热系数低一些，这是由于在床壁面上颗粒停留时间较长，而床中心气泡尾涡能促进传热效率的提升。另外，流化床的尺寸、床壁的结构和传热表面的尺寸及排列结构都对床层中气泡和颗粒的运动有很大影响，进而影响到流化床中的传热过程。大量实验结果表明，流化床中床层与传热表面之间的传热系数通常为 300 ~ 600W/(m^2·K)。

在工程计算中，推荐使用以下关联式计算壁面与床层之间的传热系数：

(1) 床层与外壁之间的传热

流化床外壁设置夹套时，可用下面的关联式计算：

$$\psi = \frac{Nu/[(1-\varepsilon)c_{pp}\rho_p/c_{pg}\rho_g]}{1+7.5\exp[-0.44(L_b/D)(c_{pg}/c_{pp})]} \tag{7-8}$$

ψ 是无因次量，通过大量实验数据已归纳出 ψ 与 Re 之间的关系见图 7-8，图中 $Re = d_p u_g \rho_g/\mu_g$，无因次量可从图中查出，无因次量关联式中的 ε 为实际流化速度下的床层空隙率，L_b 与 D 分别为换热面高度与床层直径，$Nu = h_w d_p/k_g$。

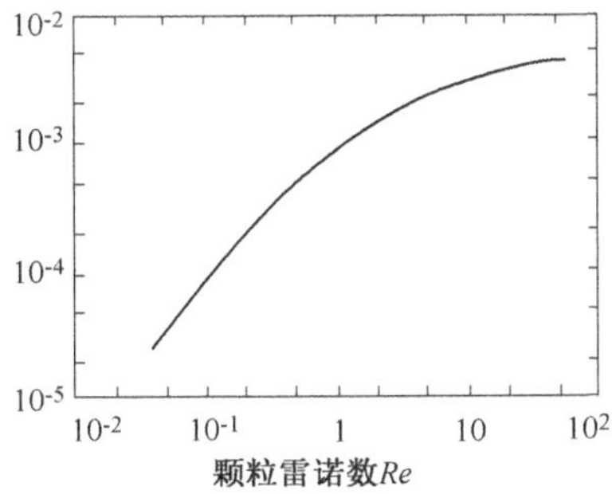

图 7-8 器壁给热系数关联图

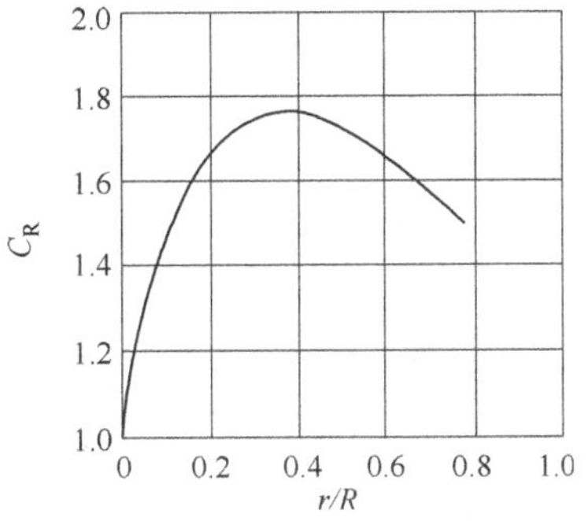

图 7-9 C_R 与 r/R 之间的关系图

(2) 浸没于床层中的垂直管

床层与浸没于其中的直立管之间的给热用下式计算：

$$Nu = 0.01844 C_R (1-\varepsilon) Re^{0.23} \left(\frac{c_{pg}\rho_g}{k_g}\right)^{0.43} \left(\frac{c_{pp}}{c_{pg}}\right)^{0.8} \left(\frac{\rho_p}{\rho_g}\right)^{0.66} \tag{7-9}$$

式(7-9)的适用范围为 $Re = 10^{-2} \sim 10^2$。

式中，$c_{pg}\rho_g/k_g$ 的单位为 s/cm^2，C_R 是换热管在床层中处于非中心位置时的校正系数，其值可从图 7-9 中查出。图中横坐标为无因次半径，是换热管距中心轴的距离 r 与床半径 R 之比。

【例 7－2】 内径为 1.0m 的流化床反应器，外壁与内换热管的冷却面高度均为 1.5m，内换热管为直立式，距壁 0.25m，求各传热面的给热系数。已知数据为：$c_{pp}=0.89\text{J}/(\text{g}\cdot\text{K})$，气速 $u_0=23.7\times10^{-2}\text{m/s}$，床层空隙率 $\varepsilon=0.599$，$c_{pg}=1.82\text{J}/(\text{g}\cdot\text{K})$，$\lambda=0.033\text{W}/(\text{m}\cdot\text{K})$。其余见例 7－1。

【解】先计算 Re

$$Re=\frac{0.04\times23.7\times1.41\times10^{-3}}{1.368\times10^{-4}}=9.78$$

从图 7－4 中查出 $\psi=3\times10^{-3}$，将数据带入式(7－8)，算出：

$$Nu=h_w d_p/k_g=2.08$$

$$h_w=171.6\text{W}/(\text{m}^2\cdot\text{K})$$

直立管给热系数，由于 $r/R=0.5$，从图 7－9 查出 $C_R=1.73$。由式(7－9)算出：

$$Nu=h_w d_p/k_g=3.61$$

$$h_w=260.7\text{W}/(\text{m}^2\cdot\text{K})$$

7.6 鼓泡流态化

当流化气速超过最小鼓泡气速时，一部分“多余的”气体以鼓泡的形式通过床层形成鼓泡流化床。在鼓泡床中，气泡在分布板上方位置形成并开始上升，在上升过程中，由于气泡间聚并以及压力变化等原因会不断变大，并加快上升速度。气泡的存在，会导致部分反应气体经气泡短路通过床层，对化学反应是不利的。但是，气泡在上升运动过程中对床层产生了强烈的搅动作用，提高了气体与颗粒间的接触效率，使床层具有良好的传递特性，这些传递特性包括：颗粒混合、气体混合、颗粒扬析、传质、传热等。因此，气泡的行为对鼓泡流化床反应器的性能起着决定性的作用。

7.6.1 气泡相

在鼓泡床反应器中，反应集中在浓相段内进行，浓相段内存在着颗粒浓度不同的两种聚集状态，即含有极少颗粒的气泡相和包含绝大多数颗粒的乳化相，气泡相分散于乳化相中。在乳化相内，气流速度基本等于临界流化速度 u_{mf}，气泡则以较快的速度穿过乳化相上升，气泡在上升过程中会带动周围流动颗粒的下降，气泡与周围流动颗粒的流动状况如图 7－10 所示。

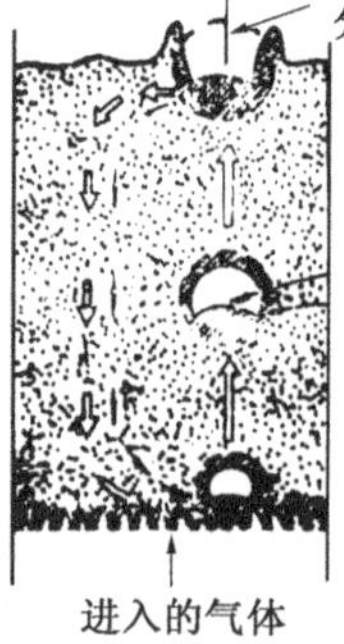

图 7－10 鼓泡床流况示意图

(1) 单个气泡的行为

在鼓泡床中，单个气泡一般呈球形或椭球形，底部内凹。单个气泡的行为可分两个方面描述：①气泡底部的尾涡。气泡上升时，其底部压力较周围乳化相低，因此，气泡的底部会形成很小的涡流区，该涡流区在气泡上升过程中能吸入周围乳化相中的粒子随其上升，同时也向周围的乳化相中排出粒子，这个涡流区被称为气泡的尾涡。由于尾涡能不停地吐出和吸纳周围的粒子，因此能促进床层中不同位置间粒子的循环与混合。尾涡是流化床内颗粒循环运动的主要动力源。②气泡周边的气泡晕。当气泡上升速度大于乳化相内气流速度时，部分流过气泡的气体会在气泡的顶部折返，围绕气泡周边的乳化相形成环流，使气泡与周边的乳化相之间形成一个晕层包围着气泡，这个晕层称为气泡晕，含有晕层的气泡是有晕气泡或快气泡。A 类和绝大部分 B 类颗粒床层中的气泡都是有晕气泡。D 类颗粒床层中的气泡多为无晕气泡或慢气泡。对有晕气泡而言，气泡上升的速度越快，其晕层就越薄。应注意的是，在气泡内晕层和尾涡中的气流路线与乳化相中的气流路线是不同的，图 7 – 11 示出了气泡的照片以及气泡与周边的流体流动状态。

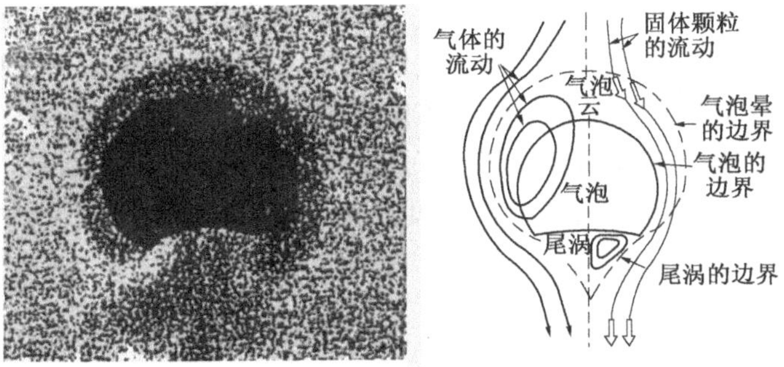

图 7 – 11　流化床中的单个气泡及其晕层（左图）以及气泡与周边流体流动状态（右图）

（2）气泡间的相互作用

在多气泡系统中，由于气泡在上升过程中会使周围流场发生变化，进而引起气泡之间发生相互作用，时而聚并成大气泡，时而破碎成小气泡，气泡的形状也会因其他气泡的接近而发生改变。气泡在聚并时，一般是落在后面的气泡追上前面的气泡进行垂直方向的聚并，原因是上面气泡的尾涡区对下面的气泡有吸引作用，一般不出现水平方向的气泡直接聚并。气泡分裂破碎的过程始于气泡顶部边缘处的一个缺口，由于颗粒与气泡之间相对运动过程中会产生一些扰动，从而在气泡顶部引起这样的缺口，缺口会随着扰动的加剧而加深，并最终深入到气泡的底部导致气泡破碎。在多气泡系统中，气泡破碎与聚并之间的动态平衡决定了气泡的平均尺寸和最大稳定气泡尺寸，最大稳定气泡尺寸与床层对气泡的扰动增长率密切相关，当围绕气泡周围的乳化相介质的运动黏度减小时，扰动增长率随之变大，进而使最大稳定气泡尺寸减小。

（3）相关计算

单个气泡在流化床中上升的速度可由下式表示：

$$u_{br} = 0.711(gd_b)^{1/2} \tag{7-10}$$

式中，d_b 为气泡的直径。在床层中，气泡常是成群上升的，气泡群的平均上升速度可用下式计算：

$$\bar{u}_b = u - u_{mf} + 0.711(g\bar{d}_b)^{1/2} \tag{7-11}$$

式中，u 为表观气体流速；$\bar{d}_b$ 为气泡平均直径。

气泡与周围气泡晕之间气体的环流量用 q 表示：

$$q = 3u_{mf}\pi R_b^2 \tag{7-12}$$

7.6.2　乳化相

在气泡群上升的过程中，固体颗粒被气泡晕与尾涡夹带而上升，在气泡之间的空隙处颗粒则向下沉降，这就造成了颗粒在乳化相中有规律地循环运动。这种循环运动相当剧烈，所

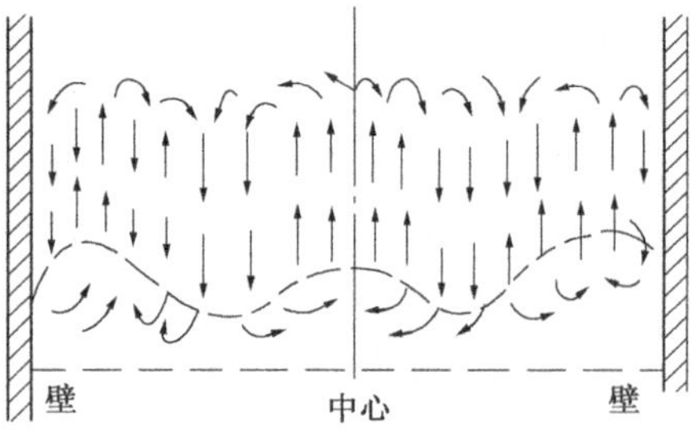

图 7-12　粒子在床层中的循环

以粒子在床层中常常能达到均匀的混合。除了这种定向的循环运动之外，粒子还同时进行杂乱无章的随机运动；一般情况下，此种随机运动对于流化状态并不重要。图 7-12 是颗粒在较大直径床层中作循环运动时的示意图。

在讨论气泡行为时，曾认为乳化相中气体向上的流速等于临界流化速度 u_{mf}。对于处理气泡相的问题，这是一个合理的简化，因为乳化相中气体流量与床中气体总流量之比是很小的。然而乳化相中气体的实际流动情况却远非如此简单。在固体颗粒向下运动的区域，由于粒子的夹带会使气体向上的流速降低，有时甚至变成向下流动，因此乳化相中气体运动的速度与方向也是随处而异的。当操作气速变大时，回流气量也相应增大，流化数 $u/u_{mf}>6\sim11$ 时回流气量将超过上流气量，此种情况下乳化相中气体流动的表现方向或净结果是向下的。对气泡相中与乳化相中流体与粒子运动状态所进行的研究，是流化床反应器模型化的依据。

7.6.3　气泡相与乳化相间的传质

在鼓泡流化床反应器中，气固相反应过程离不开固体颗粒的参与，而绝大部分颗粒存在于乳化相中，反应气体则主要是以气泡的形式通过床层，因此反应气体从气泡相向乳化相中传递以及反应产物从乳化相向气泡相传递过程对气固相反应的进行具有十分重要的意义。气泡相与乳化相之间存在着气泡晕与尾涡这样的中介区间，二者在传递过程中所起的作用基本相同，可以作为一体按气泡晕来考虑。

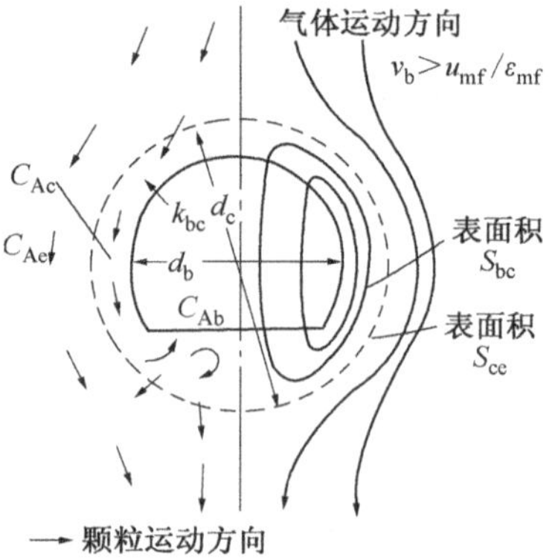

图 7-13　气泡与乳化相间的传质

图 7-13 为相间气体交换的示意图。反应组分从气泡经气泡晕及乳化相是一个串联过程，若 C_{Ab}、C_{Ac} 与 C_{Ae} 分别为气泡、气泡晕及乳化相中组分 A 的浓度，气泡在时间间隔 dt 内在床层中上升了 dl 距离，则组分 A 的传递速率可表示为：

$$-\frac{1}{V_b}\frac{dN_{Ab}}{dt}=-u_b\frac{dC_{Ab}}{dt}=(K_{bc})_b(C_{Ab}-C_{Ac})=(K_{ce})_b(C_{Ac}-C_{Ae})=(K_{be})_b(C_{Ab}-C_{Ae}) \tag{7-13}$$

式中，$(K_{be})_b$ 是总交换系数，$(K_{bc})_b$ 为气泡与气泡晕之间的交换系数，$(K_{ce})_b$ 为气泡晕与乳化相之间的交换系数。此处气体交换速率所表示的是单位时间、以单位气泡体积为基准所传递的组分 A 的摩尔数。由式(7-13)可导出三个交换系数之间的关系：

$$\frac{1}{(K_{be})_b}=\frac{1}{(K_{bc})_b}+\frac{1}{(K_{ce})_b} \tag{7-14}$$

气泡与气泡晕之间组分 A 的交换有两个途径，其一是气体的穿流，其二是气泡与气泡晕界面上的分子扩散。对于单个气泡，若穿流气体量为 q，扩散传质系数与传质表面积分别记作 k_{bc} 与 S_{bc}，根据物料衡算可知：

$$-\frac{dN_{Ab}}{dt} = (q + k_{bc}S_{bc})(C_{Ab} - C_{Ac}) \tag{7-15}$$

扩散传质系数与气体的扩散系数 D 有关，可按下式计算：

$$k_{bc} = 0.975D^{1/2}(g/d_b)^{1/4} \tag{7-16}$$

将式(7－12)与式(7－16)代入式(7－15)，有：

$$-\frac{dN_{Ab}}{dt} = \left[\frac{3}{4}\pi u_{mf}d_b^2 + 0.975D^{1/2} \times (g/d_b)^{1/4}S_{bc}\right](C_{Ab} - C_{Ac}) \tag{7-17}$$

7.6.4 流化床反应器的两相模型

近年来对流化床反应器的数学模型做了大量研究工作。虽然已经确认床层中存在气泡、气泡晕、乳化相这三个具有重要意义的区域，其中乳化相还有上流与下流两种不同情况，但由于不同用途的反应器不仅结构尺寸相差甚远，其操作工况也千差万别，每一区域在反应过程中所起作用的大小及各区域之间的相互作用也相差甚远，因此，寻找普遍适用的数学模型的努力似乎难以成功。对不同体系分别开发适用的设计模型也许是当前最有希望的解决办法。

最简单的流化床数学模型是两相模型，本节对两相模型中的一种情况作一简单介绍，其目的在于使读者能对建立流化床数学模型的基本方法有所了解。

两相模型如图 7－14 所示，假设床层由气泡相 B 与乳化相 E 两相组成，并作如下简化：

(1) 以 u_0 气速进入床层的气体中，一部分以临界流化速度 u_{mf} 在乳相中通过，其余部分则以气泡形式通过。

(2) 床层在完全流化时的体积等于其中气泡所占体积与床层在临界流化速度下体积之和。

(3) 气泡相中不含固体颗粒，因为不存在化学反应；反应在全部乳化相中进行。

(4) 乳化相以平推流方式自下而上地通过床层。

(5) 乳化相可以是从平推流到全混流之间的任何流动形式。

(6) 气泡相与乳化相之间气体的交换量 Q 为穿流量 q 与扩散量 $k_{be}S_{be}$ 之和。

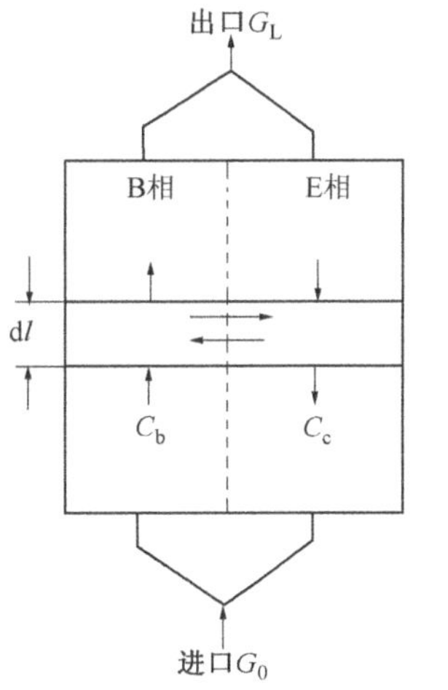

图 7－14 流化床两相模型示意图

根据上述假定，对于一级不可逆反应，当乳化相为全混流时可以按如下方法导出流化床反应器的数学模型。

在床层中选取微元管段 dl，对某一气泡进行物料衡算：

$$(q + k_{be}S_{be})(C_{Ae} - C_{Ab}) = V_b\frac{dN_{Ab}}{dt} = u_bV_b\frac{dC_{Ab}}{dl} \tag{7-18}$$

式(7－18)边界条件为 $l = 0$，$C_{Ab} = C_{A0}$，在 0 到 l 之间积分上式：

$$C_{Ab} = C_{Ae} + (C_{A0} - C_{Ae})e^{-QL_f/u_bV_b} \tag{7-19}$$

令 $z = QL_f/u_bV_b$，则：

$$C_{Ab,L_f} = C_{Ae} + (C_{A0} - C_{Ae})e^{-z} \tag{7-20}$$

式(7－20)即为气泡达到床层顶部时反应物 A 的浓度表示式。设单位体积床层中有 N 个气泡，每个气泡体积为 V_b，则气泡在床层中所占体积分率应为 NV_b。在全床对组分 A 做物料衡算：

$$u_0 C_{A0} - (u_0 - u_{mf}) C_{Ab,L} - u_{mf} C_{Ae,L} = k_e L_f (1 - NV_b) C_{Ae,L} \tag{7-21}$$

令 $\gamma = 1 - u_{mf}/u_0$，$\Lambda = (k_e L_f/u_0)(1 - NV_b)$，则式(7－21)可改写成：

$$C_{A0} - \gamma C_{Ab,L} - (1-\gamma) C_{Ae,L} = \Lambda C_{Ae,L} \tag{7-22}$$

由式(7－21)与式(7－22)解出 $C_{Ab,L}$及 $C_{Ae,L}$：

$$C_{Ae,L} = \frac{C_{A0}(1 - \gamma e^{-z})}{1 + \Lambda - \gamma e^{-z}} \tag{7-23}$$

$$C_{Ae,L} = \frac{C_{A0}(1 - \gamma e^{-z} + \Lambda e^{-z})}{1 + \Lambda - \gamma e^{-z}} \tag{7-24}$$

若床层出口处组分 A 平均浓度记作 C_{AL}，根据假定 1 有：

$$u_0 C_{AL} = (u_0 - u_{mf}) C_{Ab,L} + u_{mf} C_{Ae,L} \tag{7-25}$$

将式(7－23)与式(7－24)代入式(7－25)，化简：

$$\frac{C_{AL}}{C_{A0}} = \frac{1 - \gamma e^{-z} + \gamma \Lambda e^{-z}}{1 + \Lambda - \gamma e^{-z}} \tag{7-26}$$

据此可以计算一定床高时反应的转化率。对式(7－26)中的参数 Λ 与 z，可作如下考虑：

根据假定 2 可知：

$$L_{mf} = L_f (1 - NV_b) \tag{7-27}$$

将式(7－27)代入 Λ 定义式：

$$\Lambda = k_e L_{mf}/u_0 \tag{7-28}$$

催化反应中，常按单位质量催化剂来定义反应速度，即 $-r_A = -\dfrac{1}{W}\dfrac{dN_A}{dt} = k_r p_A$，其中 W 为催化剂质量，p_A 为反应物 A 的分压。将 k_e 换成 k_r，式(7－28)可改写为：

$$\Lambda = k_r p W/F \tag{7-29}$$

式中，p 为床中总压，F 为进料总摩尔流量。

根据式(7－12)与式(7－16)可知：

$$Q = q + K_{be} S_{be} = \frac{3}{4}\pi u_{mf} d_b^2 + \frac{0.975 D^{1/2} g^{1/4} S_{be}}{d_b^{1/4}} \tag{7-30}$$

所以参数 z 可表示为：

$$z = \frac{L_f}{u_b V_b}\left(\frac{3}{4}\pi u_{mf} d_b^2 + \frac{0.975 D^{1/2} g^{1/4} S_{be}}{d_b^{1/4}}\right) \tag{7-31}$$

又根据假定 1 有：

$$u_0 - u_{mf} = NV_b u_b \tag{7-32}$$

根据式(7－27)有：

$$L_f/u_b = L_{mf}/u_b(1 - NV_b) = L_{mf}/[u_b - (u_0 - u_{mf})] \tag{7-33}$$

将式(7－11)代入式(7－33)，得：

$$L_f/u_b = L_{mf}/0.711(g d_b)^{1/2} \tag{7-34}$$

气泡若按球形计算，$S_{be} = \pi d_b^2$，$V_b = \pi d_b^3/6$，式(7－32)可写成：

$$z = \frac{6.34 L_{mf}}{d_b (g d_b)^{1/2}}\left(u_{mf} + \frac{1.3 D^{1/2} g^{1/4}}{d_b^{1/4}}\right) \tag{7-35}$$

【例 7－3】 在自由流化床中进行合成醋酸乙烯的反应

$$C_2H_2 + CH_3COOH \longrightarrow CH_3COOCH = CH_2$$

反应维持在 180℃等温操作。已知此反应对乙炔是一级反应，$k_r = 6.21 \times 10^{-4}$ mol/(gcat · h · atm)，床层平均压力 1.435atm，催化剂堆积密度 $\rho_b = 0.790$ g/cm^3，催化剂装填量 48.88m^3，静床高 $L_0 = 6.20$m，以静床高为基准计算的气体空速 $\tau = 118$h^{-1}，乙炔扩散系数 $D = 0.1235$cm^2/s，床层膨胀率 $R = L_f/L_0 = 1.165$，其余数据同【例 7－1】与【例 7－2】。求乙炔的转化率(已知工业数据为 12%)。

【解】由【例 7－1】知 $u_{mf} = 10.02$cm/s

流化床高 $L_f = RL_0 = 1.165 \times 6.20 = 7.22$m

由于 $L_0(1 - \varepsilon_0) = L_{mf}(1 - \varepsilon_{mf})$

$$\varepsilon_0 = 1 - \frac{\rho_b}{\rho_p}$$

所以临界流化床高为：

$$L_{mf} = \frac{L_0(1 - \varepsilon_0)}{1 - \varepsilon_{mf}} = \frac{6.20 \times 0.47}{1 - 0.551} = 6.49\text{m}$$

$$\gamma = 1 - u_{mf}/u_0 = 1 - \frac{10.02}{23.5} = 0.574$$

$$\Lambda = k_r PW/F = \frac{6.21 \times 10^{-4} \times 1.435 \times 48.88 \times 0.790 \times 10^6 \times 22.4}{118 \times 48.88 \times 10^3} = 0.1336$$

将式(7－11)代入式(7－35)可得到 d_b 表达式：

$$d_b = \frac{1}{g}\left(\frac{L_{mf}}{L_f - L_{mf}} \times \frac{u_0 - u_{mf}}{0.711}\right)^2$$

将有关数据代入，求出 d_b：

$$d_b = \frac{1}{980}\left(\frac{6.49}{7.22 - 6.49} \times \frac{23.5 - 11.87}{0.711}\right)^2 = 21.6\text{cm}$$

因此，Z 值很大时，$e^{-z} \approx 0$，所以式(7－27)可写成：

$$C_{AL}/C_{A0} = 1/(1 + \Lambda)$$

乙炔转化率为：

$$x = 1 - C_{AL}/C_{A0} = 1 - \frac{1}{1 + 0.1336} = 0.118$$

7.7 湍动流态化

在鼓泡流化床中，提高气速会使气泡破碎的速率超过气泡聚并的速率，使床内气泡变得更多更小，当气速提高到一定程度时，便进入到湍动流态化阶段。在湍动床中，气泡与乳相之间的边界变得非常模糊，因此，湍动床中的气泡往往被称为气穴，气穴比气泡包含有更多的颗粒，而湍动床乳相比鼓泡床的乳相含有更多的隙间气体。另外，湍动床中的气穴不像鼓泡床中的气泡那样有明显的上升轨迹，而是在快速聚并和破碎过程中无规律地上升。同时，因气穴比气泡小使其上升速度明显减慢，增加了床层的膨胀率。这些都使湍动流化床中的气固接触更加充分、气体短路明显减少。因而，湍动床一般被认为是比鼓泡床更好的气固相接触反应器。湍动流态化是位于气固密相流态化和稀相流态化中间的流型，目前工业流化床反应器一般都操作在鼓泡流态化和湍动流态化区域，因此，本节对湍动流态化的流型判别及其操作特性做些简要介绍。

在鼓泡流态化阶段，气速的增大会使气泡的运动越来越剧烈。这一点可从流化床中压力波动幅度随气速升高而增加得到体现。但如果继续升高气速，压力波动的幅度在达到一极大值后，会随气速的升高而减小。这一变化规律就对应着从鼓泡流态化向湍动流态化的转变，如图 7－15 所示。目前人们也是根据压力脉动幅度随气速的变化关系图对湍动流态化进行判别，如图 7－16 所示，当脉动幅度达到极大值时的气速（u_c）被认为是从鼓泡流态化向湍动流态化过渡的起始转变速度，而脉动幅度开始呈基本稳定状态（不随气速变化）时的气速（u_k）则被认为是湍动流态化操作的上限气速，当气速达到 u_k 时，床中已基本到达稀相流化状态，床中的连续相也从固相变为气相。

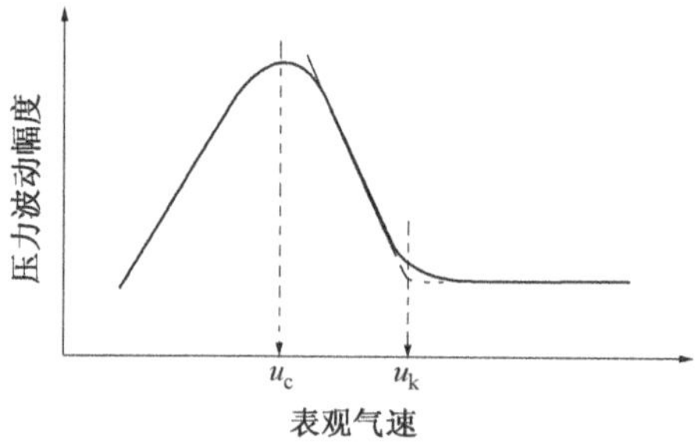

图 7－15　流化床内不同气速条件下的压力波动信号

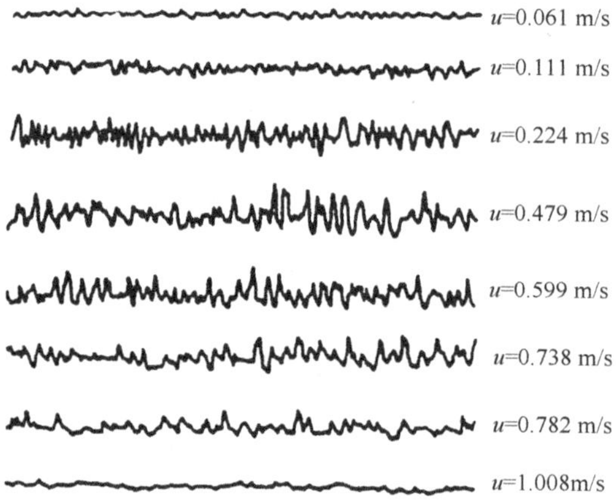

图 7－16　气固密相流化床中压力脉动幅度与气速的典型关系图

从床层结构和流动行为上看，湍动流态化在以下六个方面与鼓泡流态化存在明显的差别：

（1）气穴尺寸更小，边界更模糊，运动更剧烈，性状更不规则，分裂和聚并速率更快；

（2）宏观上看湍动床中压力的波动幅度小于鼓泡床，使湍动床的操作变得更加平稳；

（3）湍动床内稀相段中含有更多的颗粒，因此稀相段中所进行的反应不能被忽略掉；

（4）由于湍动床的稀相段含有非常多的颗粒，使得湍动床的界面变得非常模糊不清；

（5）湍动床内气固相间交换系数明显高于鼓泡床，床内传热、传质效率也明显提高；

（6）湍动床内轴向也存在气体和颗粒的返混，一般颗粒返混程度大于鼓泡床，但气体返混程度小于鼓泡床。

现今，工业流化床反应器已从 20 世纪 50、60 年代以鼓泡流化床为主过渡到以湍动流化床为主的阶段。这正是利用了湍动流化床传热、传质效率高，气固接触良好及气体短路极少的优点，而这些优点从本质上看是气穴不断破碎和聚并的结果。并且湍动流态化仍保持着鼓泡流态化至关重要的优点，即床内温度均匀、处理大量颗粒较为方便等。

习　题

1. 某合成反应的催化剂，其粒度分布如下：

$d_p/\times10^6$m	40	31.5	25.0	16.0	10.0	5.0
质量分数	5.80	27.05	27.95	30.07	6.49	3.84

已知粒子性状系数 $\phi_S=0.75$，$\varepsilon_{mf}=0.55$，$\rho_p=1.30g/cm^3$，在 120℃及 1 个大气压下，气体密度 $\rho=1.453\times10^{-3}g/cm^3$，$\mu=1.368\times10^{-5}Pa\cdot s$，求临界流化速度。

2. 在一直径为 3m，内部装有垂直冷却管的流化床中，气体以 $u_0=0.70m/s$ 的空床气速通过，如床层平均空隙率为 0.68，粒子与气体物性如下：

$d_p=0.12mm$，$\rho_p=2.0g/cm^3$，$C_{ps}=1.2J/(g\cdot K)$，$\rho_g=5\times10^{-4}g/cm^3$，$\lambda=0.0360W/(m\cdot K)$，$C_{pg}=1.0J/(g\cdot K)$，$\mu=2\times10^{-5}Pa/s$。

如器壁与内换热管的冷却面高度均为 1.2m，求床层向器壁及向位于床层中心和位于离中心 2/3 半径位置处的各传热面的给热系数。

第八章　气液反应过程与反应器

8.1 概　　述

气液反应过程是指气相中的反应组分溶解进入液相中才能进行的反应过程。反应组分中可能一个在气相，另一个在液相，也可能两个都在气相，但液相中含有催化剂。气液反应过程在工业中的应用已十分广泛，其主要用于以下两个方面：①生产有机或无机化工产品，如表 8-1 所示；②脱除气体中的有害组分或从尾气中回收有用组分。如合成氨工业用于脱除原料气中硫化氢、二氧化硫等，生产硫酸过程中脱除尾气中排放的二氧化硫气体等。近二、三十年来，其应用已扩展到生物化工、纳米工程和环境保护等诸多领域，在现代工业中起着非常重要的作用。

表 8-1　化学工业中的气液反应过程举例

应用范围	产　　品	原　　料
石油化工	乙醛	乙烯、氧气
	醋酸	乙醛、氧气
	乙苯	乙烯、苯
	二氯乙苯	乙烯、氯(或氯化氢加空气)
	异丙苯	丙烯、苯
	对苯二甲酸	对二甲苯、空气
无机化工	碳酸氢钠	碳酸钠水溶液、二氧化碳
	硝酸铵	氨气、硝酸
	硫代硫酸钠	硫酸钠、硫化钠水溶液、CO_2

本章就气液反应过程的特点及常用的气液反应器做简要介绍。

8.1.1　气液反应历程

对于一个气液反应：A(气相)+B(液相)——→产物，要实现该反应过程需经历如下几步：

① A 组分由气相扩散至气液相界面处；

② A 组分从气液相界面扩散至液相中；

③ A、B 两组分在液相中反应，不断被消耗；

④ B 组分在液相中扩散；

⑤ 产物在液相中扩散；

⑥ 产物从气液相界面扩散至气相中。

如果产物不挥发则无第⑥步。气液反应历程中仅第③步为反应过程，第①、②、④、⑤、⑥步均为传质过程。因此，从宏观上看气液反应历程可分解成传质和反应两类过程，传质与反应之间存在相互影响和制约的关系，二者矛盾统一的速率即为宏观反应速率，通常情况下既非反应本征速率，也非传质本征速率，该宏观反应速率还受流体流动与混合、传热等诸多因素的影响和制约而发生变化，因此具有很宽的可调性。

8.1.2 气液相间传质

关于气液两相间的物质传递机理，应用最广泛的是早期提出的“双膜理论”，如图 8－1所示，其基本论点如下：

① 在气液界面两侧分别存在着气液两相层流膜层即 δ_G 和 δ_L，气相组分以分子扩散的方式连续通过这两个膜层，膜层的厚度随流体流速而变，流速越大厚度越薄。尽管两层传质薄膜很薄，仍是传质过程的主要阻力所在；

② 在相界面处气液两相互成平衡，界面上不存在传质阻力；

③ 在膜层以外的主体相内，由于充分的湍动，溶质的浓度基本上是均匀的，不存在浓度梯度变化。

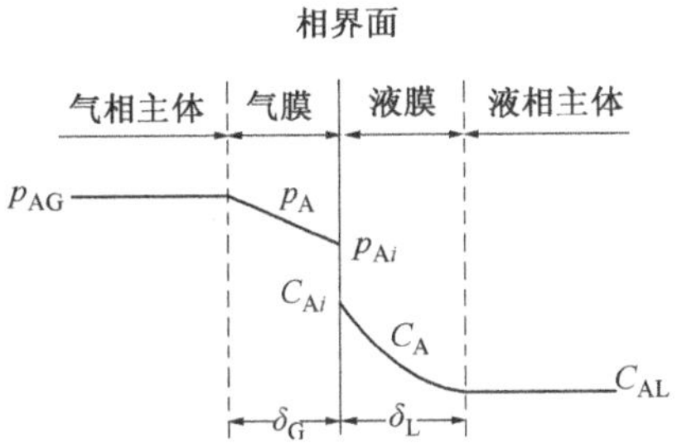

图 8－1 双膜模型示意图

根据双膜理论，在气液界面处，A 组分达到平衡状态，即：

$$p_{Ai}=H_A C_{Ai} \qquad (8-1)$$

式中，H_A 为相平衡常数。

根据费克定律，气相中 A 组分由气相主体向气液界面扩散的速率为：

$$-\frac{dN_{AG}}{dt}=\frac{D_{AG}}{\delta_G}(p_{AG}-p_{Ai})S$$

令

$$k_{AG}=\frac{D_{AG}}{\delta_G}$$

则

$$-\frac{dN_{AG}}{dt}=k_{AG}(p_{AG}-p_{Ai})S \qquad (8-2)$$

式中，$-\frac{dN_{AG}}{dt}$为单位时间内气相主体向气液界面传递 A 组分量，mol/s；D_{AG}为气相中 A 组分的扩散系数，mol/(m · Pa · s)；δ_G 为气膜厚度，m；S 为气液接触面积，m^2；k_{AG}为气相中 A 组分的传质系数，mol/(m^2 · Pa · s)；

相对应的，A 组分由气液界面向液相主体扩散时的速率方程为：

$$-\frac{dN_{AL}}{dt}=\frac{D_{AL}}{\delta_L}(C_{Ai}-C_{AL})S=k_{AL}(C_{Ai}-C_{AL})S \qquad (8-3)$$

过程在定常态下操作时：

$$-\frac{dN_A}{dt}=-\frac{dN_{AG}}{dt}=-\frac{dN_{AL}}{dt} \qquad (8-4)$$

将式(8－1)、式(8－2)、式(8－3)三式代入式(8－4)中，整理可得：

$$-\frac{dN_A}{dt}=K_{AG}(p_{AG}-H_A C_{AL})S \qquad (8-5)$$

$$K_{AG}=\frac{1}{\dfrac{1}{k_{AG}}+\dfrac{H_A}{k_{AL}}} \qquad (8-6)$$

式中，K_{AG}为气相总传质系数。

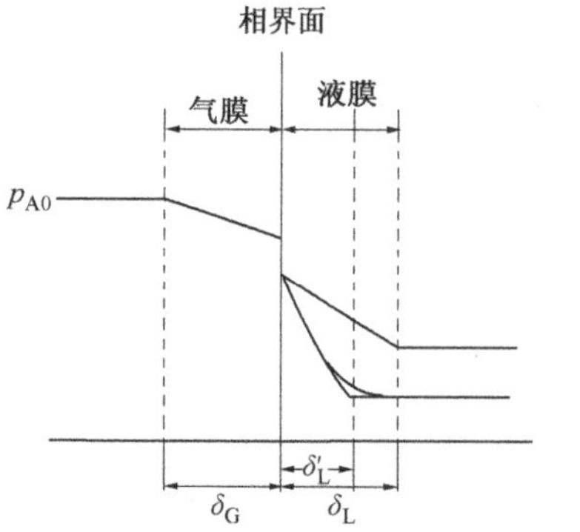

图 8 - 2　化学反应使液膜传质阻力降低

以上是纯物理吸收过程，当液膜中反应物 A 存在化学反应时，液膜传质阻力降低，较纯物理吸收过程的液膜厚度变薄，如图 8 - 2 所示，则：

$$k'_{AL}=\frac{D_{AL}}{\delta'_L}=\frac{D_{AL}}{\delta_L}\cdot\frac{\delta_L}{\delta'_L}=k_{AL}\frac{\delta_L}{\delta'_L}$$

令 $\beta=\frac{\delta_L}{\delta'_L}$，$\beta$ 称为化学增强因子。

因此，$k'_{AL}=k_{AL}\beta$　　(8 - 7)

由此可知，在气液反应过程中，气相总传质系数 K_G 应为：

$$K_G=\frac{1}{\frac{1}{k_{AG}}+\frac{H_A}{\beta k_{AL}}}\tag{8-8}$$

气液反应过程与普通物理吸收过程相比较，二者计算方式相近，仅差一个化学增强因子。

双膜理论概念简单清楚，对气液反应过程便于数学计算。继双膜理论后还提出了溶质渗透模型、表面更新模型和湍流传质模型等，这些气液传质模型的建立为气液传质过程分析、设备强化和新型高效设备的研发起到了关键性的理论指导作用。

8.2　气液反应动力学

8.2.1　气液反应过程基础方程

设气相组分 A 与液相组分 B(不挥发组分)进行化学反应，其反应式为：

$$m\text{A(气)}+n\text{B(液)}\longrightarrow\text{产物}$$

其动力学方程可依据液相均相反应过程表达：

$$-r_A=kC_A^mC_B^n$$

为了确定在液膜内组分 A 与 B 的浓度分布及反应速率，可在液膜内离相界面 l 处取一厚度为 dl，与传质方向垂直的面积为 S 的体积作为体积元，对该体积元作 A 组分的物料衡算：

在单位时间内：

由扩散进入体积元的 A 量为：$-D_{AL}S\frac{\mathrm{d}C_A}{\mathrm{d}l}$

由扩散离开体积元的 A 量为：$-D_{AL}S\frac{\mathrm{d}}{\mathrm{d}l}\left(C_A+\frac{\mathrm{d}C_A}{\mathrm{d}l}\mathrm{d}l\right)$

在体积元内反应消耗的 A 量为：$(-r_A)S\mathrm{d}l$

体积元内积累的 A 量为：0

因此可得：

$$D_{AL}\frac{\mathrm{d}^2C_A}{\mathrm{d}l^2}=(-r_A)\tag{8-9}$$

同理，对该体积元内 B 组分进行物料衡算，可得：

$$D_{BL}\frac{d^2 C_B}{dl^2} = (-r_B) \tag{8-10}$$

上述二阶微分方程有两个边值条件，第一个边值条件为：

当 $l=0$ 时，$C_A = C_{Ai} = \frac{p_{Ai}}{H_A}$，$\frac{dC_B}{dl}=0$

第二个边值条件将视不同情况有不同的值，若化学反应都在液相本体中进行，宏观反应速率受化学反应速率控制；若化学反应都不在液相本体中进行，宏观反应速率受传质速率控制；若化学反应一部分在液膜内进行，剩余部分在液相本体中进行，宏观反应速率受反应和传质速率的共同控制。大致可出现六种不同情况，下面就这六种不同情况分三组进行讨论。

8.2.2 极慢反应与慢反应

极慢反应是指由于液相反应速率极慢，气相中 A 组分通过液膜的扩散传质过程几乎达到平衡状态。气膜与气相主体以及液膜与液相主体间的浓度差几乎完全消失，各组分在液相中分布均匀，各有一定的浓度，化学反应成了整个过程的控制步骤，如图 8-3 所示。宏观反应速率完全受化学反应速率控制。

过程速率为：

$$-\frac{dN_A}{dt} = (-r_A)V \tag{8-11}$$

式中，V 为液相反应体积。

慢反应是指液相中的化学反应速率等于气相中 A 组分全部通过液膜扩散的传质速率。由于反应很慢，液膜很薄，A 组分在液膜中的传质速率远远大于液膜内反应消耗速率，因此 A 组分几乎全部通过液膜，在液相主体中进行反应，液膜内的反应可忽略不计。气相 A 组分在气膜和液膜内存在明显的浓度梯度变化，如图 8-4 所示。宏观反应速率仍受化学反应速率制约，传质速率对宏观反应速率的影响很小。

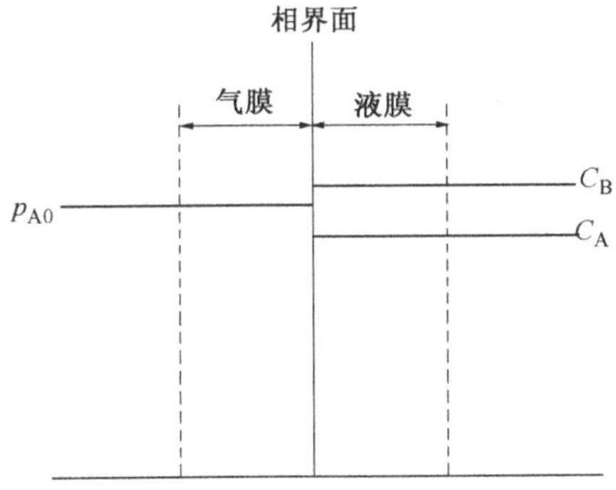

图 8-3　极慢反应（反应在液相主体内进行）

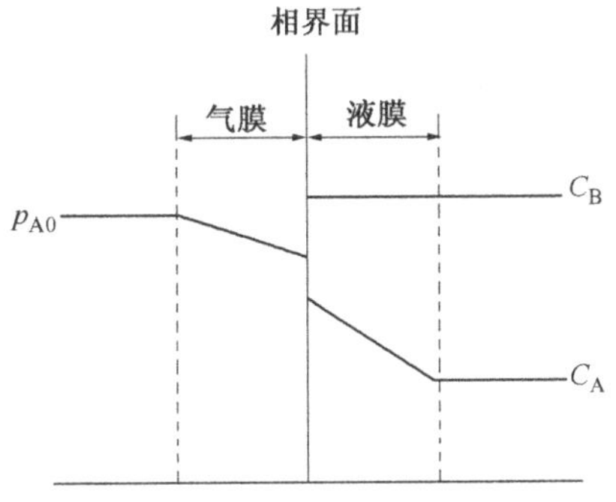

图 8-4　慢反应（反应基本在液相主体内进行，液膜内仅发生 A 组分的扩散过程）

此时基础方程为：

$$D_{AL}\frac{d^2 C_A}{dl^2} = (-r_A) = 0$$

$$D_{BL}\frac{d^2 C_B}{dl^2} = (-r_B) = 0$$

当 $l=0$ 时，$C_A=C_{Ai}=\dfrac{p_{Ai}}{H_A}$，$\dfrac{dC_B}{dl}=0$

当 $l=\delta_L$ 时，$C_A=C_{AL}$，$C_B=C_{BL}$

解方程可得：
$$\frac{d^2C_A}{dl^2}=0$$
$$\frac{dC_A}{dl}=M$$
$$C_A=M\delta_L+N$$

用边值条件代入可得：$N=C_{Ai}$，$M=\dfrac{C_{AL}-C_{Ai}}{\delta_L}$，由此可见，A 组分在液膜区内随 l 呈线性变化关系。

由于在液膜区内任意两截面间 A 组分的通量都近似相等，因此存在下列关系：
$$-D_{AL}\left(\frac{dC_A}{dl}\right)_l=k_{AL}(C_{Ai}-C_{AL})$$

得出：
$$k_{AL}=\frac{D_{AL}}{\delta_L}$$

由于液膜区内化学反应可被忽略，即液膜区内为物理吸收规律，因此：

化学增强因子：
$$\beta=\frac{\delta_L}{\delta_L'}=1$$

宏观反应速率：
$$-\frac{dN_A}{dt}=\frac{1}{\dfrac{1}{k_{AG}}+\dfrac{H_A}{k_{AL}}}(p_{AG}-H_AC_{AL})S=(-r_A)V \tag{8-12}$$

极慢反应与慢反应的共同点是：对气相 A 组分的吸收都属于纯物理吸收，反应都集中在液相主体区内，宏观反应速率都明显受控于化学反应速率的制约。二者的不同点在于极慢反应过程中的传质过程几乎达到平衡状态，而在慢反应过程中气相 A 组分在气膜和液膜中存在明显的浓度梯度变化。

8.2.3 中速反应

中速反应是指由于液相反应速率较快，气相 A 组分经液膜扩散时，有一部分 A 组分与液膜中的 B 组分反应消耗掉了，剩余的 A 组分穿过液膜进入到液相主体中反应。在中速反应过程中，由于液相反应速率已经超过 A 组分在液膜内的扩散传质速率，因此，反应区由液相主体扩展到液膜内，液膜内的反应消耗掉一部分 A 组分，使 A 组分在液膜内的浓度梯度变化大于纯物理传质过程，从表观上看，降低了液膜传质阻力，使液膜厚度较纯物理液膜变薄，因此化学增强因子 $\beta>1$，如图 8－5 所示。

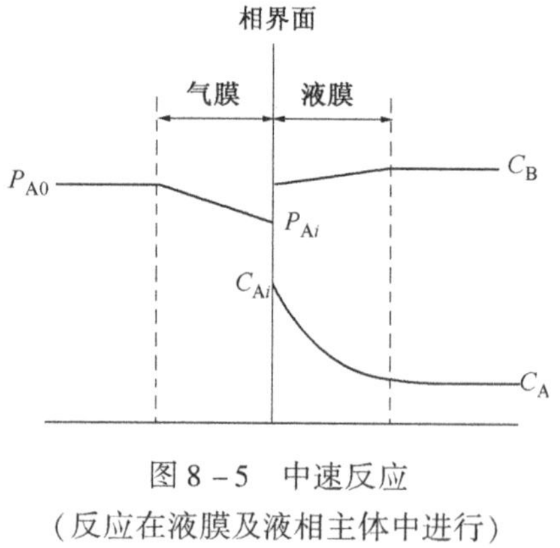

图 8－5　中速反应
（反应在液膜及液相主体中进行）

此时基础方程为：
$$D_{AL}\frac{d^2C_A}{dl^2}=(-r_A)$$

边值条件是：当 $l=0$ 时，$C_A=C_{Ai}$

当 $l=\delta_L$ 时，$C_A=C_{AL}$

若 A 组分与 B 组分的反应为一级反应，即 $-r_A=kC_A$，中速反应的基础方程有解析解：

$$D_{AL}\frac{d^2C_A}{dl^2}=-r_A=kC_A$$

令 $z=\frac{l}{\delta_L}$，则上式变为：$\frac{d^2C_A}{dz^2}=\left(\frac{k\delta_L^2}{D_{AL}}\right)C_A$

令
$$\gamma=\sqrt{\frac{k\delta_L^2}{D_{AL}}}=\frac{\sqrt{kD_{AL}}}{k_{AL}} \tag{8-13}$$

γ 称为膜内转换系数，也称八田准数。

则基础方程被转化为：
$$\frac{d^2C_A}{dz^2}=\gamma^2C_A$$

方程通解为：
$$C_A=M_1\exp(\gamma z)+M_2\exp(-\gamma z)$$

积分常数 M_1 和 M_2 可由边值条件代入求得：

$$M_1=\frac{C_{AL}-C_{Ai}\exp(-\gamma)}{2[\sinh(\gamma)]}$$

$$M_2=-\frac{C_{AL}-C_{Ai}\exp(\gamma)}{2\sinh(\gamma)}$$

因此：
$$C_A=\frac{C_{Ai}\sinh[\gamma(1-z)]+C_{AL}\sinh(\gamma z)}{\sinh(\gamma)}$$

宏观反应速率为：
$$-\frac{dN_A}{dt}=-D_{AL}S\left(\frac{dC_A}{dl}\right)_{l=0}=k_{AL}S(C_{Ai}-C_{AL})\frac{\gamma}{\tanh(\gamma)}\frac{C_{Ai}-\frac{C_{AL}}{\cosh(\gamma)}}{C_{Ai}-C_{AL}}$$

由此得出：
$$\beta=\frac{\gamma}{\tanh(\gamma)}\frac{C_{Ai}-\frac{C_{AL}}{\cosh(\gamma)}}{C_{Ai}-C_{AL}} \tag{8-14}$$

8.2.4 快反应和瞬时反应

快反应是指由于液相反应速率很快，气相 A 组分经液膜扩散时，液膜内的全部 A 组分在扩散传质过程中很快都与液膜内的 B 组分反应消耗掉了。因此，液相主体区内没有 A 组分存在，液相主体区也无化学反应发生。在液膜反应过程中，液相 B 组分需要从液相主体向液膜内扩散传质，液相中 B 组分浓度的高低决定了液膜内反应区的厚薄，如图 8-6 所示。

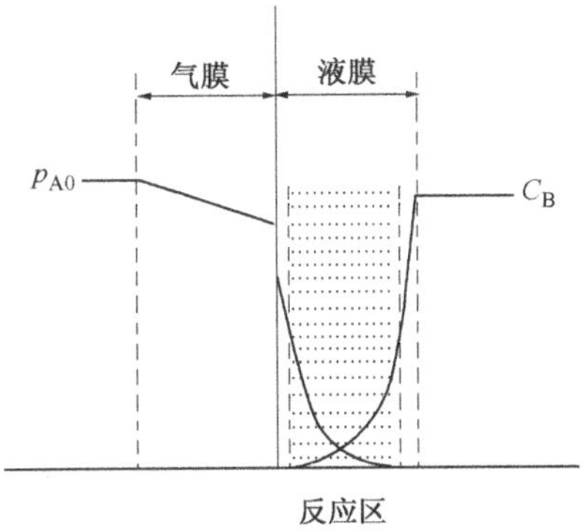

图 8-6　快反应（反应区在液膜内）

此时基础方程的边值条件为：

当 $l=0$ 时，$z=0$，$C_A=C_{Ai}$；

当 $l=\delta_L$ 时，$z=1$，$C_A=0$；

将边值条件代入中速反应过程计算式，可得：

$$\beta=\frac{\gamma}{\tanh(\gamma)} \tag{8-15}$$

瞬时反应是指气相 A 组分与液相 B 组分反应进行得

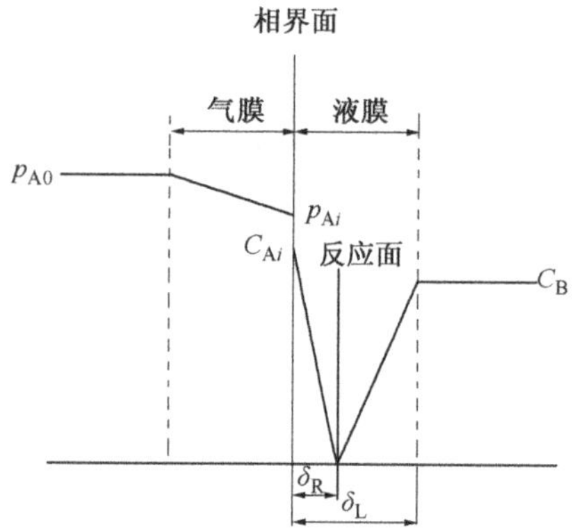

图 8-7　瞬时反应(反应面在液膜内)

极快，以至于二者在液相中不能共存。在瞬时反应过程中，反应速率和传质速率相比，反应速率无限大，可在瞬间完成。因此，在液膜中的同一位置上 A、B 两组分不能并存。二者在液膜区存在一反应面，在反应面处 A、B 两组分浓度在瞬间降为零。显然，若液相中 B 组分浓度很高，反应面就会向气液界面移动，极端情况下反应面将移至气液相界面处。这时，宏观反应速率只取决于气膜内 A 的扩散速率。因此，瞬时反应会存在两种情况：第一种情况反应面在液膜内，如图 8-7 所示。

在 $0<l<\delta_R$ 液膜区内，液膜中仅有气相 A 组分，因此在该区内基础方程为：

$$D_{AL}\frac{d^2C_A}{dl^2}=0$$

则：

$$\frac{dC_A}{dl}=M$$

$$C_A=Ml+N$$

边值条件为：当 $l=0$ 时，$C_A=C_{Ai}$

当 $l=\delta_R$ 时，$C_A=0$

可得：

$$N=C_{Ai},\ M=\frac{dC_A}{dl}=-\frac{C_{Ai}}{\delta_R}$$

在 $\delta_R<l<\delta_L$ 的液膜区内，液膜中仅有液相 B 组分，因此在该区内基础方程为：

$$D_{BL}\frac{d^2C_B}{dl^2}=0$$

则：

$$\frac{dC_B}{dl}=M'$$

$$C_B=M'l+N'$$

边值条件为：当 $l=\delta_R$ 时，$C_B=0$

当 $l=\delta_L$ 时，$C_B=C_{BL}$

可得：

$$N'=\frac{C_{BL}\delta_R}{\delta_R-\delta_L},\ M'=\frac{dC_B}{dl}=\frac{C_{BL}}{\delta_L-\delta_R}$$

由于：

$$(-r_B)=\frac{\alpha_B}{\alpha_A}(-r_A)$$

且二者反应速率都与传质速率相等，故有：

$$-D_{AL}\frac{dC_A}{dl}=-\frac{\alpha_A}{\alpha_B}\cdot D_{BL}\frac{dC_B}{dl}$$

则：

$$\frac{C_{Ai}}{\delta_R}=\frac{\alpha_A}{\alpha_B}\frac{C_{BL}}{\delta_L-\delta_R}\frac{D_{BL}}{D_{AL}}$$

$$\frac{\delta_L}{\delta_R}-1=\beta-1=\left(\frac{\alpha_A}{\alpha_B}\right)\left(\frac{D_{BL}}{D_{AL}}\right)\frac{C_{BL}}{C_{Ai}}$$

因此：

$$\beta=\left(\frac{\alpha_A}{\alpha_B}\right)\left(\frac{D_{BL}}{D_{AL}}\right)\frac{C_{BL}}{C_{Ai}}+1 \tag{8-16}$$

第二种情况出现在液相中 B 组分浓度比 A 组分浓度高出很多，使反应面移至与气液相界面完全重合，如图 8－8 所示。此时 B 组分的最低浓度称为在该气相 A 组分分压值条件下的临界浓度（C_{BL}^{0}），当 B 组分浓度高于该临界浓度时，即：

$$\frac{D_{BL}}{\delta_{L}}(C_{BL}^{0}-0)=\frac{\alpha_{B}}{\alpha_{A}}k_{AG}(p_{AG}-0)\Rightarrow C_{BL}^{0}=\left(\frac{\alpha_{B}}{\alpha_{A}}\right)\left(\frac{k_{AG}}{k_{AL}}\right)\left(\frac{D_{AL}}{D_{BL}}\right)p_{AG} \quad (8-17)$$

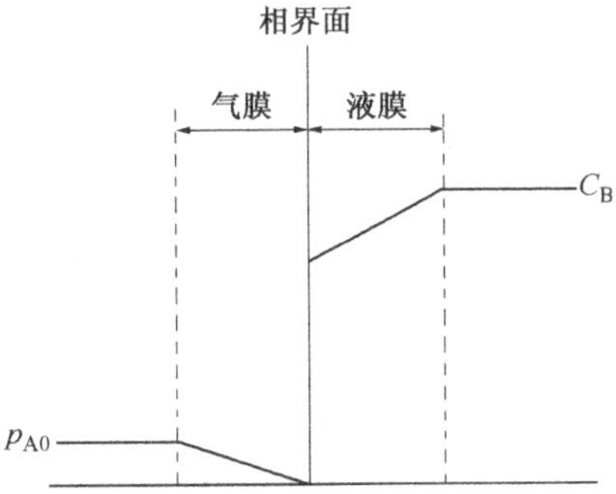

图 8－8　瞬时反应
（反应面在气液相界面处）

若 C_{BL} 大于（C_{BL}^{0}），液相中就不再有 A 组分存在了，反应面在气液界面处 $p_{Ai}=0$，$\beta\to$ 。在此情况下，气膜传质速率成为决定宏观反应速率的控制因素，此时 $\beta\to$ 且 $p_{Ai}=0$：宏观反应速率方程为：

$$-\frac{dN_{A}}{dt}=k_{AG}\cdot S\cdot p_{AG} \quad (8-18)$$

快反应与瞬时反应的共同点是：反应都集中在液膜内进行，宏观反应速率都明显受控于传质速率。二者的不同点在于：快反应中气、液两组分在液膜反应区内一边反应一边扩散，而在瞬时反应中气、液两组分不能共存，仅在反应面上发生反应。

8.2.5　气液反应过程的重要参数

从总体上看，气液反应可分为三类，即：慢反应（包括极慢反应），特征是反应仅在液相主体中进行；中速反应，特征是反应在整个液相中进行；快反应（包括瞬时反应），特征是反应仅在液膜内进行。

影响宏观反应速率（$-R_{A}$）的重要参数是：化学增强因子 β 和膜内转换系数 γ。

（1）化学增强因子 β

当液膜内存在化学反应，使液膜厚度（δ_{L}'）较纯物理过程的液膜厚度（δ_{L}）变薄，二者之间的比值 $\left(\frac{\delta_{L}}{\delta_{L}'}\right)$ 称为化学增强因子 β，其实质是液膜内表观反应速率与物理传质速率之比，取值范围是 $\beta\geqslant1$。

宏观反应速率与化学增强因子之间的关系为：

$$(-R_{A})=-\frac{dN_{A}}{dt}=K_{G}(p_{AG}-H_{A}C_{AL})S$$

$$K_{G}=\frac{1}{\frac{1}{k_{AG}}+\frac{H_{A}}{\beta k_{AL}}}$$

可见，随着 β 增大，宏观反应速率（$-R_{A}$）是增大的。

对于极慢反应，由于传质过程接近平衡态，故宏观反应速率只能按均相反应计算，即：

$$-R_{A}=(-r_{A})V$$

对于慢反应：由于液膜中不存在化学反应，故 $\beta=1$。

对于中速反应：$\beta=\frac{\gamma}{\tanh(\gamma)}\cdot\frac{C_{Ai}-\frac{C_{AL}}{\cosh(\gamma)}}{C_{Ai}-C_{AL}}$

对于快反应：$\beta = \dfrac{\gamma}{\tanh(\gamma)}$

对于瞬时反应：若 $C_{BL} < C_{BL}^0$，$\beta = \left(\dfrac{\alpha_A}{\alpha_B}\right)\left(\dfrac{D_{BL}}{D_{AL}}\right)\dfrac{C_{BL}}{C_{Ai}} + 1$

若 $C_{BL} \geqslant C_{BL}^0$，$\beta \rightarrow$ ，$-R_A = k_{AG} \cdot S \cdot p_{AG}$

可见，当液膜内的反应速率不能忽略时，化学增强因子将是膜内转换系数 γ 的函数。在计算气液反应速率时，应先确定气液反应类型，这将给反应器选型和计算带来方便，借助膜内转换系数可直接判别气液反应类型。

（2）膜内转换系数(八田准数) γ

对于一级反应：$\gamma = \dfrac{\sqrt{kD_{AL}}}{k_{AL}}$

定义式：$\gamma^2 = \dfrac{kD_{AL}}{k_{AL}^2} = \dfrac{k\delta_L SC_{Ai}}{k_{AL}S(C_{Ai}-0)} = \dfrac{\text{液膜内最大反应消耗 A 量}}{\text{液膜内最大传质量}}$

因此，八田准数反映的是液膜内最大反应速率与最大传质速率的比例，根据八田准数可判断气液反应的类型。

若 $\gamma > 2$，表示液膜中进行瞬时反应或快反应，此时 $\beta \approx \gamma$；

若 $\gamma < 0.02$，表示反应全部在液相主体中进行，属慢反应或极慢反应，此时 $\beta = 1$；

若 $0.02 < \gamma < 2$，属中速反应。

【例 8－1】 在一气液反应装置中，进行乙烯生产乙醛的反应，反应式为 $C_2H_4 + \frac{1}{2}O_2 \longrightarrow CH_3CHO$

副反应甚微，可忽略不计。经测定在低钯浓度的催化剂中反应速率式为：

$$-\frac{d[C_2H_4]}{dt} = \frac{Kk'[PdCl_4^{2-}][C_2H_4]}{[Cl^-]^2[H^+]} = k[C_2H_4]$$

乙烯的消耗速度可认为是其自身的一级反应，试确定它的反应速度属哪一类？

已知：反应温度 $T = 398K$，操作压力 $P = 4atm$，$[PdCl_4^{2-}] = 2.54 \times 10^{-3} mol/L$，$[Cl^-] = 0.808 mol/L$，$pH = 1.0$，液相中乙烯的传质系数 $k_{LE} = 0.164 cm/s$，扩散系数 $D_{LE} = 6.16 \times 10^{-5} cm^2/s$，$\ln k' = 28.31 - 10960/T$，$\ln K = -1.72 + 1287/T$。

【解】根据已知数据计算出 $k' = 2.16$，$K = 4.54$。则：

$$k = \frac{Kk'[PdCl_4^{2-}]}{[Cl^-]^2[H^+]} = \frac{2.16 \times 4.54 \times 2.54 \times 10^{-3}}{(0.808)^2 \times 0.1} = 0.381 s^{-1}$$

$$\therefore \quad \gamma = \frac{\sqrt{kD_{LE}}}{k_{LE}} = \frac{\sqrt{0.381 \times 6.16 \times 10}}{0.164} = 0.03$$

故该反应属中速反应。

【例 8－2】 氨与硫酸的反应为飞速不可逆反应，若氨的分压为 6.08kPa，硫酸浓度为 $0.4 kmol/m^3$，试计算总反应速率。

已知：$k_{AG} = 3.45 \times 10^{-3} kmol/(m^2 \cdot s \cdot kPa)$，$k_{AL} = 0.005 L/(m^2 \cdot s)$，氨的溶解常数 $H_A = 0.74 kmol/(m^3 \cdot kPa)$，假定硫酸和氨在液相中扩散系数相等，即 $D_{AL} = D_{BL}$。

【解】氨与硫酸的化学反应式：

$$\underset{A}{NH_3} + \frac{1}{2}\underset{B}{H_2SO_4} = \frac{1}{2}(NH_4)_2SO_4$$

由反应式可知：$\alpha_A = -1$，$\alpha_B = -0.5$。因为反应属于飞速瞬时反应，须首先计算 C_{BL}^0。

$$C_{BL}^0 = \left(\frac{\alpha_B}{\alpha_A}\right)\left(\frac{k_{AG}}{k_{AL}}\right)\left(\frac{D_{AL}}{D_{BL}}\right)p_{AG} = \frac{1}{2} \times \frac{3.45 \times 10^{-3} \times 6.08}{0.005} = 2.10\text{kmol/m}^3$$

可见：$C_{BL} = 0.4\text{kmol/m}^3 < 2.1\text{kmol/m}^3$

因此：

$$\beta = 1 + \left(\frac{\alpha_A}{\alpha_B}\right)\left(\frac{k_{BL}}{k_{AL}}\right)\left(\frac{C_{BL}}{C_{Ai}}\right)$$

$$C_{Ai} = H_A p_A = 0.74 \times 6.08 = 4.50\text{kmol/m}^3$$

$$\beta = 1 + 2 \times \frac{0.4}{4.5} = 1.18$$

$$(-R_A) = \left[\frac{1}{k_{AG}} + \frac{1}{H_A k_{AL} \beta}\right]^{-1} p_A = \left[\frac{1}{3.45 \times 10^{-3}} + \frac{1}{0.74 \times 0.005 \times 1.18}\right]^{-1} \times 6.08$$

$$= 0.0117\text{kmol/(m}^2 \cdot \text{h)}$$

8.3 气液反应器

8.3.1 气液反应器分类

气液反应器种类很多且各具特色，总体上讲，可分为如下三类：

（1）鼓泡式

反应器内液体为连续相，气泡相分散在液相中，气泡在流动上升过程中对液体产生搅拌作用，能提高传质和传热速率，其特点是持液量大、相际接触面大、传质和传热效率高，适用于中速及慢反应过程和大量放热情形。鼓泡反应器可分为塔式、搅拌式和管式三种，如图8-9所示。塔式反应器又分为板式塔和鼓泡塔，在板式塔中，液体被承载于塔板上，气体分散成很小的气泡与塔板上的液体相接触，塔内液相主体量较多，适用于慢反应或中速反应，且根据气相浓度的差别需要分级反应的过程。鼓泡塔结构简单、造价低、易控制、易维修，防腐和耐高压问题都容易解决，但器内液体返混严重，气泡易聚合，故效率较低。搅拌反应器由于加上了机械搅拌使气泡在液相中分散得更小、更均匀，因此提高了传质和传热效率，但也使液体的流动接近于全混流，同时显著增加了能耗。管式鼓泡反应器内，气泡随液体的流动接近平推流，虽然使返混程度明显降低，但存在压降大、气泡与液相混合较差等缺点。

（2）液膜式

反应器内液体沿填料和壁面，以液膜的方式流动，其特点是液膜与气相接触面积大、液相主体量少、气体压降小且液体返混小，适于瞬时反应和快反应。最具代表性的液膜反应器是填料塔式反应器，常用填料如图8-10所示。填料塔式反应器特别适用于常压或低压下进行的气液反应和反应溶剂易起泡的情形。

（3）液滴式

是将液体以细小液滴甚至是更小的雾滴的方式分散于气相中，气相为连续相，液相为分散相，其特点是气液接触面积大、持液量小、返混程度低，适于瞬时反应和快反应过程，尤其适用于气液反应过程中生成固相沉积物的过程。常见的液滴式反应器有喷淋塔和喷雾反应器，如图8-11所示。

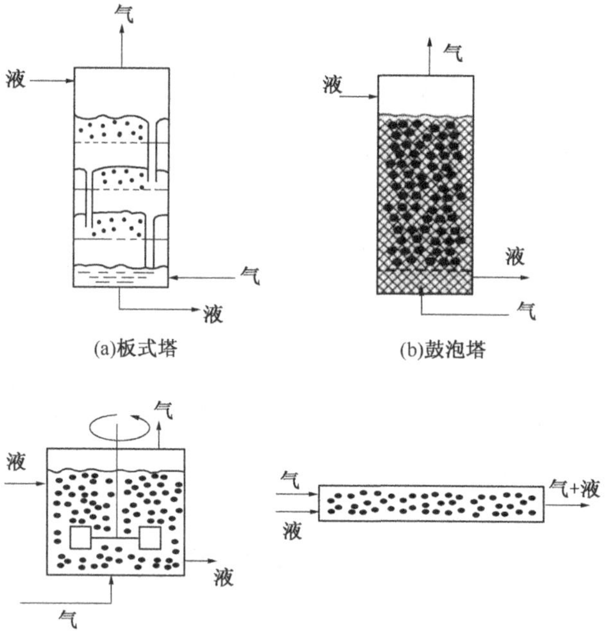

(a)板式塔 (b)鼓泡塔

(c)搅拌反应器 (d)管式反应器

图 8－9　鼓泡式反应器的四种类型

图 8－10　填料塔式反应器中内部填料的照片

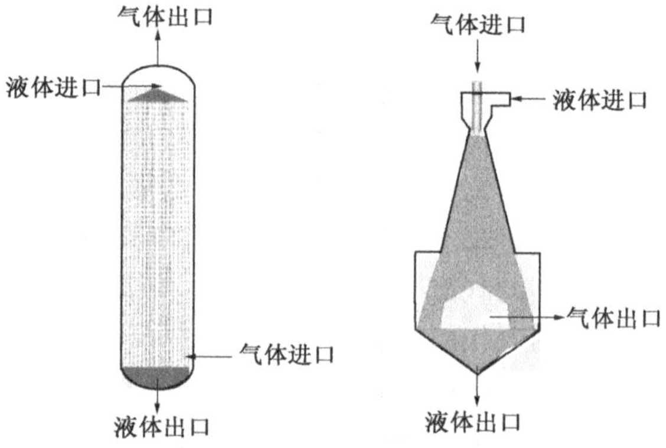

(a) 喷淋塔 (b) 喷雾反应器

图 8－11　喷淋塔和喷雾反应器示意图

表 8－2 列出了常用气液相接触设备的典型数据，在喷淋塔和填料塔中，气相是连续相，液相是分散相，其特点是相界面积大、气液比大、其液相体积所占比率较小、气相的压降也较小，适用于瞬时反应和快反应。板式塔具有较大的相界面积，并且也有一定的液相体积，

表 8－2　气液相接触设备的典型数据

型　式		相界面积/液相容积 (m^2/m^3)	相界面积/反应器体积 (m^2/m^3)	液相体积/液膜体积	液含率
低持液量	填料塔	1200	100	10～100	0.08
	板式塔	1000	150	40～100	0.15
	喷淋塔	1200	60	2～10	0.05
高持液量	鼓泡塔	20	20	4000～10000	0.98
	搅拌釜	200	200	150～800	0.90

故对于中速反应较合适。而鼓泡塔、搅拌鼓泡釜等气相是分散相，液相是连续相，它们的相界面积较小，持液量很高，故适用于慢速反应。在有机化工中，对于氧化、磺化、氯化等反应有较大的热效应，且反应速率较慢，采用具有高持液量的鼓泡塔最合适。但一般在鼓泡塔中液相返混很严重，若要求减小返混程度则可采用多层鼓泡塔或多层串联来控制液相的返混，改善停留时间的分布。

8.3.2 鼓泡塔式反应器

鼓泡塔式反应器的外形是一圆筒，底部有气体入口和液体出口，气体经气泡分布板以气泡形式鼓入液相中，与液相接触并进行反应。在鼓泡床内可安置水平多孔隔板，以减少液体间的轴向混合并提高气泡的分散程度。这类反应器内液体的容量很大，液体停留时间长，较适宜于以液相化学反应为控制步骤的反应过程和热效应较大的反应。这类反应器的优点是结构简单，内部无转动构件，故易于防腐蚀及在加压下操作，并且也允许处理含有少量固体悬浮物的系统，因此在石油化工生产中得到广泛应用。例如瓦克法生产乙醛及乙醛氧化制醋酸等反应过程均使用鼓泡反应器。

1. 鼓泡塔的流体力学性质

在鼓泡塔中，最基本的要素是气泡的行为，它决定了鼓泡反应器的传递性能和反应效果。在研究鼓泡塔中气泡的流体力学行为时，通常以空塔气速 u_{0G} 的大小来划分塔内流体所处的运动区域。对于低黏度液体，在 u_{0G} 小于 0.04 ~ 0.05m/s 的液体床层状况称为安静区。这时从气泡分布板上鼓出的气泡大小均匀，气泡呈分散状上升，对液体扰动不明显，返混程度较弱。当 u_{0G} 大于 0.075m/s 时，床层转入湍动区，这时气泡在床内做无规则运动并出现分裂和聚并，塔内液体扰动激烈，返混程度大增，气液间无明显相界面。这两个区域的流体力学行为是完全不同的。

① 气泡形状与直径：小气泡（$d_b < 0.1$cm）的形状像一个坚实的圆球，当气泡较大时就会发生形变，大气泡的形状如同笠帽，上圆下扁呈螺旋式摆动上升。在实际鼓泡反应器中，由于气速较高，造成气泡大小不一，一般采用当量比表面积平均直径来计算气泡的直径，其定义式为：

$$d_V = \frac{\sum n_i d_i^3}{\sum n_i d_i^2} \qquad (8-19)$$

气泡鼓出频率与气体流量成正比，气泡的鼓出形式分三种，即：单气泡（气速很小）、链珠泡（中间气速，在 4cm/s 上下）和喷射流（气速很高）。当生成的是单气泡时，鼓泡过程受流体静力学控制，当气泡在分布板上长大到它所受浮力与表面张力和重力之和相等时，气泡就会离开孔口上升，这时气泡的直径为：

$$d_b = 1.82\left[\frac{d_0\sigma}{(\rho_L - \rho_G)g}\right]^{1/3} \qquad (8-20)$$

式中，d_b 为单个气泡的直径；d_0 为气体分布板的孔径；σ 为液体表面张力。

当气泡呈连珠泡时，可用以下实验式计算气泡平均直径：

$$d_{vs} = 0.32\, Re_0^{0.425}\left[\frac{d_0^2\delta}{(\rho_L - \rho_G)g}\right]^{1/4} \qquad (8-21)$$

适用范围 $10 < Re_0 < 2100$。

式中，$Re_0=\dfrac{d_0u_0\rho_g}{\mu_0}$，其中 u_0 为孔口气速。

对于喷射流，由于气泡在床内的运动极为复杂，气泡合并和破碎的频率很高，气泡尺寸很难确定，通过实验获得的平均直径，其可靠性也较低。气泡分布板对安静区的气泡尺寸分布有明显的作用，但在湍动区气泡分布板的初始分布作用明显减弱，这时对分布板的形式无特殊要求，主要是流体力学的作用。

② 气泡上升速度：单个气泡的自由浮升是由于浮力的作用所致。当浮力与气泡所受到的阻力及重力相等时，这时气泡的浮升速度称为自由浮升速度 u_t。气泡在水中的自由浮升速度实测值为 $u_t=24.4\sim27.4\text{cm/s}$。气泡群的上升速度也差不多。连续鼓泡床中气泡的真实上升速度还与液体在反应器中的流速 u_L 以及流动方向有关。

气液并流时，气泡真实上升速度 $=u_t+u_L$　　(8－22)

气液并流时，气泡真实上升速度 $=u_t-u_L$　　(8－23)

气泡群的滑动速度即为气泡群与液体之间的相对速度。它与液体的空床线速和气含率有关。

液体静止时：

$$u_s=\frac{u_{0G}}{\varepsilon_{0G}}=u_G \tag{8-24}$$

液体流动时：

$$u_s=\frac{u_{0G}}{\varepsilon_G}\pm\frac{u_{0L}}{1-\varepsilon_G}=u_G\pm u_L \tag{8-25}$$

式中，u_s 为气泡滑移速度；u_G 为气相流速；u_L 为液相流速；ε_{0G} 为静态气含率；ε_G 为动态气含率。

③ 气含率：鼓泡塔的气含率是鼓泡塔的一个重要特性参数。它是指鼓泡塔内气体所占床层的体积分率。当液体不流动时的气含率称为静态气含率，当液体流动时称为动态气含率。

全塔平均动态(或静态)气含率 ε_G(或 ε_{0G})可以分别从测量静液层与动液层之差来取得，即：

$$\varepsilon_G(\text{或 }\varepsilon_{0G})=\frac{H-H_0}{H} \tag{8-26}$$

式中，H 为动液层高；H_0 为静液层高。

由实验数据归纳的一些经验式如下：

用分布器时，$d_0=0.5\text{cm}$，$u_{0G}=0.5\sim30\text{cm/s}$，$3\times10^3<BO<5\times10^4$，$10^{10}<Ga<1.82\times10^{12}$，$0.005<Fr<0.2$ 时，得：

$$\frac{\varepsilon_G}{(1-\varepsilon_G)^4}=0.20Bo^{1/8}Ga^{1/12}\left(\frac{u_{0G}}{\sqrt{gD}}\right) \tag{8-27}$$

式中，Bo 为 Bond 数$\left(\dfrac{u_{0G}}{\sqrt{gD}}\right)$；$Ga$ 为 Galileo 数$\left(\dfrac{gD^3}{v_L^2}\right)$；$Fr$ 为 Froude 数$\left(\dfrac{u_0^2}{gd_0}\right)$；$v_L$ 为液体运动黏度。

式(8－27)用于电解质溶液时，其系数 0.2 应改为 0.25。

对于高气液流速时，$u_{0G}=0.07\sim3.5\text{m/s}$，$u_{0L}=0.3\sim2.7\text{m/s}$

$$\varepsilon_G=\frac{u_{0G}}{0.24+1.35(u_{0G}+u_{0L})^{0.93}} \tag{8-28}$$

根据众多的研究者所进行的工作，可将影响气含率的因素概括为：气含率受气速的影响很大；分布器对低气速时的气含率有影响；塔径大于15cm以上时塔径对气含率的影响不大；气液逆流时的气含率比并流时大；气体性质的影响不大；液体的性质有明显的影响；电解质使气含率有所提高；压力在低压时影响不大，在高压时气含率增加。应用各经验计算式要注意其使用范围，不可任意取用。

④ 比相界面积 α：指单位气液反应器床层的气液界面积。其值可以从气泡群的平均直径及气含率算得或从实验测取之。

若已知气泡群的平均直径 d_{vs} 和气含率 ε_G，则可直接算得：

$$\alpha = \frac{6\varepsilon_G}{d_{vs}} \tag{8-29}$$

经验式有：

$$\alpha = 26.0\left(\frac{H_0}{D}\right)^{-0.3}\left(\frac{\rho_L\sigma^3}{g\mu_L^4}\right)^{-0.003}\varepsilon_G \tag{8-30}$$

适用于 $u_{0G} \leqslant 60\text{cm/s}$，$2.2 \leqslant H_0/D \leqslant 24$，$5.7\times10^5 \leqslant \frac{\rho_L\sigma^3}{g\mu_L^4} \leqslant 10^{11}$

式中，H_0 为静夜层高度；D 为床层直径；σ 为液相表面张力；μ_L 为液体动力黏度；ρ_L 为液体密度。

⑤ 返混：鼓泡塔内气液两相运动状态很复杂，一般在工业反应器中气相近似视作活塞流动，而液相近似视为理想混合流动。关于气液两相返混程度的计算式很多但出入较大。这里只简单介绍两个计算式例：

$$D_L = KD^{1.4}u_{0G}^{0.3} \tag{8-31}$$

式中，D_L 为液相有效扩散系数；K 为常数0.678；D 为塔径。

$$D_g = 50D^{1.5}(u_{0G}/\varepsilon_G)^3 \tag{8-32}$$

式中，D_G 为气相有效扩散系数；u_{0G} 为空塔气速；D 为塔径。

2. 鼓泡塔中的传热和传质

① 鼓泡塔的传质：一般情况下，鼓泡塔中的气膜传质阻力可以忽略，而液膜阻力是重要的因素。液膜传质计算的经验式介绍如下：

$$Sh = 2.0 + C\left[Re_b^{0.484}Sc_L^{0.339}\left(\frac{d_{vs}g^{1/3}}{D_{AL}^{2/3}}\right)^{0.072}\right]^{1.61} \tag{8-33}$$

式中，Sh 为 Sherwood 数 $\left(\frac{k_{LA}d_{vs}}{D_{AL}}\right)$；$Sc_L$ 为 Schmidt 数 $\left(\frac{\mu_L}{\rho_L D_{AL}}\right)$；$Re_b$ 为 Reynolds 数 $\left(\frac{d_{vs}u_L\rho_L}{\mu_L}\right)$。

使用范围：$0.2 \leqslant d_{vs} < 0.5\text{cm}$，$u_{0L} \leqslant 10\text{cm/s}$，$u_{0G} = 4.17 \sim 27.8\text{cm/s}$。

② 鼓泡塔中的传热：鼓泡床中由于气泡的运动，床层中液体剧烈扰动，流体对插入床中的换热器壁面的给热系数比自然对流传热大十余倍之多，约为21000kJ/(m^2·h·K)，通常它不成为热交换中的主要阻力。计算式例介绍如下：

$$\frac{hD}{\lambda_L} = 0.25\left(\frac{D^3\rho_L g}{\mu_L}\right)^{1/3}\left(\frac{c_p\mu_L}{\lambda_L}\right)^{1/3}\left(\frac{u_{0G}}{u_s}\right)^{0.2} \tag{8-34}$$

使用范围：$u_{0G} < 10\text{cm/s}$，当 $u_{0G} > 10\text{cm/s}$ 时，上式中的末项作用较小，也可不计入。

式中，h 为给热系数；λ_L 为液体导热系数；C_p 为液体热容。

3. 鼓泡塔的设计

鼓泡塔可分为液相(催化剂或液体反应组分)一次加入、气相连续通入和排出的半连续式、气相和液相都连续通入及连续排出的连续式两种。由于鼓泡塔反应器内存在着剧烈的气泡分散和聚并、液相的返混、气液界面的复杂性等诸多原因，鼓泡塔的设计放大在很大程度上还停留在经验设计阶段。最简易的实际设计放大方法是按时空收率相等的原则比例放大。时空收率指在单位时间、单位液相体积内的产品收得量。一般要求塔内流动状况相似，要求保持相同的气含率和平均停留时间。以下仅以连续并流鼓泡塔反应器设计为例作介绍，以资参考。

【例8-3】 设计年生产8000吨乙醛的鼓泡塔反应器。主反应式为：

$$C_2H_4 + \frac{1}{2}O_2 \xrightarrow{PdCl_2,\ CuCl_2} CH_3CHO + 243.6kJ/mol$$

工艺数据如下：①乙醛时空收率150g/(L·h)，乙烯单程转化率为35%，乙烯单耗700kg(以100%纯度计)/t乙醛，氧气单耗280Nm^3(以100%纯度计)/t乙醛；②原料气规格C_2H_4纯度>99.7%(体)；③操作条件：反应温度398K，反应压力2.94×10^5Pa，空床气速(按入口状态)$u_{0G}=30cm/s$；$u_{0L}=12cm/s$；④进料气配比$C_2H_4:O_2:CO_2:N_2$(包括杂质)=68:17:8:7(摩尔比)。年工作时间为80000h。计算反应器的主要尺寸。

【解】每小时乙醛产量=8000/8000=1t/h

总进气量：

a. C_2H_4理论进料量=700/28=25kmol/h=560(m^3/h)

由于单程转化率为35%，故实际进气量为560/0.35=1600(m^3/h)

b. O_2进料量按配比得1600×17/68=400(m^3/h)

c. CO_2进料量1600×8/68=188(m^3/h)

d. N_2及其他杂质量1600×7/68=165(m^3/h)

所以，总进气量为1600+400+188+165=2353(m^3/h)

按操状态时进料体积流量为：

$$2353\times398/(273\times3.95\times3600)=0.2418(m^3/s)$$

反应器内所需催化剂溶液量，按时空收率计算得：

$$1000/0.15\times1000=6.67(m^3)$$

反应器截面积：0.2418/0.3=0.806(m^2)

反应器直径为：$D=\sqrt{\frac{0.806}{\pi}}=1.01(m)$

反应器高度：

a. 静液层高 $H_0=6.67/0.806=8.28(m)$

b. 气含率 $\varepsilon_G=0.3/[0.24+1.35(0.3+0.12)^{0.93}]=0.356$，因为是电解质溶液，所以$\varepsilon_G$增加20%~30%，故$\varepsilon_G=0.356\times1.25=0.445$

c. 动液层高度 $H=\frac{H_0}{1-\varepsilon_0}=\frac{8.28}{1-0.445}=14.9m$

故设计尺寸取$\phi1100\times17000$的塔。

8.3.3 填料塔式反应器

填料塔式反应器的特点是：①料液沿填料表面呈液膜状向下流动；②气液流动方式可选择气液并流或逆流操作；③气液相间传质过程可按双膜模型计算。

在填料塔式反应器中，由于料液呈膜状向下流动，使液相主体量明显减少，并使气液接触面积接近于填料的表面积，当填料比表面积很大时，气液接触面积也很大，因此，填料塔式反应器适合于气液瞬时反应或快反应过程。填料塔的操作方式可根据实际情况选择气液并流或逆流两种操作方式。二者相比，气液并流操作不会出现液泛现象，可大幅提高气体流速，在高速气流的推动下液膜下降速度更快，使液膜变薄，液含率降低，填料塔的处理量增大。在气液逆流操作时，气体流速虽然被限定在液泛气速以下，但气液相间的传质推动力比并流时的大，因此，气体出口转化率一般比气液并流时的高。

气液逆流操作的填料塔塔径的计算与化工原理书上相同，即由埃克特图或方程先计算出液泛气速，再取液泛气速的0.6 ~0.8 倍作为填料塔反应器的空塔气速，由此可计算出塔径：

$$D_t = \sqrt{\frac{4V}{\pi u}} \tag{8-35}$$

式中，V 是气体体积流量；u 为适宜空塔气速。

对填料塔塔高的计算需对塔内微元高度 dl 作物料衡算：

$$-\frac{dN_A}{dt} = -GdY_A \tag{8-36}$$

式中，G 为塔内气相中惰性物料空塔摩尔流率。

已知传质速率：

$$-\frac{dN_A}{dt} = k_{AG}(p_{AG} - p_{Ai})S = k_{AL}\beta(C_{Ai} - C_{AL})S$$

$$= \frac{p_{AG} - H_A C_{AL}}{\dfrac{1}{k_{AG}} + \dfrac{H_A}{\beta k_{AL}}} \cdot S = K \cdot (p_{AG} - H_A C_{AL}) \cdot S \tag{8-37}$$

由于填料塔通常用于快反应和瞬时反应，故：$C_{AL} = 0$

填料塔内相接触界面积为： $dS = \Omega \cdot \alpha \cdot dZ$ （8 - 38）

式中，Ω 为塔内横截面积；α 为 $1m^3$ 填料的有效气液传质面积。

气相中 A 组分分压用比摩尔分率表示：$p_A = p\dfrac{p_A}{p_A + p_I} = p\dfrac{Y_A}{Y_A + 1}$ （8 - 39）

式中，p 为总压；p_I 为惰性组分分压，$Y_A = \dfrac{P_A}{P_I}$。

将上述各关系式代入式(8 - 35)中可得：

$$dZ = \frac{-G}{pK\alpha\Omega}\frac{1 + Y_A}{Y_A}dY_A \tag{8-40}$$

边值条件为：当 $l = 0$ 时，$Y_A = Y_{A1}$；当 $l = H$ 时，$Y_A = Y_{A2}$。

若认为 β 在全塔为常数，则塔高 $Z = \dfrac{G}{pK\alpha\Omega}\left(Y_{A1} - Y_{A2} + \ln\dfrac{Y_{A1}}{Y_{A2}}\right)$ （8 - 41）

当反应极快，且液相反应组分的浓度大于临界浓度或 β 值很大，而使 $k_{AG} \ll \dfrac{\beta k_{AL}}{H_A}$，由式(8 - 41)可知总传质系数 $K \approx k_{AG}$。

【例 8 - 4】 在一气体压力为 1 个大气压的填料塔中，含 H_2S 的气体与含 0.25kmol/m^3 的乙醇胺(MEA)水溶液逆流接触，使气相中 H_2S 含量由 1% 降到 1×10^{-6}。计算所需填料高度，

反应式 $H_2S + RNH_2 \rightarrow HS^- + RNH_3^+$

A B

这是中和反应，因此可把它看作不可逆极快反应。

已知：气相中惰性气体流率 $G = 108\text{kmol}/(\text{m}^2 \cdot \text{h})$

液相流率 $L = 555\text{kmol}/(\text{m}^2 \cdot \text{h})$

$$k_{\text{AG}} \cdot \alpha\Omega = 2.13 \times 10^{-3}\text{kmol}/(\text{m}^3 \cdot \text{h} \cdot \text{Pa}),\ k_{\text{AL}} \cdot \alpha\Omega = 108\text{h}^{-1}$$

$$D_{\text{AL}} = 3.6 \times 10^{-6}\text{m}^2/\text{h},\ D_{\text{BL}} = 1.5D_{\text{AL}}$$

$$H_{\text{A}} = 1.16 \times 10^4\text{m}^3\text{Pa/kmol}$$

【解】根据已知条件，进行物料衡算，计算液体出口浓度可得：

$$108 \times (0.01 - 10^{-6}) = 555 \times \frac{0.25 - C_{\text{B2}}}{1 \times 55.5} \Rightarrow C_{\text{B2}} = 0.142\text{kmol/m}^3$$

根据以下公式，计算气液瞬时反应在液面进行所需最低浓度 C_{BL}^0：

$$C_{\text{BL}}^0 = \left(\frac{\alpha_{\text{B}}}{\alpha_{\text{A}}}\right)\left(\frac{k_{\text{AG}}}{k_{\text{AL}}}\right)\left(\frac{D_{\text{AL}}}{D_{\text{BL}}}\right)p_{\text{AG}}$$

入口处：$C_{\text{BL入}}^0 = \dfrac{2.13 \times 10^{-3} \times 1.013 \times 10^3}{108 \times 1.5} = 0.0133 < 0.142\text{kmol/m}^3$

出口处：$C_{\text{BL出}}^0 = \dfrac{2.13 \times 10^{-3} \times 0.1013}{108 \times 1.5} = 0.133 \times 10^{-5} < 0.25\text{kmol/m}^3$

可见，进出口处反应都在气液界面上进行，因此，在整个填料塔中反应均在气液界面上进行。

于是，可求得填料塔高度为：

$$Z \approx \frac{G}{pk_{\text{AG}}\alpha\Omega}\left(\ln\frac{Y_{\text{A1}}}{Y_{\text{A2}}}\right) = \frac{108}{1.013 \times 10^5 \times 2.13 \times 10^{-3}}(\ln 10000) = 4.53\text{m}$$

8.3.4 超重力旋转床反应器

超重力是指在比正常重力场加速度(9.8m/s^2)高几个数量级的环境下物质所受到的力。在地球上，实现超重力场的一种简便方法是通过机械旋转产生离心力，通常将这种旋转设备称为超重力设备，简称超重力机；而旋转填充床(Rotating Packed Bed)则是将填料固定在超重力机的转子上，使填料在转子的带动下高速旋转，因此，也称为旋转床，它是超重力机的一种型式。在旋转床中，当气－液、液－液、液－固两相在比地球重力场高几百倍甚至上千倍的超重力场中的多孔介质或孔道内沿径向快速流动接触时，两相物质会在做相对运动的过程中产生强烈的碰撞和剪切作用。旋转床内的填料则在高速旋转过程中能够产生巨大的剪切力，这种剪切力足以将液体撕裂成微米至纳米级的液膜、液丝和液滴，产生巨大的并且是快速更新的相界面，使相间传递速率比在正常重力场中的传统塔器提高1~3个数量级，可以极大地强化相间传递和微观混合过程。同时，在超重力场中，不仅传递过程被明显加速，流体沿径向流动的线速度也被大幅度提高，使设备单位体积的生产效率也能提高1~2个数量级。

当旋转床被应用于气液两相反应过程时，气液逆流接触的旋转床结构如图8－12所示，其主要部件包括：转子、液体分布器和外壳三部分，通过巧妙的设计可以使这三个部分实现拆装、保温、耐压和防腐等方面的要求。旋转床的核心部分是转子和固定在转子上的填料，填料在高速旋转过程中可以实现良好的气液接触和微观混合过程。旋转床在高速运行状态下，气体被沿切线方向通入到旋转床的外腔当中，在气体压力的作用下由转子的外缘进入到高速旋转的填料内。液体则从液体进口管进入到转子的内腔当中，经液体分布器喷洒在转子内缘处的填料表面，并受到填料周向旋转的剪切力作用，使液体的周向运动速率迅速增大，所产生的离心力将其迅速推向填料内层，使液体以发散的平推流方式快速穿过填料内层空间。在此过程中，液体被高速旋转的填料分散、破碎形成极大的和不断更新的液体表面，填料对液体的作用还体现在对液体的强烈搅动方面，高比表面积的填料在高速旋转过程中就像是无数个微型搅拌桨在强烈搅动着这些分散的料液，因此，能极大地强化微观混合过程，使料液能够在高分散、高湍动、强混合以及界面急速更新的情况下与气体以极大的相对速度在弯曲孔道内逆向接触，极大地强化了传质过程。旋转床常用的填料一般是高比表面积的不锈钢金属丝网，料液穿过不锈钢金属丝网的形式如图8－13所示。当液体被旋转床中的填料甩到外壳处时，便汇集起来并经液体出口管离开旋转床。气体则从转子中心离开转子，经气体出口管引出，完成整个传质和反应过程。旋转床所处理的介质可以是多种多样的，根据不同需要可以是气－液－固三相(如用水除尘、发酵等)；气体和液体可以并流、逆流或错流；可以将气体作为连续相，也可以将液体作为连续相。其主要特征是用于强化质量传递、混合与反应过程。

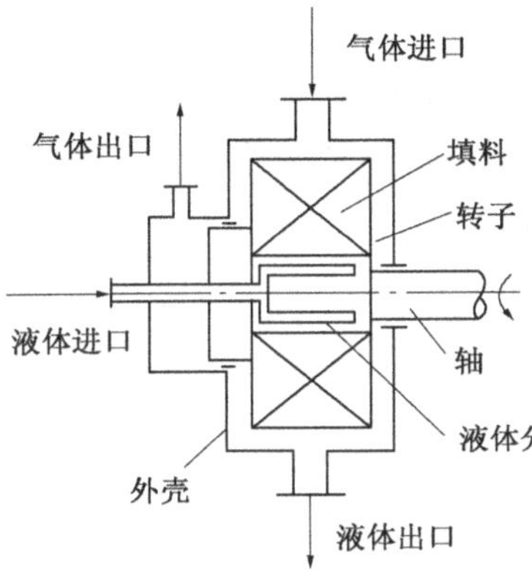

图8－12　逆流旋转床结构示意图

图8－13　料液在旋转床填料中的流动形态

注：填料(金属丝网)　液流

超重力技术在工业上的应用已经非常广泛，如：水吸收氨、水吸收二氧化硫、乙胺和丙胺吸收硫化氢、油田注水脱氧、润滑油和密封油中解析轻烃、乙醇和异丙醇分离、合成纳米碳酸钙、合成纳米氢氧化铝和氢氧化镁阻燃剂、透明质酸发酵、聚苯乙烯脱除单体等诸多领域。总之，超重力技术在许多领域，特别是在一些通过常规方法难于做到的、所谓"困难"的过程，如高黏度、起泡、大气液比、瞬时反应等，都有它的独到之处。

习　题

1. 用NaOH　溶液从空气中除去CO_2，在298K时，反应是瞬间的极快反应，反应式可表示如下：

$$\underset{A}{CO_2} + \underset{B}{2OH^-} \rightarrow H_2O + CO_3^{2-}$$

已知数据：$k_{AG}\alpha=7.90\times10^{-4}$mol/(L·h·Pa)；$k_{AL}\alpha=25h^{-1}$；$H_A=3.04\times10^6$Pa·L/mol；$p_A=1.013\times10^3$Pa(绝)；NaOH溶液浓度为2mol/L；$D_{AL}=D_{BL}$。试计算：(1)它的化学吸收速率为多少？(2)与用纯水的物理吸收比较可加速多少倍？

2. 在293K时，以pH=9的缓冲溶液来吸收界面平衡分压为1.013×10^4Pa的CO_2，其$k_L=10^{-4}$m/s，反应可看做拟一级不可逆反应，其速率常数为$k_1=10^4[OH^-]s^{-1}$；CO_2在液相中的扩散系数为$1.4\times10^{-9}m^2/s$。试确定其化学反应速率快慢属于哪一类？

3. 用含B组分的溶液来吸收气相中含A的组分，反应式：

$$2A(气)+B(液)\rightarrow C(液)$$

是飞速反应。已知气相压力为1个大气压，A含量为1%(体)，$k_{AG}=4.94\times10^{-6}$mol/(m^2·h·Pa)，$k_{AL}=4\times10^{-5}$m/s，$D_{AL}=2D_{BL}$。要使吸收过程速率不受组分B的扩散影响。则：(1)此时B的浓度最低应是多少？(2)计算此时的吸收速率值。

4. 选择一适宜的气液反应器型式来实现A(气)+B(液)→产物。已知系统特性为：B的浓度为5mol/L，反应总级数为二级反应，速率常数$k_2=0.031$L/(mol·s)，$D_{AL}=1.5\times10^{-5}cm^2/s$，在鼓泡塔内的$k_{AL}=2\times10^{-2}\sim4\times10^{-2}$cm/s，在填料塔内的$k_{AL}=0.5\times10^{-2}\sim1.0\times10^{-2}$cm/s。

5. 一内径为0.5m的鼓泡塔，装有293K的水，通入压缩空气，常压操作。

已知：空塔气速为0.9cm/s，空塔液速为0.1cm/s，水的表面张力为72.8N/m，水的密度为$10^3kg/m^3$，水运动黏度为$1m^2/s$，空气密度为$1.3kg/m^3$，空气动力黏度为1.85×10^{-5}kg/s·m，气体分布器的小孔孔径为0.5cm，小孔气速为4cm/s。试计算其平均气泡直径。

符 号 说 明

A——传热面积，或横截面积，m^2

A_i——管内壁面积，m^2

Bo——Bond 数

C——总浓度；常数

ΔC——浓度差

C_i——i 组分浓度

C_p——组分的热容，J/(mol·K)

CR——换热管在床层中处于非中心位置的校正系数

D——反应器直径，m；

D_{AB}——扩散系数

D_e——有效扩散系数

D_{el}——轴向有效扩散系数

D_{er}——径向有效扩散系数

D_{KA}——Knudson 扩散系数

D——过渡区扩散系数

d——叶轮直径，m

d_a——面积当量直径

d_t——管内经，m

d_b——气泡直径，m

d_R——塔径，m

d_p——颗粒粒径，m

d_v——体积当量直径，m

d_S——比表面当量直径

E——反应活化能，J/mol

$E(t)$——停留时间分布密度函数

F_i——组分摩尔流率，mol/h

$F(t)$——停留时间分布函数

Fr——弗劳德数

F——无因次摩尔浓度

f——逸度；常数

G——流体质量流率

ΔG^0——自由焓

Ga——Gaileo 数

g——重力加速度，m/s^2

H——液层深度，m，或溶解度系数，$kmol/m^3 \cdot Pa$

Ha——八田数

H_{mf}——流化床床层高度

h——常数

h_s——流体与颗粒外表面间的传热系数

ΔH_R——反应热，J/mol

j_D——传质 j 因子

j_H——传热 j 因子

K_r——化学平衡常数，或吸附平衡常数

k——化学反应速度常数

k_c，k_l——传质系数

k_0——频率因子

k_a——吸附速率常数

k_d——脱附速率常数

k_G——传质系数

k_v——以催化剂粒子体积为基数的反应速率常数

l——平推流反应器微元管长

L——片状催化剂厚度，或反应器的长度，m

m——示踪剂的质量，g

M_i——i 组分的相对分子质量

N——组分的摩尔数，mol，

ΔN——组分摩尔数的变化量，mol

N_A——传递速率，$kmol/h \cdot m^3$

N_0——阿伏加德罗常数

N_p——功率准数

Nu——努塞尔准数

n——反应级数

p——压力，Pa 或 atm

Pe——贝克莱准数

p_i——i 组分的分压

p_0——饱和蒸气压

Pr——普兰特准数

Q——系统的移热量，W，或气液反应中体积流量，m^3/s，或示踪剂的量，g

Q_r——反应过程的移热量，W

Q_g——反应过程的放热量，W

q——通过反应器壁的移热量，W/m^2

R——通用气体常数，或循环反应器中循环比，或反应器的半径

$-R_i$——宏观反应速率

Re——雷诺数

r——反应速率，或与反应器中心的距离

r_a——吸附速率

r_d——脱附速率

r_p——催化剂粒子的实际反应速率

r_s——催化剂粒子内部与外表面的浓度、温度相同时的反应速率

$-r_A$——气固催化反应中以单位催化剂质量定义的反应物消耗速率

$-r'_A$——气固催化反应中以单位催化剂体积定义的反应物消耗速率

$-r''_A$——气固催化反应中以单位床层体积定义的反应物消耗速率

S——相界面积，或积分面积，或反应器截面积

S_i——产物 i 的瞬时选择性

$\overline{S}_i$——产物 i 的平均选择性

S_g——颗粒比表面积

S_p——颗粒的外表面积

S_e——非球形颗粒的外表面积，m^2

S_v——球形颗粒的外表面积，m^2

Sh——舍伍德准数

Sc——施密特数

SV——空速，h^{-1}

T_0——冷却介质的温度，K

T_m——床层平均温度，K

T_m——换热介质温度

T_W——为管内壁温度，K

T_S——颗粒外表面积

T_G——流体主体的温度

ΔT——温度差

t——反应时间，h

t'——间歇反应器的辅助时间，h

$\bar{t}$——平均停留时间

T——反应温度

U——平均传热系数，$W/(m^2 \cdot K)$

u_g——气速，m/s

u_t——固体颗粒的最大沉降速度，m/s

u_{mf}——最小流化速度

u_s——气泡滑移速度

V——反应器有效容积，或实际吸附量

V_R——反应器实际体积

V_m——饱和吸附量

V_p——催化剂体积

V_B——床层的体积

V_0——气体在 V_m 状态时摩尔体积

V_g——孔体积

v_i——化学反应计量系数

v_0——进料体积流量

V_p——颗粒体积

v_T——体积流量，m^3/h

W——催化剂的质量，kg

W_i——i 组分的质量分率

x——转化率

Y——产物的产率

y_i——组分 i 摩尔分率

y——气相组分的摩尔分率

Z——管长度方向的距离，m

z_R——界面到反应面的距离，m

α——组份的反应级数，或给热系数，或常数

α_t——床层对壁总给热系数，kJ/(h · K · m^2)

α_p——流体与催化剂间给热系数，kJ/(h · K · m^2)

α_m——颗粒的外比表面积

β——组分的反应级数，或化学吸收增大系数，或常数

δ——化学反应的膨胀因子，或保温材料厚度

δ_G——气膜厚度

δ_L——液膜厚度

δ_w——管壁厚度

γ——膜内转化系数

η——有效因子

η——催化剂有效系数

ε——化学膨胀率，或管内表面粗糙度

ε/D——管内表面相对粗糙度

ε_g——反应器体积计算的气相体积，%

ε_B——床层空隙率

ε_P——颗粒孔隙率

ε_{mf}——流化床床层空隙率

ε_l——按反应器体积计算的液体体积，%

Φ_S——球形西勒模数

Φ_L——片状西勒模数

ϕ——产物选择性或瞬时选择性

ϕ_S——球形催化剂的内扩散模数

ϕ_L——片状催化剂的内扩散模数

φ——反应器的装填系数

φ_s——反形状系数

Λ——绝热温升

λ_i——物质 i 导热系数

λ_f——流体导热系数

λ_{er}——床层径向有效导热系数

θ——无因次时间，或覆盖率

θ_c——气液接触时间，s

θ_i——i 组分的覆盖率

θ_v——裸露率

σ——吸附位

σ_t——方差

σ_l——液体表面张力

τ——空时，停留时间

ξ——化学反应程度

ρ_s——固体密度，kg/m^3

ρ_L——液体密度，kg/m^3

ρ_B——颗粒的堆积密度，kg/m^3

ρ_S——固相的密度

ρ_p——粒子的密度

φ——装料系数

ω——阻力系数

μ——液体黏度，Pa · s

ν_L——液体运动黏度

Ψ——无因次数

γ——相对密度

ζ——微孔形状因子

下标

0 起始状态

e 出口状态，或平衡状态

i 为组分

c 为浓度

m 悬浮液体系

G 气体

L 液体

opt 最佳状态

max 最大状态

total 总量

参 考 文 献

1 佟泽民. 化学反应工程. 北京：中国石化出版社，1993

2 陈甘棠. 化学反应工程. 北京：化学工业出版社，1981

3 邹仁筠. 基本有机化工反应工程. 北京：化学工业出版社，1981

4 姜信真. 化学反应工程学简明教程. 西安：西北大学出版社，1986

5 黄仲涛. 基本有机化工理论基础. 北京：化学工业出版社，1984

6 邹仁鋆. 基本有机化工反应工程. 北京：化学工业出版社，1981

7 施密特 L. D. 编. 化学反应工程(第二版). 靳海波，罗国华、宋永吉等译. 北京：中国石化出版社，2010

8 郭锴，唐小恒，周绪美. 化学反应工程. 北京：化学工业出版社，1999

9 Hill C G Jr. An Introduction to Chemical Engineering Kinetics and Reactor Design. John Wiley and Sons, Inc. , 1977

10 Froment G F, Bischoff K B. Chemical Reactor Analysis and Design, John Wiley and Sons, Inc. , 1979

11 Bisio A, Kabel R L. Scale up of Chemical Processes. John Wiley and Sons, Inc. , 1985

12 Griffth R H. Contact Catalysis. Oxford, 1957

13 Bond G C. Catalysis by Metal. Academic Press, 1962

14 Smith J M. Chemical Engineering Kinetics. McGrawHill, 1970

15 Satterfield C V. Mass Transfer in Heterogeneous Catalysis. M. I. T. Press, 1970

16 金涌，祝京旭，汪展文，俞芷青. 流态化工程原理. 北京：清华大学出版社，2001

17 陈建峰. 超重力技术及应用——新一代反应及分离技术. 北京：化学工业出版社，2003